应用型本科系列教材

# 高等数学

## 上册

主　编　蒋国强　蔡　蕃
参　编　张兴龙　汤进龙　孟国明　俞　皓
主　审　刘金林



扬州大学教材出版基金资助

机械工业出版社

本书以高等教育应用型本科人才的培养计划为标准，以提高学生的数学素质、掌握数学的思想方法与培养数学应用创新能力为目的，在充分吸收编者们多年来教学实践经验与教学改革成果的基础上编写而成．

本书分上、下两册．上册内容包括函数与极限、导数与微分、微分中值定理及导数的应用、不定积分、定积分、定积分的应用等六章．各章节后配有习题、复习题(含客观题)，书末附有几种常用的曲线、积分表及部分习题答案与提示．

本书叙述深入浅出，清晰易懂．全书例题典型，习题丰富．本书可作为高等本科院校应用型专业、民办独立学院相关专业的教材，也可作为其他有关专业的教材或教学参考书．

**图书在版编目(CIP)数据**

高等数学．上册/蒋国强，蔡蕃主编．—北京：机械工业出版社，2010.10(2023.9重印)

应用型本科系列教材

ISBN 978-7-111-31605-3

Ⅰ.①高…　Ⅱ.①蒋…②蔡…　Ⅲ.①高等数学—高等学校—教材　Ⅳ.①O13

中国版本图书馆CIP数据核字(2010)第171395号

机械工业出版社(北京市百万庄大街22号　邮政编码100037)
策划编辑：韩效杰　责任编辑：韩效杰　责任校对：李秋荣
封面设计：路恩中　责任印制：张　博
北京建宏印刷有限公司印刷
2023年9月第1版第14次印刷
169mm×239mm・15.5印张・300千字
标准书号：ISBN 978-7-111-31605-3
定价：35.00元

| 电话服务 | 网络服务 |
| --- | --- |
| 客服电话：010-88361066 | 机　工　官　网：www.cmpbook.com |
| 　　　　　010-88379833 | 机　工　官　博：weibo.com/cmp1952 |
| 　　　　　010-68326294 | 金　　书　　网：www.golden-book.com |
| 封底无防伪标均为盗版 | 机工教育服务网：www.cmpedu.com |

# 前　言

本书紧扣高等学校高等数学课程教学基本要求，以应用型本科人才的培养计划为标准，以提高学生的数学素质、掌握数学的思想方法与培养数学应用创新能力为目的，在充分吸收编者们多年来教学实践经验与教学改革成果的基础上编写而成．

本书在编写中力求具有以下特点：

1. 科学定位．本教材主要适用于应用型本科人才的培养．

2. 综合考虑、整体优化，体现“适、宽、精、新、用”．也就是要深浅“适”度；要有更“宽”的知识面；要少而“精”；要跟踪应用学科前沿，推陈出“新”，反映时代要求；要理论联系实际，学以致“用”．

3. 强调特色．注重从实际背景与几何意义出发引入基本概念、基本理论和基本方法，突出分析思想的启示；强调数学知识、思想、方法为提高数学素养、为数学应用服务的理念，立足于培养学生的科学精神、创新意识和综合运用数学知识解决实际问题的能力．

4. 以学生为本．体现以学生为中心的教育思想，注重培养学生的自学能力和扩展、发展知识的能力，为今后持续创造性的学习和在实际工作生活中更好的应用数学打好基础．

全书知识系统、结构清晰、详略得当、例题典型、习题丰富，适合作为普通高等院校应用型本科、民办独立学院相关专业的教材，也可供其他有关专业选用为教材或教学参考书．

党的二十大报告指出：“教育是国之大计、党之大计．培养什么人、怎样培养人、为谁培养人是教育的根本问题。育人的根本在于立德．”为了更好引导广大学习者关注时代社会，厚植家国情怀，拓展知识视野，本书在每章设置了视频观看学习任务，激发学生怀抱梦想又脚踏实地，敢想敢为又善作善成，立志做有理想、敢担当、能吃苦、肯奋斗的新时代好青年．

本书由扬州大学刘金林教授主审，对他的指导和关心，我们表示衷心的感谢．

本书编写过程中，得到了机械工业出版社和扬州大学的大力支持和帮助，并得到扬州大学教材出版基金资助，我们在此一并致谢．

参加本书编写的有蒋国强、蔡蕃、张兴龙、汤进龙、孟国明、俞皓等同志．由于编者水平有限，错误疏漏之处在所难免，敬请各位专家、学者不吝指教，欢迎读者批评指正．

**编　者**

# 目　　录

# 第1章　函数与极限

高等数学课程的主要内容是微积分及其应用.微积分学是现代数学许多分支的重要基础,是研究物理、工程、经济及其他学科不可或缺的工具.

函数是高等数学的主要研究对象,而极限概念是研究微积分的基础.本章将在复习函数概念的基础上,介绍极限和连续等重要概念,以及它们的一些重要性质.

人民的数学家
——华罗庚

## 1.1　函数

### 1.1.1　数集与邻域

**1. 数集**

元素都是数的集合称为数集.常用的数集有以下几种:

(1) 实数集,记为 $\mathbf{R}$;

(2) 有理数集,记为 $\mathbf{Q}$;

(3) 整数集,记为 $\mathbf{Z}$;

(4) 自然数集,记为 $\mathbf{N}$.

对于数集 $A$,记 $A^*=\{x|x\in A,且\ x\neq 0\}$,$A^+=\{x|x\in A,且\ x>0\}$.例如,$\mathbf{R}^*$ 表示非零实数集,$\mathbf{R}^+$ 表示正实数集,$\mathbf{N}^*$ 或 $\mathbf{N}^+$ 或 $\mathbf{Z}^+$ 均表示正整数集.

由于实数集中的元素(数)与数轴上的点一一对应,故我们习惯上也称数为"点".

区间也是常用的一类数集.

设 $a,b\in\mathbf{R}$,且 $a<b$,则:

数集 $\{x|a<x<b\}$ 称为**开区间**,记作 $(a,b)$,即 $(a,b)=\{x|a<x<b\}$;

数集 $\{x|a\leqslant x\leqslant b\}$ 称为**闭区间**,记作 $[a,b]$,即 $[a,b]=\{x|a\leqslant x\leqslant b\}$;

数集 $\{x|a\leqslant x<b\}$ 及 $\{x|a<x\leqslant b\}$ 称为**半开区间**,分别记作 $[a,b)$ 与 $(a,b]$,即 $[a,b)=\{x|a\leqslant x<b\}$,$(a,b]=\{x|a<x\leqslant b\}$.

以上这些区间都称为**有限区间**,$a,b$ 称为这些**区间的端点**,数 $b-a$ 称为这些**区间的长度**.此外,还有所谓**无限区间**.引进记号 $+\infty$(读作正无穷大)及 $-\infty$(读作负无穷大),则可类似地定义无限区间.无限区间有两类共四种,它们的记号及定义如下:

$$(a,+\infty)=\{x|x>a\},(-\infty,b)=\{x|x<b\};$$

$$[a,+\infty)=\{x|x\geqslant a\},(-\infty,b]=\{x|x\leqslant b\};$$

实数集 **R** 也可记作$(-\infty,+\infty)$,即$(-\infty,+\infty)=\mathbf{R}$,它也是无限区间.

在本教材中,当不需要辨明所论区间的类型时,我们常将其简称为"区间",且常用大写字母 $I$ 表示.

**2. 邻域**

**定义 1-1** 设 $a,\delta\in\mathbf{R}$,且 $\delta>0$,则以点 $a$ 为中心的开区间$(a-\delta,a+\delta)$称为点 $a$ 的 $\delta$ 邻域,记为 $U(a,\delta)$,即

$$U(a,\delta)=(a-\delta,a+\delta)=\{x|a-\delta<x<a+\delta\}.$$

其中 $a$ 称为**邻域的中心**,$\delta$ 称为**邻域的半径**.

点 $a$ 的 $\delta$ 邻域去掉中心 $a$ 后,称为**点 $a$ 的去心 $\delta$ 邻域**,记为 $\mathring{U}(a,\delta)$,即,

$$\mathring{U}(a,\delta)=(a-\delta,a)\cup(a,a+\delta)=\{x|a-\delta<x<a+\delta,x\neq a\}.$$

由于 $a-\delta<x<a+\delta$ 相当于$|x-a|<\delta$,因此$U(a,\delta)=\{x||x-a|<\delta\}$. 因为$|x-a|$表示 $x$ 轴上点 $x$ 与点 $a$ 之间的距离,所以点 $a$ 的 $\delta$ 邻域 $U(a,\delta)$在几何上表示 $x$ 轴上与点 $a$ 的距离小于 $\delta$ 的点的全体(图 1-1).

当不需要指明邻域的半径时,我们常说"点 $a$ 的某一邻域"(或"点 $a$ 的某一去心邻域"),并记为 $U(a)$(或 $\mathring{U}(a)$).

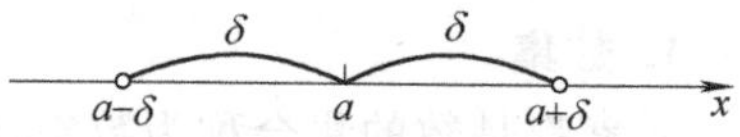


图 1-1

## 1.1.2 函数的概念

**1. 函数的定义**

**定义 1-2** 设 $x$ 与 $y$ 是同一变化过程中的两个变量,$D$ 为一给定的非空数集. 若对于每个数 $x\in D$,变量 $y$ 按照对应法则 $f$ 总有唯一确定的值与之对应,则称 $y$ 为 $x$ 的函数,记为 $y=f(x),x\in D$,其中 $x$ 称为函数的**自变量**,$y$ 称为函数的**因变量**,$D$ 称为函数的**定义域**,记作 $D_f$,即 $D_f=D$.

对 $x_0\in D$,与 $x_0$ 对应的因变量 $y$ 的值 $y_0$ 称为函数 $y=f(x)$在点 $x_0$ 处的**函数值**,记作 $y|_{x=x_0}$或$f(x_0)$,即 $y|_{x=x_0}=f(x_0)=y_0$.

当 $x$ 遍取定义域 $D$ 的所有数值时,对应的函数值的全体构成的集合称为函数 $y=f(x)$的值域,记作 $R_f$ 或 $f(D)$,即 $R_f=f(D)=\{y|y=f(x),x\in D\}$.

平面直角坐标面上的点集$\{(x,y)|y=f(x),x\in D\}$称为函数 $y=f(x)$的图形. 通常,函数 $y=f(x)$的图形是曲线,因此常称函数 $y=f(x)$的图形为"曲线 $y=f(x)$".

关于函数的定义域,对于有实际背景的函数,其定义域应根据实际背景中变量的实际意义确定. 例如,圆的面积 $A$ 是半径 $r$ 的函数:$A=\pi r^2$,由于圆的半径一定是正数,因此这个函数的定义域为区间$(0,+\infty)$. 对于与具体的实际问题无关,而抽象地用解析式(算式)表示的函数,通常约定其定义域是使得解析式有意义的自

变量的一切实数取值所构成的集合. 这种定义域是由函数的解析式自然确定的,给定了解析式也就同时给定了定义域,故称为函数的**自然定义域**. 因此,一般的用解析式表示的函数 $y=f(x), x \in D$ 可简记为 $y=f(x)$ 或 $f(x)$,而不必再表出定义域 $D$.

由函数的定义可知,只要函数的定义域与对应法则确定了,函数也就确定了,而自变量与因变量用什么字母表示并不重要. 因此,定义域与对应法则是确定函数的基本要素. 两个函数相同当且仅当它们的定义域与对应法则分别相同.



**【例 1-1】** 判定下列各组中的两个函数是否相同:

(1) $f(x)=2\ln x, g(x)=\ln x^2$;

(2) $f(x)=\sqrt{x^2}, g(x)=x$;

(3) $y=\sin x, u=\sin v$.

**解** (1)这两个函数不同. 因为它们的定义域不同. 前者的定义域为 $(0,+\infty)$,而后者的定义域为 $(-\infty,0)\cup(0,+\infty)$.

(2) 这两个函数不同. 因为它们的对应法则不同. 当 $x<0$ 时,$f(x)=-x$,而 $g(x)=x$.

(3) 这两个函数相同. 因为它们的定义域相同,它们的对应法则也相同.

**2. 反函数**

如果对于函数 $y=f(x), x \in D$ 的值域 $f(D)$ 中的任一值 $y$,总有唯一确定的 $x \in D$,使得 $f(x)=y$,那么按照函数的定义,$x$ 是 $y$ 的函数,称这个函数为函数 $y=f(x), x \in D$ 的**反函数**. 相对于反函数而言,也称原来的函数 $y=f(x), x \in D$ 为**直接函数**.

例如,函数 $y=3x-1$ 的反函数为 $x=\frac{y+1}{3}$. 由于习惯上自变量用 $x$ 表示,因变量用 $y$ 表示,所以 $y=3x-1$ 的反函数通常写作 $y=\frac{x+1}{3}$. 一般地,函数 $y=f(x), x \in D$ 的反函数通常记作 $y=f^{-1}(x), x \in f(D)$.

并非所有的函数都存在反函数,例如,常值函数 $y=C$ 就不存在反函数. 可以证明:单调函数必有反函数,且反函数与直接函数具有相同的单调性.

### 1.1.3　函数的表示法

在中学里我们已经学过,表示函数的常用方法有解析法(公式法)、表格法和图形法. 本课程所讨论的函数一般用解析法表示,有时还同时画出其图形,以便对函数进行分析研究.

根据函数解析式形式的不同,函数又可分为**显函数**与**隐函数**. 如果因变量由自变量的解析式直接表示出来,那么就称函数为**显函数**. 例如,$y=x^2-3x$. 我们遇到的函数一般都是显函数. 如果自变量 $x$ 与因变量 $y$ 的对应关系由一个二元方程 $F(x,y)=0$ 来表示，那么这样的函数称为**隐函数**. 例如，由方程 $\sqrt[3]{x-y}+\sin 2x-1=0$ 确定的函数就是隐函数.

用解析式表示函数时，一般一个函数仅用一个式子表示，但有些函数在其定义域的不同部分，对应法则需要用不同的式子表示，这种函数称为**分段函数**. 例如，

$$y=\begin{cases}x^2, & -1\leqslant x\leqslant 1,\\ 2-x, & x>1\end{cases}$$

就是定义在 $[-1,+\infty)$ 上的一个分段函数. 当 $x\in[-1,1]$ 时，函数的对应法则由 $y=x^2$ 确定；当 $x\in(1,+\infty)$ 时，函数的对应法则由 $y=2-x$ 确定. 该函数的图形如图 1-2 所示.

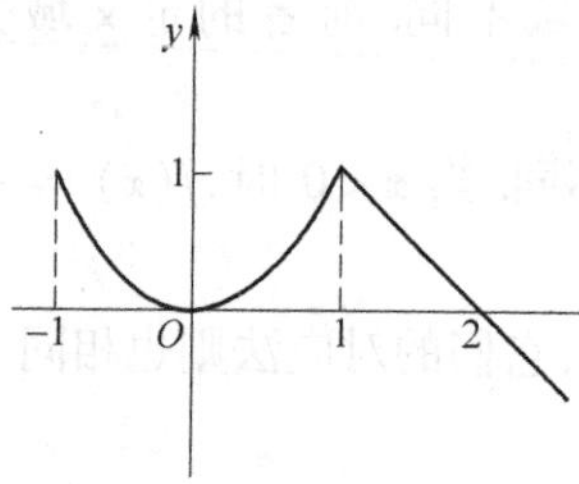


图 1-2

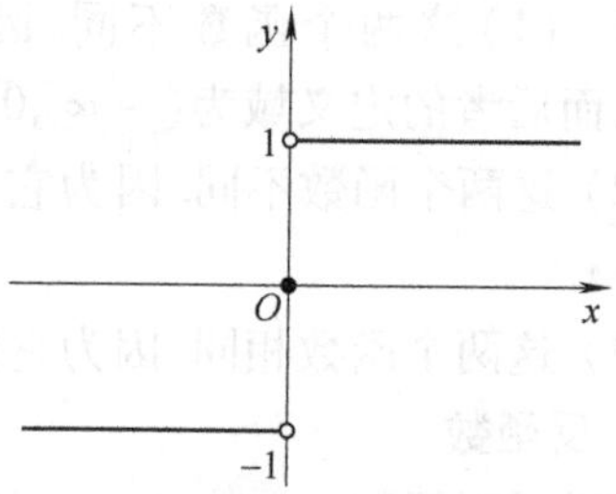


图 1-3

又例如，

$$y=\operatorname{sgn} x=\begin{cases}-1, & x<0,\\ 0, & x=0,\\ 1, & x>0\end{cases}$$

也是一个分段函数，称之为**符号函数**. 它的图形如图 1-3 所示.

必须指出，在定义域的不同范围内用几个不同的式子表示一个（不是几个！）函数，不仅与函数的定义并无矛盾，而且具有现实意义. 在许多实际问题中经常会遇到分段函数的情形.

## 1.1.4 函数的特性

### 1. 函数的有界性

**定义 1-3** 设函数 $f(x)$ 的定义域为 $D$，数集 $X\subset D$. 若存在正数 $M$，使得 $\forall x\in X$㊀，都有 $|f(x)|\leqslant M$，则称**函数 $f(x)$ 在数集 $X$ 上有界**；否则，称**函数 $f(x)$ 在数集 $X$ 上无界**.

㊀ 记号“$\forall$”表示“任意”或“任意给定”.

例如，函数$f(x)=\sin x$在$(-\infty,+\infty)$内是有界的，因为$\forall x\in(-\infty,+\infty)$，都有$|\sin x|\leqslant 1$. 函数$f(x)=\dfrac{2}{x}$在区间$[1,2]$上是有界的，因为$\forall x\in[1,2]$，都有$\left|\dfrac{2}{x}\right|\leqslant 2$. 但是$f(x)=\dfrac{2}{x}$在区间$(0,1)$内是无界的，因为不存在这样的正数$M$，使得$\forall x\in(0,1)$，都有$\left|\dfrac{2}{x}\right|\leqslant M$.



在定义域内有界的函数称为**有界函数**. 有界函数的图形的特征是它被夹在两条水平直线之间.

**2. 函数的单调性**

**定义 1-4**　设函数$f(x)$的定义域为$D$，区间$I\subset D$.

(1) 若对于$\forall x_1,x_2\in I$，当$x_1<x_2$时，有$f(x_1)<f(x_2)$，则称**函数$f(x)$在区间$I$上单调增加**，并称区间$I$为**函数$f(x)$的单调增区间**；

(2) 若对于$\forall x_1,x_2\in I$，当$x_1<x_2$时，有$f(x_1)>f(x_2)$，则称**函数$f(x)$在区间$I$上单调减少**，并称区间$I$为**函数$f(x)$的单调减区间**.

若函数$f(x)$在其定义域内单调增加（或单调减少），则称$f(x)$为**单调增函数**（或**单调减函数**）. 单调增函数和单调减函数统称为**单调函数**. 函数的单调增区间和单调减区间统称为函数的**单调区间**.

从几何上看，单调增函数的图形是沿$x$轴正向逐渐上升的曲线（图1-4a）；单调减函数的图形是沿$x$轴正向逐渐下降的曲线（图1-4b）.

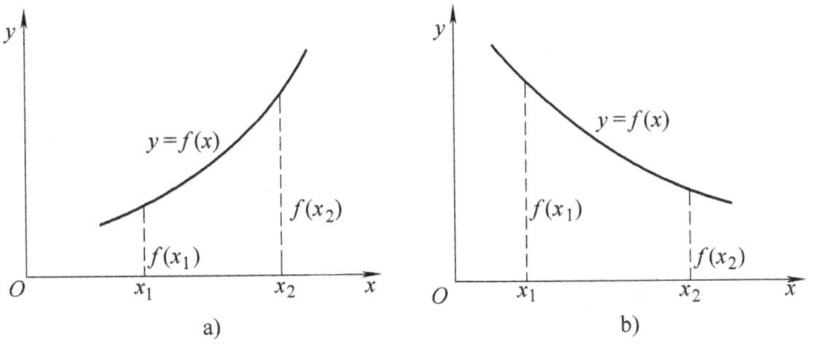


图　1-4

**3. 函数的奇偶性**

**定义 1-5**　设函数$f(x)$的定义域$D$关于原点对称（即若$x\in D$，则有$-x\in D$）.

(1) 若对于$\forall x\in D$，有$f(-x)=-f(x)$，则称函数$f(x)$为**奇函数**；

(2) 若对于$\forall x\in D$，有$f(-x)=f(x)$，则称函数$f(x)$为**偶函数**.

例如，$f(x)=x^2$是偶函数，$f(x)=\sin x$是奇函数，而$f(x)=2x-|x|$既非奇函数，又非偶函数.

从几何上看，奇函数的图形关于原点对称（如图 1-5a）；偶函数的图形关于 $y$ 轴对称（图 1-5b）.

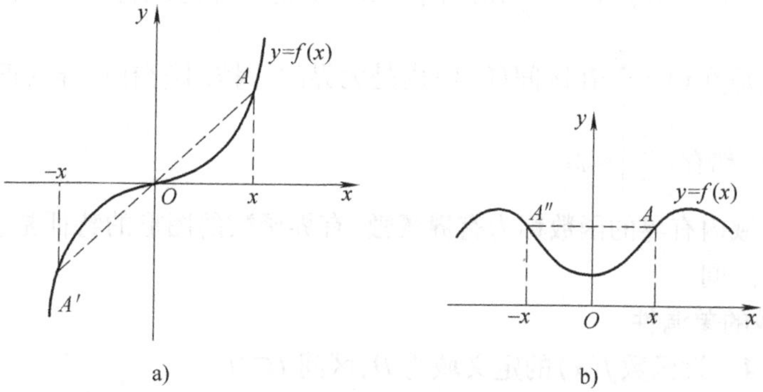


图 1-5

**4. 函数的周期性**

**定义 1-6** 设函数 $f(x)$ 的定义域为 $D$. 若存在一个正数 $T$，使得对于 $\forall x\in D$，恒有 $x\pm T\in D$，且 $f(x+T)=f(x)$，则称 $f(x)$ 为**周期函数**，$T$ 称为 $f(x)$ 的**周期**.

通常，周期函数的周期是指**最小正周期**. 例如，函数 $f(x)=\cos x$ 的周期为 $2\pi$；函数 $f(x)=3+\sin 2x$ 的周期为 $\pi$. 但并非每个周期函数都有最小正周期. 例如，常值函数 $y=C$（$C$ 为某个常数）是周期函数，任何正实数均为其周期；但它没有最小正周期.

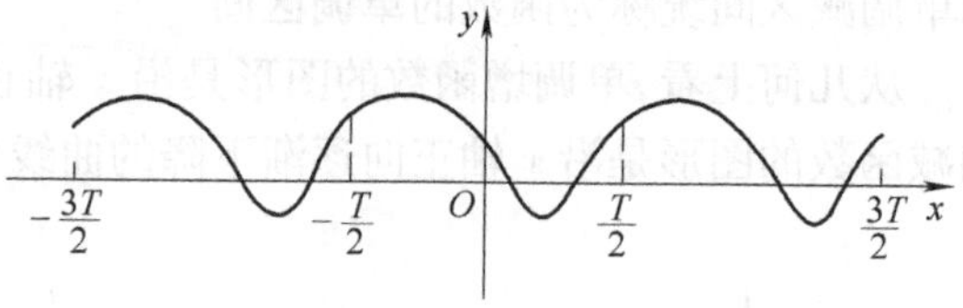


图 1-6

周期函数的图形的特点是，如果把一个周期为 $T$ 的周期函数的图形向左或向右平移周期的整数倍距离，那么这部分图形与目标位置上的图形必定重合（图 1-6）.

## 1.1.5 复合函数 初等函数

**1. 复合函数**

先看一个例子. 设

$$y=\ln u,\text{而 } u=x^2+1,$$

以 $x^2+1$ 代替第一式中的 $u$，得

$$y=\ln(x^2+1).$$

我们说，函数 $y=\ln(x^2+1)$ 是由 $y=\ln u$ 和 $u=x^2+1$ 复合而成的复合函数.

**定义 1-7** 设函数 $y=f(u)$ 的定义域为 $D_f$，函数 $u=\varphi(x)$ 的值域为 $R_\varphi$，如果 $D_f$

$\cap R_{\varphi} \neq \varnothing$,则称函数 $y=f[\varphi(x)]$ 为**由函数** $y=f(u)$ **和** $u=\varphi(x)$ **复合而成的复合函数**,并称 $u$ 为**中间变量**.

由定义 1-7 可知,并不是任何两个函数都可以构成复合函数的,函数 $y=f(u)$ 和 $u=\varphi(x)$ 能构成复合函数的条件是 $D_f \cap R_{\varphi} \neq \varnothing$. 例如,函数 $y=f(u)=\sqrt{u}$ 与函数 $u=\varphi(x)=-x^2-1$ 就不能构成复合函数. 因为前者的定义域为 $D_f=[0,+\infty)$,而后者的值域为 $R_{\varphi}=(-\infty,-1]$,$D_f \cap R_{\varphi}=\varnothing$.

一个复合函数也可由两个以上的函数复合而成. 例如,函数 $y=\sqrt{\sin x^2}$ 是由 $y=\sqrt{u}$,$u=\sin v$,$v=x^2$ 复合而成的.



**2. 基本初等函数**

**定义 1-8**　下列五类函数统称为**基本初等函数**:

(1) 幂函数:$y=x^{\mu}(\mu \in \mathbf{R})$;

(2) 指数函数:$y=a^x(a>0$ 且 $a \neq 1)$;

(3) 对数函数:$y=\log_a x(a>0$ 且 $a \neq 1)$;

(4) 三角函数:$y=\sin x$,$y=\cos x$,$y=\tan x$,$y=\cot x$,$y=\sec x$,$y=\csc x$;

(5) 反三角函数:$y=\arcsin x$,$y=\arccos x$,$y=\arctan x$,$y=\operatorname{arccot} x$.

在基本初等函数中,以常数 e 为底的指数函数 $y=e^x$ 与对数函数 $y=\log_e x$(记为 $\ln x$,称为**自然对数函数**)是高等数学中常用的. 这里 e 是一个无理数,它是高等数学中非常重要的一个常数,它的值是 e=2.718 281 845 904 5…(参见 1.6.2).

基本初等函数的主要性质在中学教材中已经作了较详细的介绍,这里不再赘述.

**3. 初等函数**

**定义 1-9**　由常数和基本初等函数经过有限次四则运算和有限次的函数复合步骤所构成的,并可用一个式子表示的函数称为**初等函数**.

例如

$$y=\ln(x^2+1),\ y=\sqrt{\sin x^2},\ y=3\arctan\frac{1}{x}+e^{-\frac{x}{2}}$$

都是初等函数.

按初等函数的定义,分段函数通常不是初等函数. 但并不是任何分段函数都是非初等函数. 例如,$f(x)=\begin{cases}-x, & x<0,\\ x, & x\geqslant 0\end{cases}$ 是分段函数,但若将其改写成 $f(x)=|x|=\sqrt{x^2}$,则可知它是初等函数了.

本课程所讨论的函数,除了分段函数外,一般都是初等函数.

## 1.1.6　建立函数关系举例

为了解决工程技术、经济管理等应用问题,经常先要给问题建立数学模型,即建立函数关系. 为此需明确这些问题中的自变量与因变量,再根据题意建立等式,从而得出函数关系.

**【例 1-2】** 一个生产罐头食品的工厂,要做一种容积为常数 $V$ 的密闭圆柱形罐头筒,为使所用材料最省,需要确定圆柱形罐头筒的底面半径与高. 试将每个圆柱形罐头筒的表面积表示为底面半径的函数.

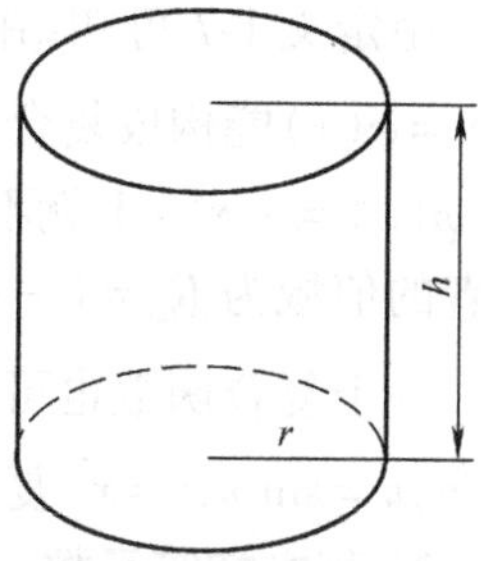

图 1-7

**解** 设圆柱形罐头筒底面半径为 $r$,高为 $h$(图 1-7),则它的侧面积为 $2\pi rh$,底面积为 $\pi r^2$,因此其表面积为

$$A=2\pi rh+2\pi r^2.$$

由体积公式 $V=\pi r^2h$,得 $h=\dfrac{V}{\pi r^2}$,将它代入上式,得

$$A=\frac{2V}{r}+2\pi r^2\quad(r>0).$$

**【例 1-3】** 某工厂生产一种产品,每日最多生产 1000 单位. 它的日固定成本为 1300 元,生产一个单位产品的可变成本为 8 元. 求该厂日总成本函数及平均单位成本函数.

**解** 设日总成本为 $C$,平均单位成本为 $\overline{C}$,日产量为 $x$. 由于日总成本为日固定成本与日可变成本之和,故有题意可知,日总成本函数为

$$C=C(x)=1300+8x\quad(0\leqslant x\leqslant 1000);$$

平均单位成本函数为

$$\overline{C}=\frac{C(x)}{x}=\frac{1300}{x}+8\quad(0<x\leqslant 1000).$$

**【例 1-4】** 某商场是这样规定每件商品的售价的:在 50 件以内每件 $a$ 元;超出 50 件,超过部分每件 0.9$a$ 元. 试将一次成交的销售收入 $R$ 表示成销售量 $x$ 的函数.

**解** 由题意可知,一次售出 50 件以内的收入为

$$R=ax,\quad 0\leqslant x\leqslant 50.$$

而一次售出 50 件以上时,收入为

$$R=50a+0.9a(x-50),\quad x>50.$$

所以,一次成交的收入与销售量的函数关系是

$$R=\begin{cases}ax, & 0\leqslant x\leqslant 50,\\ 50a+0.9a(x-50), & x>50.\end{cases}$$

## 习 题 1.1

1. 求下列函数的定义域:

(1) $y=\log_2(x+1)$;　　(2) $y=\dfrac{3x}{\sqrt{9-x^2}}$

(3) $y=\dfrac{1}{1-x}+\sqrt{x}$;　　(4) $y=e^{-\frac{1}{x}}\arctan\dfrac{x}{x-2}$;

(5) $y=\arcsin(1+x)-\dfrac{2}{\ln(1+x)}$.

2. 判断下列各组中的两个函数是否相同，并说明理由：

(1) $y=\dfrac{x^2-1}{x-1}, y=x+1$;　　(2) $y=\sqrt[3]{x^4-x^3}, y=x\cdot\sqrt[3]{x-1}$;

(3) $y=\sqrt{1-\sin^2 x}, y=\cos x$;　(4) $y=e^x, s=e^t$.

3. 下列函数哪些是奇函数？哪些是偶函数？哪些是非奇非偶函数？

(1) $y=|x|(x^2-1)$;　　(2) $y=a^x-a^{-x}$;

(3) $y=x^2+3\sin 2x$;　　(4) $y=\dfrac{e^x+e^{-x}}{2}$;

(5) $y=x(1-x)(1+x)$;　　(6) $y=\ln\dfrac{1-x}{1+x}$.

4. 求下列函数的反函数：

(1) $y=\dfrac{x-1}{x+1}$;　　(2) $y=\ln(x+2)+1$;

(3) $y=\dfrac{2^x}{2^x+1}$.

5. 设$f\left(x+\dfrac{1}{x}\right)=x^2+\dfrac{1}{x^2}$，求$f\left(\dfrac{1}{x}\right)$.

6. 设$f(x)=\begin{cases}x+1, & |x|\leqslant 1,\\ 2x-1, & |x|>1,\end{cases}$求$f(-2)$，$f(-1)$，$f(0)$，$f(1)$及$f(3)$.

7. 设$f(x)=\begin{cases}1, & |x|<1,\\ 0, & |x|=1,\\ -1, & |x|>1,\end{cases}$ $g(x)=e^x$，求$f[g(x)]$及$g[f(x)]$.

8. 已知$f(x)$的定义域为$(0,1]$，求下列复合函数的定义域：

(1) $f(1-x)$;　　(2) $f(\ln x)$;　　(3) $f\left(x-\dfrac{1}{3}\right)+f\left(x+\dfrac{1}{3}\right)$.

9. 在下列各题中，求由所给函数复合而成的复合函数，并求对应于所给自变量值的函数值：

(1) $y=\sqrt{u}, u=x^2+5, x_0=2$;

(2) $y=u^2, u=2\cos x, x_0=\dfrac{\pi}{6}$;

(3) $y=e^{u}, u=\sqrt{v}, v=\ln t, t_1=1, t_2=\sqrt[4]{e}$.

10. 某厂生产某种产品1000t,每吨定价为130元,销售量在700t以内时,按原价销售,超过700t时超过的部分打九折出售. 试将销售总收益与销售量的函数关系用数学表达式表出.

11. 假设某种商品的需求量$Q$是价格$p$(单位:元)的函数:$Q=1200-80p$;商品的总成本是需求量的函数:$C=25000+5Q$;每单位商品需要纳税2元. 试将销售利润$L$表示为单价的函数.

## 1.2 数列的极限

### 1.2.1 数列的概念

**定义 1-10** 如果按照某一法则,对每个正整数$n$,对应着一个确定的实数$x_n$,这些实数$x_n$按照下标$n$从小到大排列得到的一个无穷序列

$$x_1, x_2, x_3, \cdots, x_n, \cdots$$

称为**无穷数列**,简称为**数列**,简记为$\{x_n\}$. 数列中的每个数称为数列的**项**,第$n$项称为数列的**一般项**或**通项**.

在几何上,数列$\{x_n\}$可看做分布在数轴上的点列,它依次取数轴上的点$x_1, x_2, \cdots, x_n, \cdots$(图1-8).

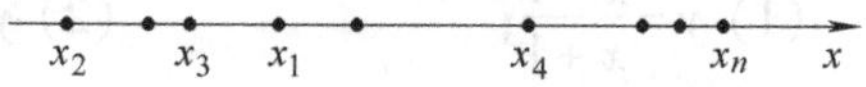

图 1-8

数列$\{x_n\}$又可看成定义域为正整数集$\mathbf{N}^+$的函数:$x_n=f(n), n\in\mathbf{N}^+$,当自变量$n$依次取1,2,3,…时,对应的函数值就排列成数列$\{x_n\}$.

数列既然可看成定义域为正整数集$\mathbf{N}^+$的函数,那么函数的有界性、单调性等概念也可以用于数列.

**定义 1-11** 对于数列$\{x_n\}$,若存在正数$M$,使得$\forall n\in\mathbf{N}^+$,恒有

$$|x_n|\leqslant M,$$

则称**数列$\{x_n\}$有界**,或称$\{x_n\}$为**有界数列**;否则,称**数列$\{x_n\}$无界**,或称$\{x_n\}$为**无界数列**.

**定义 1-12** 如果数列$\{x_n\}$满足条件

$$x_1\leqslant x_2\leqslant\cdots\leqslant x_n\leqslant x_{n+1}\leqslant\cdots,$$

则称**数列$\{x_n\}$单调增加**;如果数列$\{x_n\}$满足条件

$$x_1\geqslant x_2\geqslant\cdots\geqslant x_n\geqslant x_{n+1}\geqslant\cdots,$$

则称**数列$\{x_n\}$单调减少**.

单调增加数列与单调减少数列统称为**单调数列**.

数列的项数是无穷多的,不可能将数列的项都列出来. 要想了解数列的变化情况,需要考察当项数$n$无限增大时,数列的项$x_n$的变化趋势,这就需要引进数列极限

的概念.

### 1.2.2　极限思想概述

极限概念是由于求某些问题的精确解而产生的. 例如,我国古代数学家刘徽(公元 3 世纪)发明的“割圆术”——利用圆的内接正多边形的面积来推算圆面积的方法,就是极限思想在几何学上的应用.

设有一个圆,首先作圆的内接正六边形,其面积记为 $A_1$;再作内接正十二边形,其面积记为 $A_2$;再作内接正二十四边形,其面积记为 $A_3$;这样一直作下去,每次边数加倍,就得到一系列内接正多边形的面积:

$$A_1, A_2, A_3, \cdots, A_n, \cdots$$

它们构成一个数列. 显然当边数 $n$ 越大,$A_n$ 与圆面积 $A$ 的差别就越小,从而以 $A_n$ 作为圆面积的近似值也就越精确. 但是无论 $n$ 取多大,$A_n$ 终究还是正多边形的面积,总要比圆的面积小一点. 因此,设想让 $n$ 无限增大(记为 $n\to\infty$),即让正多边形的边数无限增多. 在这个过程中,内接正多边形无限接近于圆,同时 $A_n$ 也无限接近于某个确定的数值,这个确定的数值就是圆的面积 $A$. 我们把 $A$ 就称为数列 $\{A_n\}$ 的极限. 因此,圆面积的精确值可用数列 $\{A_n\}$ 的极限来表示. 这种解决问题的思想就是极限的思想. 从这个问题中我们看到:

极限是变量的一种变化趋势,极限也是由近似过渡到精确的桥梁.

### 1.2.3　数列极限的定义

考察下列三个数列当其项数 $n$ 无限增大时的变化趋势:

$$(\text{I})\ 2,\ 2^2, 3^3, \cdots, 2^n, \qquad \cdots;$$

$$(\text{II})\ 1, -1, 1, \cdots, (-1)^{n+1}, \cdots;$$

$$(\text{III})\ 0,\ \frac{1}{2}, \frac{2}{3}, \cdots, \frac{n-1}{n}, \qquad \cdots.$$

容易看出,当项数 $n$ 无限增大时,数列(Ⅰ)的对应项 $x_n=2^n$ 也无限增大;数列(Ⅱ)的项始终在 1 和 $-1$ 两点上来回跳动,它们都不趋近于一个确定的常数. 而数列(Ⅲ)的情形就不一样了,当项数 $n$ 无限增大时,它的对应项 $x_n=\dfrac{n-1}{n}$ 无限趋近于常数 1. 我们把常数 1 称为这个数列的极限. 一般地,对于数列 $\{x_n\}$,如果当项数 $n$ 无限增大时(记为 $n\to\infty$),对应的 $x_n$ 无限趋近于一个确定的常数 $a$,则称常数 $a$ 为数列 $\{x_n\}$ 的极限.

我们指出,上述用描述性语言给出的极限概念是很含糊的,其中“无限增大”、“无限趋近”这些说法都不是很明确,它的确切含义需要使用精确的数学语言加以表达.

为此，我们以数列$\{x_n\}=\left\{\dfrac{n-1}{n}\right\}$为例，来深入分析一下“当$n\to\infty$时，$x_n$无限趋近于常数1”的含义.

我们知道，两个实数$a$和$b$的接近程度可以用这两个数的差的绝对值$|a-b|$来度量，$|a-b|$越小，$a$和$b$就越接近. 我们说$x_n=\dfrac{n-1}{n}$无限趋近于1，就是说$|x_n-1|$可无限变小，亦即不论要求$|x_n-1|$多么小，$|x_n-1|$总能变得那么小.

例如，如果要求$|x_n-1|<\dfrac{1}{100}$，由于$|x_n-1|=\dfrac{1}{n}$，因此只要$n>100$，即从第101项开始以后的一切项$x_n$都能满足这个要求；

如果要求$|x_n-1|<\dfrac{1}{1000}$，那么只要$n>1000$，即从第1001项开始以后的一切项都能满足这个要求；

一般地，对于任意给定的正数$\varepsilon$（不论它多么小），总存在着一个正整数$N$，使得当$n>N$时，总有不等式$|x_n-1|<\varepsilon$成立. 这就是“当$n\to\infty$时，$x_n$无限趋近于常数1”这一语言的准确数学表达.

根据上面的分析，我们给出数列极限的下列定义：

**定义1-13** 设$\{x_n\}$为一数列，如果存在常数$a$，对于任意给定的正数$\varepsilon$，总存在正整数$N$，使得当$n>N$时，总有不等式$|x_n-a|<\varepsilon$成立，那么就称**常数$a$为数列$\{x_n\}$的极限**，或者称**数列$\{x_n\}$收敛于$a$**，记为

$$\lim_{n\to\infty}x_n=a \quad 或 \quad x_n\to a(n\to\infty).$$

如果不存在这样的常数$a$，就称**数列$\{x_n\}$没有极限**，或者称**数列$\{x_n\}$发散**，习惯上也说$\lim\limits_{n\to\infty}x_n$不存在.

对于上述数列极限的定义，我们还要着重指出下面两点：

(1) 定义中的正数$\varepsilon$可以任意给定是很重要的. $\varepsilon$是任意的，除了限于正数外，不受任何限制，它可以小到任何程度. 只有这样，不等式$|x_n-a|<\varepsilon$才能表达出$x_n$与$a$无限趋近的意思.

(2) 定义中的正整数$N$是与$\varepsilon$有关的，它随给定的$\varepsilon$而取定. 但是，对于给定的正数$\varepsilon$，相应的正整数$N$不是唯一的. 正因为如此，我们所关注的是满足条件的$N$**是否存在**，而至于这个$N$取什么值并不重要.

由于不等式$|x_n-a|<\varepsilon$等价于$x_n\in U(a,\varepsilon)$，而数列$\{x_n\}$对应于数轴上的一个点列，故$\lim\limits_{n\to\infty}x_n=a$在几何上可作如下解释：

对于任意给定的正数$\varepsilon$，一定存在相应的正整数$N$，使得从第$N+1$项开始，后面的所有的项在数轴上的对应点$x_n$都落在点$a$的$\varepsilon$邻域内，而至多只有有限个点在这个邻域之外（图1-9）.

数列极限的定义并未直接提供求数列极限的方法，但能利用此定义来验证数列极限的正确性.

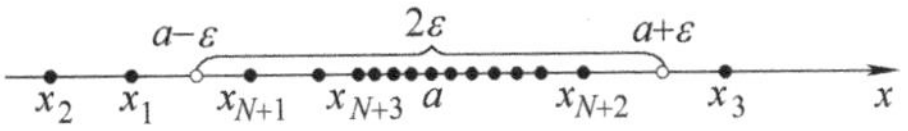


图　1-9

**【例 1-5】**　证明 $\lim\limits_{n\to\infty}\dfrac{2n+(-1)^n}{n}=2.$

**证**　对于任意给定的正数 $\varepsilon$，由于

$$|x_n-2|=\left|\frac{2n+(-1)^n}{n}-2\right|=\frac{1}{n},$$

故要使 $|x_n-2|<\varepsilon$，只要 $\dfrac{1}{n}<\varepsilon$，即 $n>\dfrac{1}{\varepsilon}$.

于是，取正整数 $N\geqslant\dfrac{1}{\varepsilon}$，则当 $n>N$ 时，总有 $|x_n-2|<\varepsilon$. 据数列极限的定义，有

$$\lim_{n\to\infty}\frac{2n+(-1)^n}{n}=2.$$

**【例 1-6】**　**证明：**当 $|q|<1$ 时，$\lim\limits_{n\to\infty}q^n=0.$

**证**　对于任意给定的正数 $\varepsilon$（不妨设 $\varepsilon<1$），由于

$$|x_n-0|=|q^n-0|=|q|^n,$$

故要使 $|x_n-0|<\varepsilon$，只要 $|q|^n<\varepsilon$，即 $n>\dfrac{\ln\varepsilon}{\ln|q|}$.

于是，取正整数 $N\geqslant\dfrac{\ln\varepsilon}{\ln|q|}$，则当 $n>N$ 时，总有 $|x_n-0|<\varepsilon$. 据数列极限的定义，有

$$\lim_{n\to\infty}q^n=0.$$

下面我们讨论数列收敛与数列有界的关系.

**定理 1-1**（收敛数列的有界性）　收敛数列必有界.

**证**　设数列 $\{x_n\}$ 收敛于 $a$，即 $\lim\limits_{n\to\infty}x_n=a$. 据数列极限的定义，对于 $\varepsilon=1$，存在相应的正整数 $N$，当 $n>N$ 时，有 $|x_n-a|<1$. 于是，当 $n>N$ 时，

$$|x_n|=|(x_n-a)+a|\leqslant|x_n-a|+|a|<1+|a|.$$

取 $M=\max\{|x_1|,|x_2|,\cdots,|x_N|,1+|a|\}$，则对于 $\forall n\in\mathbf{N}^+$，均有 $|x_n|\leqslant M$. 故数列 $\{x_n\}$ 有界. 证毕.

上述定理的等价命题是："无界数列必发散". 然而，有界数列未必收敛. 例如，数列 $\{(-1)^n\}$ 与 $\{\sin n\}$ 均有界，但它们都是发散的. 因此，数列有界是数列收敛的必要条件，但不是充分条件.

## 习 题 1.2

1. 观察下列数列的变化趋势，指出是收敛还是发散.如果收敛，写出其极限：

(1) $x_n=\frac{1}{\sqrt{n}}$;　　(2) $x_n=(-1)^n\frac{1}{2^n}$;

(3) $x_n=\frac{n+2}{n}$;　　(4) $x_n=[1+(-1)^{n-1}]n$;

(5) $x_n=\frac{2^n-3^n}{3^n}$;　　(6) $x_n=\frac{n!}{2^n}$.

2. 根据数列极限的定义证明：

(1) $\lim\limits_{n\to\infty}\frac{1}{n^2}=0$;　　(2) $\lim\limits_{n\to\infty}\frac{3n-1}{2n+1}=\frac{3}{2}$.

3. 证明：若 $\lim\limits_{n\to\infty}x_n=a$，则 $\lim\limits_{n\to\infty}|x_n|=|a|$.

## 1.3 函数的极限

### 1.3.1 函数极限的定义

我们知道，数列 $\{x_n\}$ 可看做定义域为正整数集的函数：$x_n=f(n)$，$n\in\mathbf{N}^+$. 所以，数列极限也是一类特殊的函数极限. 但是，数列作为特殊的函数，其自变量只有一种变化过程——自变量 $n$ 取正整数而无限增大(即 $n\to\infty$). 对于一般的函数而言，自变量的变化过程有两种类型，即自变量趋向于无穷大与自变量趋向于有限值. 我们主要研究自变量的以下两种变化过程中的函数极限：

(1) 自变量 $x$ 的绝对值 $|x|$ 无限增大，或者说 $x$ 趋向于无穷大(记作 $x\to\infty$)；

(2) 自变量 $x$ 无限接近有限值 $x_0$，或者说 $x$ 趋近于 $x_0$(记作 $x\to x_0$).

**1. 自变量趋向于无穷大时函数的极限**

现在考虑自变量 $x$ 的绝对值 $|x|$ 无限增大即 $x\to\infty$ 时的函数极限.

设函数 $f(x)$ 当 $|x|$ 大于某一正数时有定义，如果在 $x\to\infty$ 的过程中，对应的函数值 $f(x)$ 无限趋近于一个确定的常数 $A$，则称常数 $A$ 为函数 $f(x)$ 当 $x\to\infty$ 时的极限.

将如上函数极限与数列极限相对照，所不同的仅在于数列 $x_n=f(n)$ 的自变量 $n$ 取正整数，函数 $f(x)$ 的自变量 $x$ 在实数范围取值，因此，仿照上节对数列极限所作的分析，我们得到下列定义：

**定义 1-14**　设函数 $f(x)$ 当 $|x|$ 大于某一正数时有定义，若存在常数 $A$，对于任意给定的正数 $\varepsilon$，总存在正数 $X$，使得当 $|x|>X$ 时，总有 $|f(x)-A|<\varepsilon$，则常数 $A$ 称为函数 $f(x)$ 当 $x\to\infty$ 时的极限，记作

$$\lim_{x\to\infty} f(x) = A \quad 或 \quad f(x)\to A(x\to\infty).$$

如果 $x>0$ 且 $x$ 无限增大(记作 $x\to+\infty$)，那么只要把上面定义中的 $|x|>X$ 改为 $x>X$，便得 $\lim\limits_{x\to+\infty} f(x) = A$ 的定义；同样，如果 $x<0$ 且 $|x|$ 无限增大(记作 $x\to-\infty$)，只要把上面定义中的 $|x|>X$ 改为 $x<-X$，便得 $\lim\limits_{x\to-\infty} f(x) = A$ 的定义．

由上述定义容易证明 $\lim\limits_{x\to\infty} f(x)$ 与 $\lim\limits_{x\to-\infty} f(x)$ 及 $\lim\limits_{x\to+\infty} f(x)$ 有如下关系：

**定理1-2**　$\lim\limits_{x\to\infty} f(x) = A$($A$ 为常数)的充分必要条件是 $\lim\limits_{x\to-\infty} f(x) = \lim\limits_{x\to+\infty} f(x) = A$.

$\lim\limits_{x\to\infty} f(x) = A$ 的几何解释是：对于任意给定的正数 $\varepsilon$，总存在正数 $X$，当 $x$ 落在区间 $(-\infty,-X)$ 或 $(X,+\infty)$ 内时，函数 $f(x)$ 的图形就介于两条水平直线 $y=A-\varepsilon$ 与 $y=A+\varepsilon$ 之间(图 1-10).

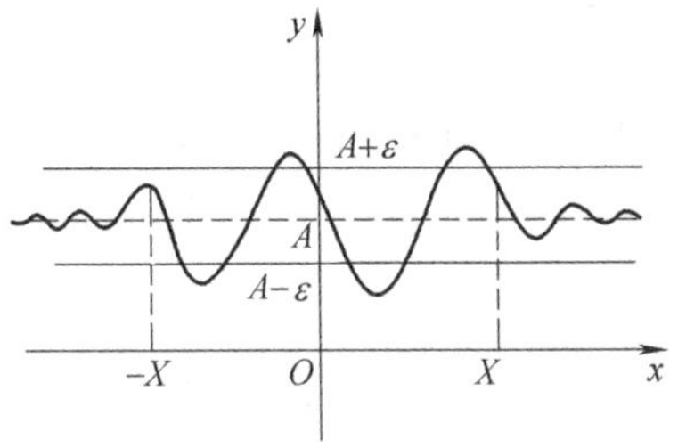


图　1-10

**【例 1-7】**　证明：$\lim\limits_{x\to\infty} \dfrac{4x+3}{x} = 4$.

**证**　对于任意给定的正数 $\varepsilon$，由于

$$\left|\frac{4x+3}{x}-4\right| = \frac{3}{|x|},$$

故要使 $\left|\dfrac{4x+3}{x}-4\right|<\varepsilon$，只要 $\dfrac{3}{|x|}<\varepsilon$，即 $|x|>\dfrac{3}{\varepsilon}$.

于是，取正数 $X=\dfrac{3}{\varepsilon}$，则当 $|x|>X$ 时，就有 $\left|\dfrac{4x+3}{x}-4\right|<\varepsilon$. 据定义 1-14，有

$$\lim_{x\to\infty} \frac{4x+3}{x} = 4.$$

**2. 自变量趋向于有限值时函数的极限**

下面考虑自变量 $x$ 无限接近有限值 $x_0$ 即 $x\to x_0$ 时的函数极限．

设函数 $f(x)$ 在点 $x_0$ 的某一去心邻域内有定义，如果在 $x\to x_0$ 的过程中，对应的函数值 $f(x)$ 无限趋近于一个确定的常数 $A$，则称常数 $A$ 为函数 $f(x)$ 当 $x\to x_0$ 时的极限．

例如，设 $f(x)=4x-1$. 由于当 $x\to1$ 时，函数 $f(x)=4x-1$ 无限趋近于 3. 因此推知，当 $x\to1$ 时，$f(x)=4x-1$ 的极限为 3. 但如同数列极限的情况一样，我们需要对前述用描述性语言给出的函数极限的概念，精确地加以定义．

为此，以函数 $f(x)=4x-1$ 为例，深入分析一下“当 $x\to1$ 时，$f(x)=4x-1$ 无限趋近于 3”的含义．

我们已经知道，$f(x)$ 与 3 的接近程度可用 $|f(x)-3|$ 来刻画，而 $x$ 与 1 的接近程度可用 $|x-1|$ 来刻画．“$f(x)$ 无限趋近于 3”就是“对于任意给定的正数 $\varepsilon$，总能使不等式 $|f(x)-3|<\varepsilon$ 成立”.

当然，如果要求$|f(x)-3|<\varepsilon$，由于$|f(x)-3|=|(4x-1)-3|=4|x-1|$，因此只要$x$适合$|x-1|<\frac{\varepsilon}{4}$，即$x$与1的距离小于$\frac{\varepsilon}{4}$时，就有$|f(x)-3|<\varepsilon$.

这样，我们就得到了"当$x\to 1$时，$f(x)=4x-1$无限趋近于3"这一描述性语言的数学表达：

对于任意给定的正数$\varepsilon$，总存在正数$\delta$（在本例中$\delta=\frac{\varepsilon}{4}$），使得当$0<|x-1|<\delta$时，有$|f(x)-3|<\varepsilon$.

一般地，我们引入下列定义：

**定义 1-15** 设函数$f(x)$在点$x_0$的某一去心邻域内有定义，若存在常数$A$，对于任意给定的正数$\varepsilon$，总存在正数$\delta$，使得当$0<|x-x_0|<\delta$时，有$|f(x)-A|<\varepsilon$，则常数$A$称为**函数$f(x)$当$x\to x_0$时的极限**，或称为**函数$f(x)$在点$x_0$处的极限，记作**

$$\lim_{x\to x_0} f(x)=A \quad 或 \quad f(x)\to A(x\to x_0).$$

对于上述定义，我们必须着重指出：$x\to x_0$的含义是$x$无限接近于$x_0$，但$x\neq x_0$. 因而，当$x\to x_0$时，$f(x)$有无极限仅与点$x_0$附近（即点$x_0$的某一去心邻域内）的函数值有关，而与点$x_0$处的函数值无关，甚至与$f(x)$在点$x_0$处是否有定义无关. 正因为如此，在定义中只要求$f(x)$在点$x_0$的某一去心邻域内有定义.

$\lim\limits_{x\to x_0} f(x)=A$的几何解释是：对于任意给定的正数$\varepsilon$，总存在正数$\delta$，当$x$落在点$x_0$的去心$\delta$邻域$\mathring{U}(x_0,\delta)$内时，函数$f(x)$的图形就介于两条水平直线$y=A-\varepsilon$与$y=A+\varepsilon$之间（图 1-11）.

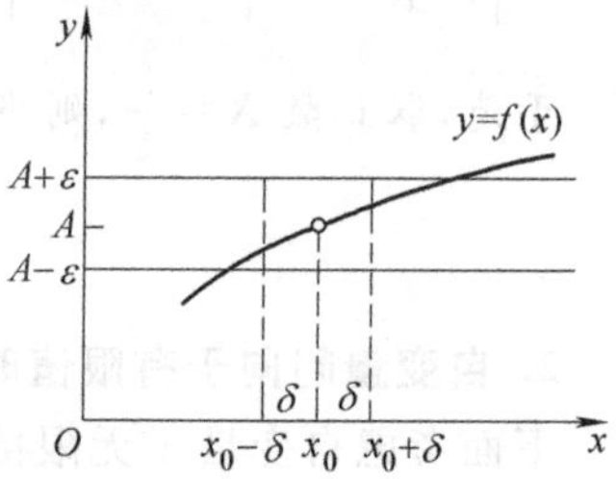


图 1-11

**【例 1-8】** 证明：$\lim\limits_{x\to 1}\frac{x^2-3x+2}{x-1}=-1$.

**证** 对于任意给定的正数$\varepsilon$，由于

$$\left|\frac{x^2-3x+2}{x-1}-(-1)\right|=|x-1|,$$

故要使$\left|\frac{x^2-3x+2}{x-1}-(-1)\right|<\varepsilon$，只要$|x-1|<\varepsilon$.

于是，取正数$\delta=\varepsilon$，则当$0<|x-1|<\delta$时，就有$\left|\frac{x^2-3x+2}{x-1}-(-1)\right|<\varepsilon$. 据定义 1-15，有$\lim\limits_{x\to 1}\frac{x^2-3x+2}{x-1}=-1$.

由定义 1-15，容易证明下列结论：

(1) $\lim\limits_{x\to x_0}(ax+b)=ax_0+b$ （$a,b$为常数）；

(2) $\lim\limits_{x \to x_0} \sqrt{x} = \sqrt{x_0} \quad (x_0 > 0)$.

上述 $x \to x_0$ 时函数 $f(x)$ 的极限概念中，$x$ 是从 $x_0$ 的左右两侧趋近于 $x_0$ 的，但有时只能或只需要考虑 $x$ 仅从 $x_0$ 的左侧趋近于 $x_0$（记作 $x \to x_0^-$）的情形，或 $x$ 仅从 $x_0$ 的右侧趋近于 $x_0$（记作 $x \to x_0^+$）的情形．在 $x \to x_0^-$ 的情形，$x$ 在 $x_0$ 的左侧，即 $x < x_0$，在 $\lim\limits_{x \to x_0} f(x) = A$ 的定义 1-15 中，把 $0 < |x - x_0| < \delta$ 改为 $x_0 - \delta < x < x_0$，那么常数 $A$ 称为函数 $f(x)$ 当 $x \to x_0$ 时的**左极限**，记作

$$\lim_{x \to x_0^-} f(x) = A \quad \text{或} \quad f(x_0^-) = A \quad \text{或} \quad f(x) \to A(x \to x_0^-).$$

类似地，在 $\lim\limits_{x \to x_0} f(x) = A$ 的定义 1-15 中，把 $0 < |x - x_0| < \delta$ 改为 $x_0 < x < x_0 + \delta$，那么常数 $A$ 称为函数 $f(x)$ 当 $x \to x_0$ 时的**右极限**，记作

$$\lim_{x \to x_0^+} f(x) = A \quad \text{或} \quad f(x_0^+) = A \quad \text{或} \quad f(x) \to A(x \to x_0^+).$$

左极限与右极限统称为**单侧极限**．相应地也把 $x \to x_0$ 时的极限称为**双侧极限**．容易证明双侧极限与单侧极限具有下列关系：

**定理 1-3** $\lim\limits_{x \to x_0} f(x) = A$（$A$ 为常数）的充分必要条件是

$$\lim_{x \to x_0^-} f(x) = \lim_{x \to x_0^+} f(x) = A.$$

定理 1-3 常用来判定函数在某点处的极限是否存在，尤其是常用来讨论分段函数在分段点处的极限的存在性．

**【例 1-9】** 设 $f(x) = \begin{cases} x+1, & x<0, \\ \sqrt{x}, & 0 \leqslant x < 1, \\ 2-x, & x > 1, \end{cases}$

(1) 判断极限 $\lim\limits_{x \to 0} f(x)$ 是否存在；

(2) 求 $\lim\limits_{x \to 1} f(x)$.

**解** (1) 因为 $\lim\limits_{x \to 0^-} f(x) = \lim\limits_{x \to 0^-} (x+1) = 1$；$\lim\limits_{x \to 0^+} f(x) = \lim\limits_{x \to 0^+} \sqrt{x} = 0$，所以

$$\lim_{x \to 0^-} f(x) \neq \lim_{x \to 0^+} f(x),$$

从而由定理 1-3 知，$\lim\limits_{x \to 0} f(x)$ 不存在．

(2) 因为 $\lim\limits_{x \to 1^-} f(x) = \lim\limits_{x \to 1^-} \sqrt{x} = 1$；$\lim\limits_{x \to 1^+} f(x) = \lim\limits_{x \to 1^+} (2-x) = 1$，所以

$$\lim_{x \to 1^-} f(x) = \lim_{x \to 1^+} f(x) = 1,$$

从而由定理 1-3 知，$\lim\limits_{x \to 1} f(x) = 1$.

### 1.3.2 函数极限的性质

利用函数极限的定义，不难证明下列函数极限的性质．由于函数极限按自变

量的变化过程不同有多种情形，为了方便，下面仅以“$\lim\limits_{x\to x_0}f(x)$”这种情形为代表加以讨论．至于其他情形下函数极限的性质，只要相应地作一些修改即可．

**性质1（函数极限的唯一性）** 若$\lim\limits_{x\to x_0}f(x)$存在，那么该极限唯一．

**证** （用反证法）假定同时有$\lim\limits_{x\to x_0}f(x)=A$及$\lim\limits_{x\to x_0}f(x)=B$，且$A\neq B$．不妨设$A<B$．取$\varepsilon=\dfrac{B-A}{2}$，则由$\lim\limits_{x\to x_0}f(x)=A$得，存在正数$\delta_1$，当$0<|x-x_0|<\delta_1$时，有$|f(x)-A|<\dfrac{B-A}{2}$；由$\lim\limits_{x\to x_0}f(x)=B$得，存在正数$\delta_2$，当$0<|x-x_0|<\delta_2$时，有不等式$|f(x)-B|<\dfrac{B-A}{2}$．于是，取$\delta=\min\{\delta_1,\delta_2\}$，则当$0<|x-x_0|<\delta$时，不等式$|f(x)-A|<\dfrac{B-A}{2}$与$|f(x)-B|<\dfrac{B-A}{2}$同时成立，但是，由$|f(x)-A|<\dfrac{B-A}{2}$可得$f(x)<\dfrac{A+B}{2}$；而由$|f(x)-B|<\dfrac{B-A}{2}$可得$f(x)>\dfrac{A+B}{2}$，矛盾！故必有$A=B$．证毕．

**性质2（函数极限的局部有界性）** 若$\lim\limits_{x\to x_0}f(x)=A$，则$f(x)$在点$x_0$的某一去心邻域内有界（即存在常数$M>0$及$\delta>0$，使得当$x\in\mathring{U}(x_0,\delta)$时，有$|f(x)|\leqslant M$）．

**证** 因为$\lim\limits_{x\to x_0}f(x)=A$，由定义1-15，对$\varepsilon=1$，存在$\delta>0$，当$0<|x-x_0|<\delta$时，有$|f(x)-A|<1$，从而

$$|f(x)|=|f(x)-A+A|\leqslant|f(x)-A|+|A|<1+|A|.$$

记$M=1+|A|$，则当$x\in\mathring{U}(x_0,\delta)$时，有$|f(x)|<M$．证毕．

**性质3（函数极限的局部保号性）** 若$\lim\limits_{x\to x_0}f(x)=A$，且$A>0$（或$A<0$），则存在$\delta>0$，使得当$x\in\mathring{U}(x_0,\delta)$时，有$f(x)>0$（或$f(x)<0$）．

**证** 只证$A>0$的情形（$A<0$的情形证法类似）．由于$\lim\limits_{x\to x_0}f(x)=A>0$，故由定义1-15，对于$\varepsilon=\dfrac{A}{2}>0$，存在$\delta>0$，当$0<|x-x_0|<\delta$时，有$|f(x)-A|<\varepsilon=\dfrac{A}{2}$，从而当$x\in\mathring{U}(x_0,\delta)$时，有$f(x)>A-\dfrac{A}{2}=\dfrac{A}{2}>0$．证毕．

性质3表明：若函数$f(x)$在点$x_0$处的极限是一个非零常数，则在点$x_0$的某一去心邻域内函数值一定保持与极限值相同的符号．

**推论** 若$\lim\limits_{x\to x_0}f(x)=A$，且在点$x_0$的某一去心邻域内$f(x)\geqslant0$（或$f(x)\leqslant0$），则$A\geqslant0$（或$A\leqslant0$）．

**证**　仅就 $f(x)\geqslant 0$ 的情形给予证明，用反证法．

假定在点 $x_0$ 的去心邻域 $\mathring{U}(x_0,\delta_0)$ 内 $f(x)\geqslant 0$，但 $\lim\limits_{x\to x_0}f(x)=A<0$，则由性质3，存在 $\delta>0$，当 $x\in\mathring{U}(x_0,\delta)$ 时，有 $f(x)<0$. 于是，取 $\delta^*=\min\{\delta,\delta_0\}$，则当 $x\in\mathring{U}(x_0,\delta^*)$ 时，既有 $f(x)\geqslant 0$，又有 $f(x)<0$. 矛盾！故假设不真．证毕．



## 习　题　1.3

1. 根据函数极限的定义证明：

(1) $\lim\limits_{x\to\infty}\dfrac{x+1}{2x}=\dfrac{1}{2}$；　　(2) $\lim\limits_{x\to+\infty}\dfrac{\sin x}{\sqrt{x+1}}=0$.

2. 根据函数极限的定义证明：

(1) $\lim\limits_{x\to 2}(3x-1)=5$；　　(2) $\lim\limits_{x\to -1}\dfrac{1-x^2}{1+x}=2$.

3. 证明：函数 $f(x)=|x|$ 当 $x\to 0$ 时极限为零．

4. 求下列函数当 $x\to 0$ 时的左、右极限，并说明它们当 $x\to 0$ 时的极限是否存在：

(1) $f(x)=\begin{cases}2x, & -1<x<0,\\ 1, & x=0,\\ \sqrt{x}, & 0<x\leqslant 1;\end{cases}$

(2) $f(x)=\dfrac{|x|}{x}$.

# 1.4　无穷小与无穷大

在本节的讨论中，我们以 $x\to x_0$ 与 $x\to\infty$ 这两种情形为代表，以此给出的有关定义、定理与性质等均适用于自变量 $x$ 为其他变化过程的情形，也适用于数列．当然，用于其他情形时，需要作相应的修改．

## 1.4.1　无穷小与无穷大的定义

**定义 1-16**　若当 $x\to x_0$（或 $x\to\infty$）时函数 $f(x)$ 的极限为零，则称函数 $f(x)$ 为当 $x\to x_0$（或 $x\to\infty$）时的**无穷小**．

例如，因为 $\lim\limits_{x\to 2}(3x-6)=0$，所以函数 $f(x)=3x-6$ 为当 $x\to 2$ 时的无穷小；因为 $\lim\limits_{n\to\infty}(0.1)^n=0$，所以数列 $\{(0.1)^n\}$ 为当 $n\to\infty$ 时的无穷小．

如果当 $x\to x_0$（或 $x\to\infty$）时，$|f(x)|$ 无限增大，则称函数 $f(x)$ 为当 $x\to x_0$（或 $x\to\infty$）时的**无穷大**．例如，因为当 $x\to 1$ 时，函数 $f(x)=\dfrac{1}{x-1}$ 的绝对值无限增大，

所以函数 $f(x)=\dfrac{1}{x-1}$ 为当 $x\to 1$ 时的无穷大；又如，因为当 $n\to\infty$ 时，$x_n=(-1)^n n^2$ 的绝对值无限增大，所以数列 $\{(-1)^n n^2\}$ 为当 $n\to\infty$ 时的无穷大．

无穷大定义的精确表达是：

**定义 1-17** 设函数 $f(x)$ 在点 $x_0$ 的某一去心邻域内（或当 $|x|$ 充分大时）有定义，若对于任意给定的正数 $M$（不管它多么大），总存在正数 $\delta$（或正数 $X$），使得当 $0<|x-x_0|<\delta$（或 $|x|>X$）时，总有 $|f(x)|>M$，则称函数 $f(x)$ 为当 $x\to x_0$（或 $x\to\infty$）时的**无穷大**，记作 $\lim\limits_{x\to x_0}f(x)=\infty$ （或 $\lim\limits_{x\to\infty}f(x)=\infty$）．

如果在上述无穷大的定义中，把 $|f(x)|>M$ 换成 $f(x)>M$（或 $f(x)<-M$），则称函数 $f(x)$ 为当 $x\to x_0$（或 $x\to\infty$）时的**正无穷大**（或**负无穷大**），记作

$$\lim_{\substack{x\to x_0\\(x\to\infty)}} f(x)=+\infty \quad（或\ \lim_{\substack{x\to x_0\\(x\to\infty)}} f(x)=-\infty）.$$

正确理解无穷小与无穷大的概念，必须注意以下几点：

(1) 不能把无穷小理解为很小的数，也不能把无穷大理解为很大的数．无穷小（或无穷大）是函数（包括数列），在自变量的某一变化过程中，其绝对值能无限变小（或无限增大）．任何非零常数都不是无穷小，而任何常数都不是无穷大．

(2) 常数零作为常值函数可看做任何变化过程中的无穷小．

(3) 无穷小（或无穷大）总是与自变量的某一变化过程相联系的．离开了自变量的变化过程而笼统地说某一函数为无穷小（或无穷大）是没有意义的．例如，函数 $f(x)=x-1$ 当 $x\to 1$ 时为无穷小，但当 $x\to 0$ 时，$f(x)$ 就不是无穷小了．

(4)“无穷大”属于极限不存在的情形．但为了便于叙述函数的这一性态，我们也说“函数的极限是无穷大”，并用极限记号“lim”表示之．

## 1.4.2 无穷小与无穷大的关系

**定理 1-4** 在自变量的同一变化过程中，如果 $f(x)$ 为无穷大，则 $\dfrac{1}{f(x)}$ 为无穷小；反之，如果 $f(x)$ 为无穷小且 $f(x)\neq 0$，则 $\dfrac{1}{f(x)}$ 为无穷大．

**证** 设 $\lim\limits_{x\to x_0}f(x)=\infty$．对于任意给定的正数 $\varepsilon$，由无穷大的定义，对于 $M=\dfrac{1}{\varepsilon}$，存在正数 $\delta$，使得当 $0<|x-x_0|<\delta$ 时，总有 $|f(x)|>M=\dfrac{1}{\varepsilon}$，即 $\left|\dfrac{1}{f(x)}\right|<\varepsilon$，故 $\lim\limits_{x\to x_0}\dfrac{1}{f(x)}=0$，即 $\dfrac{1}{f(x)}$ 为当 $x\to x_0$ 时的无穷小．

反之，设 $\lim\limits_{x\to x_0}f(x)=0$，且 $f(x)\neq 0$．对于任意给定的正数 $M$，由无穷小的定义，对于 $\varepsilon=\dfrac{1}{M}$，存在正数 $\delta$，使得当 $0<|x-x_0|<\delta$ 时，总有 $|f(x)|<\varepsilon=\dfrac{1}{M}$，即

$\left|\frac{1}{f(x)}\right|>M$,故$\frac{1}{f(x)}$为当 $x\to x_0$ 时的无穷大.

类似地可证 $x\to\infty$的情形.证毕.

### 1.4.3 无穷小与函数极限的关系

**定理 1-5** $\lim\limits_{x\to x_0}f(x)=A$(或$\lim\limits_{x\to\infty}f(x)=A$)的充分必要条件是 $f(x)=A+\alpha(x)$,其中 $\alpha(x)$是当 $x\to x_0$(或 $x\to\infty$)时的无穷小.

**证** 必要性 设 $\lim\limits_{x\to x_0}f(x)=A$,则对于任意给定的正数 $\varepsilon$,存在正数 $\delta$,使得当 $0<|x-x_0|<\delta$ 时,有 $|f(x)-A|<\varepsilon$. 令 $\alpha(x)=f(x)-A$,则 $\lim\limits_{x\to x_0}\alpha(x)=0$,即 $\alpha(x)$是当 $x\to x_0$ 时的无穷小,且 $f(x)=A+\alpha(x)$.

充分性 设 $f(x)=A+\alpha(x)$,其中 $A$ 是常数,$\alpha(x)$是当 $x\to x_0$ 时的无穷小,则对于任意给定的正数 $\varepsilon$,存在正数 $\delta$,使得当 $0<|x-x_0|<\delta$ 时,有 $|\alpha(x)|<\varepsilon$,即 $|f(x)-A|<\varepsilon$,故 $\lim\limits_{x\to x_0}f(x)=A$. 证毕.

### 1.4.4 无穷小的性质

无穷小具有下列性质:

**性质 1** 有限个无穷小的和仍是无穷小.

**证** 只需证明,两个无穷小的和仍是无穷小(两个以上的情形同理可证). 为了方便叙述,我们仅以 $x\to x_0$ 这种自变量变化过程为代表给出证明.

设 $\alpha(x)$与 $\beta(x)$都是当 $x\to x_0$ 的无穷小,即 $\lim\limits_{x\to x_0}\alpha(x)=0$,$\lim\limits_{x\to x_0}\beta(x)=0$. 据函数极限的定义,对于任意给定的 $\varepsilon>0$,存在 $\delta_1>0$ 与 $\delta_2>0$,当 $0<|x-x_0|<\delta_1$ 时,有 $|\alpha(x)|<\frac{\varepsilon}{2}$;当 $0<|x-x_0|<\delta_2$ 时,有 $|\beta(x)|<\frac{\varepsilon}{2}$. 于是,取 $\delta=\min\{\delta_1,\delta_2\}$,则当 $0<|x-x_0|<\delta$时,有 $|\alpha(x)|<\frac{\varepsilon}{2}$与 $|\beta(x)|<\frac{\varepsilon}{2}$同时成立,从而

$$|\alpha(x)+\beta(x)|\leqslant|\alpha(x)|+|\beta(x)|<\frac{\varepsilon}{2}+\frac{\varepsilon}{2}=\varepsilon.$$

故 $\lim\limits_{x\to x_0}[\alpha(x)+\beta(x)]=0$,即 $\alpha(x)+\beta(x)$是当 $x\to x_0$ 的无穷小. 证毕.

**性质 2** 有界函数与无穷小的乘积仍是无穷小.

**证** 以 $x\to x_0$ 这种自变量变化过程为代表给出证明. 设函数 $f(x)$在点 $x_0$ 的某一去心邻域内有界,即存在常数 $M>0$ 及 $\delta_0>0$,使得当 $x\in\mathring{U}(x_0,\delta_0)$时,有 $|f(x)|\leqslant M$. 又设 $\alpha(x)$是当 $x\to x_0$ 的无穷小,则对于任意给定的 $\varepsilon>0$,存在 $\delta>0$,当 $0<|x-x_0|<\delta$ 时,有 $|\alpha(x)|<\frac{\varepsilon}{M}$. 取 $\delta^*=\min\{\delta_0,\delta\}$,则当 $0<|x-x_0|<\delta^*$

时，有 $|f(x)|\leqslant M$ 与 $|\alpha(x)|<\dfrac{\varepsilon}{M}$ 同时成立，从而

$$|f(x)\alpha(x)|=|f(x)|\cdot|\alpha(x)|<M\frac{\varepsilon}{M}=\varepsilon.$$

故 $\lim\limits_{x\to x_0}f(x)\alpha(x)=0$，即 $f(x)\alpha(x)$ 是当 $x\to x_0$ 的无穷小．证毕．

**推论 1** 常数与无穷小的乘积仍为无穷小．

**推论 2** 有限个无穷小的乘积仍是无穷小．

性质 2 提供了求一类极限的方法．

**【例 1-10】** 求下列极限：

(1) $\lim\limits_{x\to 0}x\sin\dfrac{1}{x}$；　　(2) $\lim\limits_{n\to\infty}\dfrac{1+(-1)^{n-1}}{2^n}$.

**解** (1) 因为当 $x\to 0$ 时，函数 $x$ 是无穷小，而且 $\sin\dfrac{1}{x}$ 是有界函数，所以由无穷小的性质得

$$\lim_{x\to 0}x\sin\frac{1}{x}=0.$$

(2) 因为当 $n\to\infty$ 时，数列 $\left\{\dfrac{1}{2^n}\right\}$ 是无穷小，而且 $\{1+(-1)^{n-1}\}$ 是有界数列，所以由无穷小的性质得

$$\lim_{n\to\infty}\frac{1+(-1)^{n-1}}{2^n}=\lim_{n\to\infty}(1+(-1)^{n-1})\frac{1}{2^n}=0.$$

## 习　题　1.4

1. 下列函数在其自变量的指定变化过程中哪些是无穷小？哪些是无穷大？哪些既不是无穷小也不是无穷大？

(1) $f(x)=\dfrac{x+1}{x}$，当 $x\to 0$ 时；　　(2) $f(x)=\dfrac{2x-1}{x^2}$，当 $x\to\infty$ 时；

(3) $f(x)=\dfrac{\sin x}{x}$，当 $x\to\infty$ 时；　　(4) $f(x)=\sin x$，当 $x\to\infty$ 时．

2. 下列函数在自变量的哪些变化过程中为无穷小？在自变量的哪些变化过程中为无穷大？

(1) $f(x)=\dfrac{x-1}{x^2}$；　　(2) $f(x)=\dfrac{x^3-2x^2}{x^2-3x+2}$.

3. 利用无穷小的性质求下列极限：

(1) $\lim\limits_{x\to\infty}\dfrac{\arctan x}{x}$；　　(2) $\lim\limits_{x\to 0}x^2\sin\dfrac{2}{x}$；

(3) $\lim\limits_{x\to\infty}\dfrac{1+\cos x}{x}$；　　(4) $\lim\limits_{x\to\infty}\dfrac{x^2}{2x+1}$.

## 1.5 极限运算法则

前面我们介绍了在自变量的各种变化过程中函数极限的定义，但这些定义并没有给出求极限的方法，而只能用来验证极限的正确性．从这一节开始，我们要讨论极限的求法，本节先介绍极限的四则运算法则和复合函数的极限运算法则．



在本节及以后的讨论中，有时记号“lim”下面没有标明自变量的变化过程．我们约定，这种情况对自变量的各种变化过程都是成立的．当然，在同一问题中，自变量的变化过程是一致的．

### 1.5.1 极限的四则运算法则

**定理 1-6（函数极限的四则运算法则）**　若 $\lim f(x)$ 与 $\lim g(x)$ 都存在，则

(1) $\lim[f(x)\pm g(x)]=\lim f(x)\pm\lim g(x)$；

(2) $\lim[f(x)\cdot g(x)]=\lim f(x)\cdot\lim g(x)$；

(3) $\lim\dfrac{f(x)}{g(x)}=\dfrac{\lim f(x)}{\lim g(x)}$（当 $\lim g(x)\neq 0$ 时）.

**证**　为了方便叙述，我们以 $x\to x_0$ 这种自变量变化过程为代表给出证明．

(1) 设 $\lim\limits_{x\to x_0}f(x)=A$，$\lim\limits_{x\to x_0}g(x)=B$，则据定理 1-5 得

$$f(x)=A+\alpha(x),\quad g(x)=B+\beta(x),$$

其中 $\alpha(x)$ 及 $\beta(x)$ 为当 $x\to x_0$ 时的无穷小．于是，

$$f(x)\pm g(x)=[A+\alpha(x)]\pm[B+\beta(x)]=(A\pm B)+[\alpha(x)\pm\beta(x)].$$

由无穷小的性质 1 得 $\alpha(x)\pm\beta(x)$ 仍是当 $x\to x_0$ 时的无穷小，所以据定理 1-5 得

$$\lim_{x\to x_0}[f(x)\pm g(x)]=A\pm B=\lim_{x\to x_0}f(x)\pm\lim_{x\to x_0}g(x).$$

(2)、(3)与(1)的证法类似，这里从略．

需要强调的是，运用极限的四则运算法则求极限时，必须要求参与运算的每个函数都存在极限，并且在运用商的运算法则时还要求以分母的极限不为零为前提．此外，法则(1)、(2)还可推广到有限个函数的情形，但对无限多个函数未必成立．

由定理 1-6 立得：

**推论 1**　若 $\lim f(x)$ 存在，$C$ 为常数，$n$ 为正整数，则

(1) $\lim[Cf(x)]=C\lim f(x)$；

(2) $\lim[f(x)]^n=[\lim f(x)]^n$.

**【例 1-11】**　求下列极限：

(1) $\lim\limits_{x\to1}(3x^2-2x+1)$；　　　　(2) $\lim\limits_{x\to2}\dfrac{x^2-3x+1}{2x^3+x^2-5}$.

**解** (1) $$\begin{aligned}\lim_{x\to1}(3x^2-2x+1)&=\lim_{x\to1}(3x^2)-\lim_{x\to1}(2x)+\lim_{x\to1}1\\&=3\lim_{x\to1}x^2-2\lim_{x\to1}x+1=3(\lim_{x\to1}x)^2-2\cdot1+1\\&=3\cdot1^2-1=2;\end{aligned}$$

(2) $$\begin{aligned}\lim_{x\to2}\frac{x^2-3x+1}{2x^3+x^2-5}&=\frac{\lim\limits_{x\to2}(x^2-3x+1)}{\lim\limits_{x\to2}(2x^3+x^2-5)}=\frac{\lim\limits_{x\to2}x^2-3\lim\limits_{x\to2}x+\lim\limits_{x\to2}1}{2\lim\limits_{x\to2}x^3+\lim\limits_{x\to2}x^2-\lim\limits_{x\to2}5}\\&=\frac{(\lim\limits_{x\to2}x)^2-3\cdot2+1}{2(\lim\limits_{x\to2}x)^3+(\lim\limits_{x\to2}x)^2-5}=\frac{2^2-5}{2\cdot2^3+2^2-5}\\&=-\frac{1}{15}.\end{aligned}$$

将上例推广，易得下列结论：

**推论 2** 设 $P(x)$与 $Q(x)$均为多项式，则

(1) $\lim\limits_{x\to x_0}P(x)=P(x_0)$；

(2) $\lim\limits_{x\to x_0}\dfrac{P(x)}{Q(x)}=\dfrac{P(x_0)}{Q(x_0)}$（当 $Q(x_0)\neq0$ 时）.

需要指出的是，如果 $Q(x_0)=0$，则计算极限 $\lim\limits_{x\to x_0}\dfrac{P(x)}{Q(x)}$ 就不能使用推论 2，而需要另外考虑．下面的例 1-12 就属于这种情况．

**【例 1-12】** 求下列极限：

(1) $\lim\limits_{x\to2}\dfrac{x^2-3x+2}{x^2-4}$；

(2) $\lim\limits_{x\to1}\dfrac{x^2-1}{(x-1)^3}$.

**解** (1) 由于当 $x\to2$ 时，分子与分母的极限都是零，故不能运用商的极限运算法则．因分子、分母有公因子 $x-2$，而当 $x\to2$ 时，$x\neq2$，即 $x-2\neq0$，所以求极限时可约去这个因子．于是，

$$\lim_{x\to2}\frac{x^2-3x+2}{x^2-4}=\lim_{x\to2}\frac{x-1}{x+2}=\frac{1}{4}.$$

(2) 因为 $\lim\limits_{x\to1}\dfrac{(x-1)^3}{x^2-1}=\lim\limits_{x\to1}\dfrac{(x-1)^2}{x+1}=0$，所以由无穷小与无穷大的关系（定理 1-4）得

$$\lim_{x\to1}\frac{x^2-1}{(x-1)^3}=\lim_{x\to1}\frac{x+1}{(x-1)^2}=\infty.$$

本例中的两个极限，分子分母都趋向于零，因而是两个无穷小的商的形式，它

们也是一种未定式，称为$\frac{0}{0}$型未定式．在这里，我们先约去分子、分母的无穷小公因子，使之变成“定式”，再运用极限的四则运算法则进行计算．

**【例1-13】** 求$\lim\limits_{x\to1}\left(\frac{1}{x-1}-\frac{2}{x^2-1}\right)$.

**解** 因为当$x\to1$时，$\frac{1}{x-1}$与$\frac{2}{x^2-1}$都是无穷大（这种类型的极限称为$\infty-\infty$型未定式），而“无穷大”属于极限不存在的情形，所以不能运用极限的四则运算法则．可用通分的办法使函数变形，将其转化为$\frac{0}{0}$型未定式，再约去分子、分母的无穷小公因子后进行计算．

$$\lim_{x\to1}\left(\frac{1}{x-1}-\frac{2}{x^2-1}\right)=\lim_{x\to1}\frac{x-1}{x^2-1}=\lim_{x\to1}\frac{1}{x+1}=\frac{1}{2}.$$

**【例1-14】** 求下列极限：

(1) $\lim\limits_{x\to\infty}\frac{2x^2-3x+1}{3x^2+x-5}$;

(2) $\lim\limits_{x\to\infty}\frac{x^2+4x-3}{2x^3-3x+1}$;

(3) $\lim\limits_{x\to\infty}\frac{2x^3-3x+1}{x^2+4x-3}$.

**解** (1) 因为当$x\to\infty$时，$2x^2-3x+1$与$3x^2+x-5$都是无穷大（这种类型的极限称为$\frac{\infty}{\infty}$型未定式），而“无穷大”属于极限不存在的情形，所以不能运用极限的四则运算法则．

先用$x^2$去除分母及分子，然后取极限，得：

$$\lim_{x\to\infty}\frac{2x^2-3x+1}{3x^2+x-5}=\lim_{x\to\infty}\frac{2-\frac{3}{x}+\frac{1}{x^2}}{3+\frac{1}{x}-\frac{5}{x^2}}=\frac{2}{3}.$$

这是因为

$$\lim_{x\to\infty}\frac{a}{x^n}=a\lim_{x\to\infty}\frac{1}{x^n}=a\left(\lim_{x\to\infty}\frac{1}{x}\right)^n=0,$$

其中$a$为常数，$n$为正整数，$\lim\limits_{x\to\infty}\frac{1}{x}=0$（根据无穷小与无穷大的关系）．

(2) 先用$x^3$去除分母及分子，然后取极限，得

$$\lim_{x\to\infty}\frac{x^2+4x-3}{2x^3-3x+1}=\lim_{x\to\infty}\frac{\frac{1}{x}+\frac{4}{x^2}-\frac{3}{x^3}}{2-\frac{3}{x^2}+\frac{1}{x^3}}=\frac{0}{2}=0.$$

(3) 由(2)并根据无穷小与无穷大的关系，立得

$$\lim_{x\to\infty}\frac{2x^3-3x+1}{x^2+4x-3}=\infty.$$

显然，例 1-14 是下列结论的特例.

**推论 3** 设 $a_0,a_1,\cdots,a_m;b_0,b_1,\cdots,b_n$ 均为常数，且 $a_0\neq0,b_0\neq0,m$ 与 $n$ 为正整数，则

$$\lim_{x\to\infty}\frac{a_0x^m+a_1x^{m-1}+\cdots+a_m}{b_0x^n+b_1x^{n-1}+\cdots+b_n}=\begin{cases}0, & m<n,\\ \dfrac{a_0}{b_0}, & m=n,\\ \infty, & m>n.\end{cases}$$

对于数列，也有与函数类似的极限四则运算法则，这就是下面的定理.

**定理 1-7**(数列极限的四则运算法则) 设有数列 $\{x_n\}$ 与 $\{y_n\}$，若 $\lim\limits_{n\to\infty}x_n$ 与 $\lim\limits_{n\to\infty}y_n$ 都存在，则

(1) $\lim\limits_{n\to\infty}(x_n\pm y_n)=\lim\limits_{n\to\infty}x_n\pm\lim\limits_{n\to\infty}y_n$；

(2) $\lim\limits_{n\to\infty}(x_n\cdot y_n)=\lim\limits_{n\to\infty}x_n\cdot\lim\limits_{n\to\infty}y_n$；

(3) $\lim\limits_{n\to\infty}\dfrac{x_n}{y_n}=\dfrac{\lim\limits_{n\to\infty}x_n}{\lim\limits_{n\to\infty}y_n}$(当 $y_n\neq0,\forall n\in\mathbf{N}^+$，且 $\lim\limits_{n\to\infty}y_n\neq0$ 时).

**【例 1-15】** 求 $\lim\limits_{n\to\infty}\dfrac{2^{n+1}+3^{n+1}}{2^n+3^n}$.

**解** $$\lim_{n\to\infty}\frac{2^{n+1}+3^{n+1}}{2^n+3^n}=\lim_{n\to\infty}\frac{2\left(\frac{2}{3}\right)^n+3}{\left(\frac{2}{3}\right)^n+1}=3.$$

**【例 1-16】** 求 $\lim\limits_{n\to\infty}\left(\dfrac{1}{n^2}+\dfrac{2}{n^2}+\cdots+\dfrac{n}{n^2}\right)$.

**解** 当 $n\to\infty$ 时，项数也趋于无穷，是无穷多项和的形式，故不能用和的极限运算法则，现先求和使数列通项变形，再求极限.

$$\lim_{n\to\infty}\left(\frac{1}{n^2}+\frac{2}{n^2}+\cdots+\frac{n}{n^2}\right)=\lim_{n\to\infty}\frac{\frac{1}{2}n(n+1)}{n^2}=\frac{1}{2}\lim_{n\to\infty}\left(1+\frac{1}{n}\right)=\frac{1}{2}.$$

### 1.5.2 复合函数的极限运算法则

**定理 1-8**(复合函数的极限运算法则) 设函数 $y=f[\varphi(x)]$ 由函数 $y=f(u)$ 与 $u=\varphi(x)$ 复合而成.

(1) 若 $\lim\limits_{x\to x_0}\varphi(x)=a$，且在点 $x_0$ 的某去心邻域内 $\varphi(x)\neq a$，又 $\lim\limits_{u\to a}f(u)=A$，则

$$\lim_{x\to x_0} f[\varphi(x)] = \lim_{u\to a} f(u) = A.$$

(2) 若 $\lim\limits_{x\to x_0}\varphi(x) = \infty$，且 $\lim\limits_{u\to\infty} f(u) = A$，则

$$\lim_{x\to x_0} f[\varphi(x)] = \lim_{u\to\infty} f(u) = A.$$

证明从略．

定理 1-8 表明：如果函数 $f(x)$ 与 $g(x)$ 满足该定理条件，那么在求复合函数的极限 $\lim\limits_{x\to x_0} f[\varphi(x)]$ 时，可作变量代换 $u=\varphi(x)$，使之转化为 $\lim\limits_{u\to a} f(u)$，这里 $a=\lim\limits_{x\to x_0}\varphi(x)$．

对于自变量的其他变化过程也有类似的复合函数的极限运算法则，只要将条件作适当修改．

**【例 1-17】**　求 $\lim\limits_{x\to 1}\sqrt{\dfrac{x^2-1}{x-1}}$．

**解**　由于 $\lim\limits_{x\to 1}\dfrac{x^2-1}{x-1} = \lim\limits_{x\to 1}(x+1) = 2$，令 $u=\dfrac{x^2-1}{x-1}$，则由定理 1-8 得

$$\lim_{x\to 1}\sqrt{\frac{x^2-1}{x-1}} = \lim_{u\to 2}\sqrt{u} = \sqrt{2}.$$

## 习　题　1.5

1. 求下列极限：

(1) $\lim\limits_{x\to 1}\dfrac{3x+1}{x^2-2x+3}$；

(2) $\lim\limits_{x\to\sqrt{2}}\dfrac{x^2+x-2}{x^2+1}$；

(3) $\lim\limits_{x\to 2}\dfrac{x^2-4}{x-2}$；

(4) $\lim\limits_{x\to 0}\dfrac{x^2-x}{x^3+x}$；

(5) $\lim\limits_{x\to 0}x\left(x+\dfrac{1}{x}\right)$；

(6) $\lim\limits_{x\to 4}\dfrac{x^2-6x+8}{x^2-3x-4}$；

(7) $\lim\limits_{h\to 0}\dfrac{(x+h)^2-x^2}{h}$；

(8) $\lim\limits_{x\to\infty}\dfrac{x+1}{x^2-2x+3}$；

(9) $\lim\limits_{x\to\infty}\dfrac{x^2-2x+1}{2x^2-3x-1}$；

(10) $\lim\limits_{n\to\infty}\dfrac{(n+2)(2n+3)(3n+4)}{n^3}$；

(11) $\lim\limits_{n\to\infty}\left(1+\dfrac{1}{2}+\dfrac{1}{4}+\cdots+\dfrac{1}{2^n}\right)$；

(12) $\lim\limits_{x\to\infty}\dfrac{x+\sin x}{x-\sin x}$；

(13) $\lim\limits_{x\to 2}\left(\dfrac{4}{x^2-4}-\dfrac{1}{x-2}\right)$；

(14) $\lim\limits_{x\to 1}\left(\dfrac{1}{1-x}-\dfrac{3}{1-x^3}\right)$．

2. 求下列极限：

(1) $\lim\limits_{x\to -1}\dfrac{x-\sqrt{3+2x}}{x^2+1}$；

(2) $\lim\limits_{x\to 0}\dfrac{x^2}{\sqrt{1+x^2}-1}$；

(3) $\lim\limits_{x\to 0}\dfrac{1-\sqrt{1-2x}}{x}$；　　(4) $\lim\limits_{x\to 1}\dfrac{\sqrt{1+3x}-2\sqrt{x}}{x^2-1}$.

3. 设 $f(x)=\dfrac{4x^2+3}{x-1}+ax+b$，若已知：

(1) $\lim\limits_{x\to\infty}f(x)=0$；　(2) $\lim\limits_{x\to\infty}f(x)=2$；　(3) $\lim\limits_{x\to\infty}f(x)=\infty$.

试分别求这三种情形下常数 $a$ 与 $b$ 的值．



4. 已知 $\lim\limits_{x\to 3}\dfrac{x^2-2x+k}{x-3}$ 存在且等于 $a$，求常数 $k$ 与 $a$ 的值．

## 1.6　极限存在准则　两个重要极限

### 1.6.1　极限存在准则

**1. 夹逼准则**

**准则Ⅰ**　如果数列 $\{x_n\}$、$\{y_n\}$、$\{z_n\}$ 满足 $y_n\leqslant x_n\leqslant z_n(n=1,2,\cdots)$，且 $\lim\limits_{n\to\infty}y_n=\lim\limits_{n\to\infty}z_n=a$，则 $\lim\limits_{n\to\infty}x_n=a$.

**证**　因为 $\lim\limits_{n\to\infty}y_n=a$，$\lim\limits_{n\to\infty}z_n=a$，所以 $\forall\varepsilon>0$，存在正整数 $N_1$ 及 $N_2$，使得当 $n>N_1$ 时，有 $|y_n-a|<\varepsilon$；当 $n>N_2$ 时，有 $|z_n-a|<\varepsilon$. 取 $N=\max\{N_1,N_2\}$，则当 $n>N$ 时，有

$$|y_n-a|<\varepsilon,\ |z_n-a|<\varepsilon\ \text{及}\ y_n\leqslant x_n\leqslant z_n$$

同时成立，即

$$a-\varepsilon<y_n<a+\varepsilon,\ a-\varepsilon<z_n<a+\varepsilon,\ y_n\leqslant x_n\leqslant z_n$$

同时成立．于是，

$$a-\varepsilon<y_n\leqslant x_n\leqslant z_n<a+\varepsilon,$$

从而当 $n>N$ 时，有 $|x_n-a|<\varepsilon$. 故 $\lim\limits_{n\to\infty}x_n=a$．证毕．

对于函数极限也有类似的夹逼准则．

**准则Ⅰ′**　(1) 若在点 $x_0$ 的某一去心邻域内，有 $g(x)\leqslant f(x)\leqslant h(x)$，且 $\lim\limits_{x\to x_0}g(x)=\lim\limits_{x\to x_0}h(x)=A$，则 $\lim\limits_{x\to x_0}f(x)=A$.

(2) 若当 $|x|$ 充分大时，有 $g(x)\leqslant f(x)\leqslant h(x)$，且 $\lim\limits_{x\to\infty}g(x)=\lim\limits_{x\to\infty}h(x)=A$，则 $\lim\limits_{x\to\infty}f(x)=A$.

**【例 1-18】**　求 $\lim\limits_{n\to\infty}\left[\dfrac{n}{n^2+1}+\dfrac{n}{n^2+2}+\cdots+\dfrac{n}{n^2+n}\right]$.

**解**　因为

$$\frac{n^2}{n^2+n}\leqslant\frac{n}{n^2+1}+\frac{n}{n^2+2}+\cdots+\frac{n}{n^2+n}\leqslant\frac{n^2}{n^2+1},$$

且
$$\lim_{n\to\infty}\frac{n^2}{n^2+n}=\lim_{n\to\infty}\frac{1}{1+\frac{1}{n}}=1,\lim_{n\to\infty}\frac{n^2}{n^2+1}=\lim_{n\to\infty}\frac{1}{1+\frac{1}{n^2}}=1,$$

故由夹逼准则得
$$\lim_{n\to\infty}\left[\frac{n}{n^2+1}+\frac{n}{n^2+2}+\cdots+\frac{n}{n^2+n}\right]=1.$$

**2. 单调有界准则**

**准则Ⅱ**　单调且有界的数列必有极限．

在 1.2.3 中，我们曾指出，有界数列不一定收敛．现在准则Ⅱ表明：如果数列不仅有界而且单调，那么这数列必定收敛．

对准则Ⅱ，我们不作证明，而给出如下的几何解释：

从数轴上看，对应于单调数列的动点 $x_n$ 随 $n$ 的增大只可能向一个方向移动，所以只有两种可能情形：或者点 $x_n$ 沿数轴移向无穷远（$x_n\to\infty$ 或 $x_n\to+\infty$）；或者点 $x_n$ 无限趋近于某一定点 $A$（图 1-12），也就是数列 $\{x_n\}$ 有极限．但现在假定数列 $\{x_n\}$ 有界．因此，上述第一种情形不可能发生．这样数列 $\{x_n\}$ 必有极限．

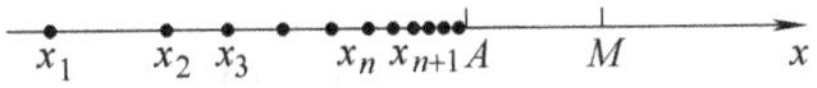


图　1-12

**【例 1-19】**　设 $x_n=\left(1+\frac{1}{n}\right)^n$，证明 $\lim\limits_{n\to\infty}x_n$ 存在．

**证**　因为对任意 $a_1>0,a_2>0,\cdots,a_n>0,a_{n+1}>0$，都有
$$\sqrt[n+1]{a_1\cdot a_2\cdot\cdots\cdot a_{n+1}}\leqslant\frac{a_1+a_2+\cdots+a_{n+1}}{n+1}$$

故对任意正整数 $n$，有
$$\underbrace{\sqrt[n+1]{1\cdot\left(1+\frac{1}{n}\right)\cdot\left(1+\frac{1}{n}\right)\cdot\cdots\cdot\left(1+\frac{1}{n}\right)}}_{n\text{个}}\leqslant\frac{1+n\cdot\left(1+\frac{1}{n}\right)}{n+1}=\frac{n+2}{n+1},\tag{1-1}$$

和
$$\frac{\overbrace{1+1+\cdots+1}^{n-1\text{个}}+\frac{1}{2}+\frac{1}{2}}{n+1}\geqslant\sqrt[n+1]{1\cdot1\cdot\cdots\cdot1\cdot\frac{1}{2}\cdot\frac{1}{2}}=\frac{1}{\sqrt[n+1]{4}}.\tag{1-2}$$

由式(1-1)得
$$\begin{aligned}x_n&=\left(1+\frac{1}{n}\right)^n=1\cdot\left(1+\frac{1}{n}\right)\cdot\left(1+\frac{1}{n}\right)\cdot\cdots\cdot\left(1+\frac{1}{n}\right)\\&\leqslant\left(\frac{n+2}{n+1}\right)^{n+1}=\left(1+\frac{1}{n+1}\right)^{n+1}=x_{n+1}\end{aligned}$$

即数列$\{x_n\}$单调增加．

由式(1-2)得

$$|x_n|=\left(1+\frac{1}{n}\right)^n=\left(\frac{n+1}{n}\right)^n$$

$$=\left(\frac{n+1}{1+1+\cdots+1+\frac{1}{2}+\frac{1}{2}}\right)^n\leqslant(\sqrt[n+1]{4})^n=4^{\frac{n}{n+1}}<4.$$



即数列$\{x_n\}$有界．

综合以上讨论知，$\{x_n\}$是单调且有界的数列．据单调有界准则得，$\lim\limits_{n\to\infty}x_n$ 存在．

## 1.6.2 两个重要极限

**1. 重要极限 1** $\lim\limits_{x\to 0}\dfrac{\sin x}{x}=1$

下面利用夹逼准则证明这个极限.

令$0<x<\frac{\pi}{2}$，作一单位圆(图 1-13)，设圆心角$\angle AOB=x$，过点$A$作圆的切线与$OB$的延长线交于点$D$，自点$B$作$BC$垂直$OA$于点$C$，则

$$\sin x=CB,\ x=\overset{\frown}{AB},\ \tan x=AD.$$

因为

$\triangle AOB$ 的面积<扇形 $AOB$ 的面积<$\triangle AOD$ 的面积，

所以

$$\frac{1}{2}\sin x<\frac{1}{2}x<\frac{1}{2}\tan x,$$

即

$$\sin x<x<\tan x,$$

用$\sin x$除不等式的每一边，得

$$1<\frac{x}{\sin x}<\frac{1}{\cos x},$$

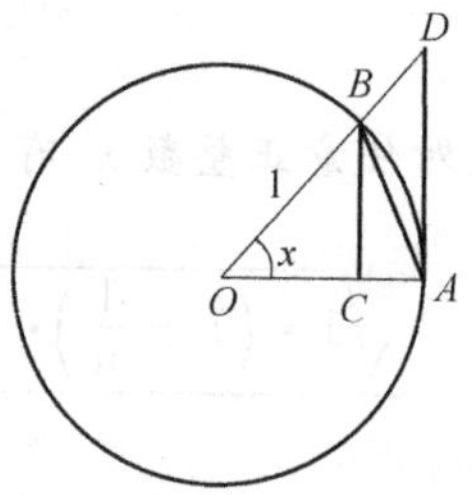

图 1-13

从而

$$\cos x<\frac{\sin x}{x}<1.$$

由于

$$\cos x=1-2\sin^2\frac{x}{2}>1-2\cdot\left(\frac{x}{2}\right)^2=1-\frac{x^2}{2},$$

所以

$$1-\frac{x^2}{2}<\frac{\sin x}{x}<1.$$

上述不等式是当 $0<x<\frac{\pi}{2}$ 时得到的．因为用 $-x$ 代替 $x$ 时，上述不等式各项都不变号，所以当 $-\frac{\pi}{2}<x<0$ 时，这个不等式也成立.

由于 $\lim\limits_{x\to 0}\left(1-\frac{x^2}{2}\right)=1$，$\lim\limits_{x\to 0}1=1$，所以由夹逼准则，得

$$\lim_{x\to 0}\frac{\sin x}{x}=1.$$



我们顺便指出，由于 $0<|x|<\frac{\pi}{2}$ 时，$1-\frac{x^2}{2}<\cos x<1$，故由夹逼准则，得

$$\lim_{x\to 0}\cos x=1.$$

**【例 1-20】** 求下列极限：

(1) $\lim\limits_{x\to 0}\frac{\tan x}{x}$；　　(2) $\lim\limits_{x\to 0}\frac{\arcsin x}{x}$；

(3) $\lim\limits_{x\to 0}\frac{1-\cos x}{x^2}$；　　(4) $\lim\limits_{x\to \infty}x\sin\frac{2}{x}$.

**解**　(1) $\lim\limits_{x\to 0}\frac{\tan x}{x}=\lim\limits_{x\to 0}\left(\frac{\sin x}{x}\cdot\frac{1}{\cos x}\right)=\lim\limits_{x\to 0}\frac{\sin x}{x}\cdot\lim\limits_{x\to 0}\frac{1}{\cos x}=1\cdot 1=1.$

(2) $\lim\limits_{x\to 0}\frac{\arcsin x}{x}=\lim\limits_{x\to 0}\frac{\arcsin x}{\sin(\arcsin x)}=1.$

(3) $$\lim_{x\to 0}\frac{1-\cos x}{x^2}=\lim_{x\to 0}\frac{2\sin^2\frac{x}{2}}{x^2}=\frac{1}{2}\lim_{x\to 0}\frac{\sin^2\frac{x}{2}}{\left(\frac{x}{2}\right)^2}=\frac{1}{2}\lim_{x\to 0}\left(\frac{\sin\frac{x}{2}}{\frac{x}{2}}\right)^2=\frac{1}{2}\cdot 1^2$$

$$=\frac{1}{2}.$$

(4) $\lim\limits_{x\to \infty}x\sin\frac{2}{x}=2\lim\limits_{x\to \infty}\frac{\sin\frac{2}{x}}{\frac{2}{x}}=2\cdot 1=2.$

**2. 重要极限 2**　$\lim\limits_{x\to \infty}\left(1+\frac{1}{x}\right)^x=\mathrm{e}.$

在例 1-19 中，我们已经证明了 $\lim\limits_{n\to \infty}\left(1+\frac{1}{n}\right)^n$ 存在．通常用字母 e 表示这个极限，1.1.5 中提到的指数函数 $\mathrm{e}^x$ 与自然对数函数 $\ln x$ 的底 e 就是这个常数.

可以进一步证明，当 $x\to+\infty$ 或 $x\to-\infty$ 时，函数 $\left(1+\frac{1}{x}\right)^x$ 的极限都存在且都等于 e. 因此

$$\lim_{x\to \infty}\left(1+\frac{1}{x}\right)^x=\mathrm{e}.$$

作变量代换 $u=\frac{1}{x}$，则当 $x\to\infty$ 时，$u\to 0$，故上式又可写成

$$\lim_{u\to 0}(1+u)^{\frac{1}{u}}=\mathrm{e}.$$

重要极限 $\lim\limits_{x\to\infty}\left(1+\frac{1}{x}\right)^{x}=\mathrm{e}$ 或 $\lim\limits_{u\to 0}(1+u)^{\frac{1}{u}}=\mathrm{e}$ 也是一种未定式．一般地，若 $\lim f(x)=1$，$\lim g(x)=\infty$，则极限 $\lim[f(x)]^{g(x)}$ 称为 $1^{\infty}$ 型未定式.

**【例 1-21】** 求下列极限：

(1) $\lim\limits_{x\to\infty}\left(1+\frac{2}{x}\right)^{3x}$；　　(2) $\lim\limits_{x\to 0}(1-2x)^{\frac{1}{x}}$.

**解** (1) $\lim\limits_{x\to\infty}\left(1+\frac{2}{x}\right)^{3x}=\lim\limits_{x\to\infty}\left[\left(1+\frac{2}{x}\right)^{\frac{x}{2}}\right]^{6}=\left[\lim\limits_{x\to\infty}\left(1+\frac{2}{x}\right)^{\frac{x}{2}}\right]^{6}=\mathrm{e}^{6}$.

(2) $\lim\limits_{x\to 0}(1-2x)^{\frac{1}{x}}=\lim\limits_{x\to 0}\{[1+(-2x)]^{\frac{1}{-2x}}\}^{-2}=\frac{1}{\{\lim\limits_{x\to 0}[1+(-2x)]^{\frac{1}{-2x}}\}^{2}}=\frac{1}{\mathrm{e}^{2}}$.

**【例 1-22】**（连续复利问题） 设有一笔本金 $A_0$ 存入银行，年利率为 $r$，则一年末结算时，其本利和为

$$A_1=A_0+rA_0=A_0(1+r).$$

如果一年分两期计息，每期利率为 $\frac{r}{2}$，且前一期的本利和作为后一期的本金，则一年末的本利和为

$$A_2=A_0\left(1+\frac{r}{2}\right)+A_0\left(1+\frac{r}{2}\right)\frac{r}{2}=A_0\left(1+\frac{r}{2}\right)^{2}.$$

如果一年分 $n$ 期计息，每期利率按 $\frac{r}{n}$ 计算，且前一期本利和作为后一期的本金，则一年末的本利和为

$$A_n=A_0\left(1+\frac{r}{n}\right)^{n}.$$

于是到 $t$ 年末共计复利 $nt$ 次，其本利和为

$$A_n(t)=A_0\left(1+\frac{r}{n}\right)^{nt},$$

令 $n\to\infty$，则表示利息随时计入本金，这样，$t$ 年末的本利和为

$$\begin{aligned}A(t)&=\lim_{n\to\infty}A_n(t)=\lim_{n\to\infty}A_0\left(1+\frac{r}{n}\right)^{nt}\\&=A_0\lim_{n\to\infty}\left[\left(1+\frac{r}{n}\right)^{\frac{n}{r}}\right]^{rt}=A_0\mathrm{e}^{rt}.\end{aligned}$$

这种将利息计入本金重复计算复利的方法称为连续复利．类似于连续复利问题的数学模型，在研究物体的冷却、细菌的繁殖、放射性元素的衰变等许多问题中都会用到，因此有很重要的实际意义.

## 习　题　1.6

1. 求下列极限：

(1) $\lim\limits_{x\to 0}\dfrac{\sin \omega x}{x}$；　　(2) $\lim\limits_{x\to 0}\dfrac{\sin 2x}{\sin 3x}$；

(3) $\lim\limits_{n\to\infty} n\sin\dfrac{\pi}{n}$；　　(4) $\lim\limits_{x\to 1}\dfrac{\sin(x-1)}{1-x^2}$；

(5) $\lim\limits_{x\to 0}\dfrac{1-\cos 4x}{x\sin x}$；　　(6) $\lim\limits_{x\to \frac{\pi}{2}}\dfrac{\cos x}{\pi-2x}$；

(7) $\lim\limits_{x\to 0}\dfrac{2x-\sin x}{2x+\sin x}$；　　(8) $\lim\limits_{n\to\infty} 2^{n+1}\sin\dfrac{x}{2^n}$　$(x\neq 0)$.

2. 求下列极限：

(1) $\lim\limits_{x\to 0}(1+2x)^{\frac{1}{x}}$；　　(2) $\lim\limits_{x\to 0}(1-x)^{\frac{2}{x}}$；

(3) $\lim\limits_{x\to\infty}\left(\dfrac{x+1}{x}\right)^{4x}$；　　(4) $\lim\limits_{x\to\infty}\left(1-\dfrac{3}{x}\right)^{x}$；

(5) $\lim\limits_{x\to 1}(3-2x)^{\frac{3}{x-1}}$；　　(6) $\lim\limits_{x\to\infty}\left(\dfrac{x+2}{x-2}\right)^{x}$.

3. 利用极限夹逼准则证明：

(1) $\lim\limits_{n\to\infty}\left(\dfrac{1}{\sqrt{n^2+1}}+\dfrac{1}{\sqrt{n^2+2}}+\cdots+\dfrac{1}{\sqrt{n^2+n}}\right)=1$；

(2) $\lim\limits_{n\to\infty}\left(\dfrac{1}{n^3+1}+\dfrac{2}{n^3+2}+\cdots+\dfrac{n}{n^3+n}\right)=0$.

## 1.7　无穷小的比较

我们知道，两个无穷小的和、差、积仍是无穷小．然而，两个无穷小的商却会出现各种不同的情形．例如，当 $x\to 0$ 时，$x, x^2, \sin x, 1-\cos x$ 均为无穷小，而

$$\lim_{x\to 0}\frac{x^2}{x}=0,\ \lim_{x\to 0}\frac{x}{x^2}=\infty,\ \lim_{x\to 0}\frac{\sin x}{x}=1,\ \lim_{x\to 0}\frac{1-\cos x}{x^2}=\frac{1}{2}.$$

两个无穷小之商的极限的各种不同情况，反映了不同无穷小趋于零的速度是有“快慢”之分的．为了描述无穷小趋于零的“快慢”程度，我们引入无穷小的阶的概念.

**定义 1-18**　设当 $x\to x_0$ 时，$\alpha$ 及 $\beta$ 均是无穷小，

(1) 若 $\lim\limits_{x\to x_0}\dfrac{\beta}{\alpha}=0$，则称当 $x\to x_0$ 时 $\beta$ 是比 $\alpha$ **高阶的无穷小**，记作 $\beta=o(\alpha)(x\to x_0)$；

(2) 若$\lim\limits_{x\to x_0}\frac{\beta}{\alpha}=\infty$，则称当 $x\to x_0$ 时 $\beta$ 是比 $\alpha$ **低阶的无穷小**；

(3)若$\lim\limits_{x\to x_0}\frac{\beta}{\alpha}=C\neq 0$，则称当 $x\to x_0$ 时 $\beta$ 是与 $\alpha$ **同阶的无穷小**，

特别地，若$\lim\limits_{x\to x_0}\frac{\beta}{\alpha}=1$，则称当 $x\to x_0$ 时 $\beta$ 与 $\alpha$ 是**等价无穷小**，记作 $\alpha\sim\beta(x\to x_0)$；

对于自变量的其他各种变化趋势以及数列也有类似的定义.

有了无穷小的阶的概念，我们再来考察本节开头讨论的几个无穷小.

因为$\lim\limits_{x\to 0}\frac{x^2}{x}=0$，所以当 $x\to 0$ 时，$x^2$ 是比 $x$ 高阶的无穷小，即 $x^2=o(x)(x\to 0)$.

因为$\lim\limits_{x\to 0}\frac{x}{x^2}=\infty$，所以当 $x\to 0$ 时，$x$ 是比 $x^2$ 低阶的无穷小.

因为$\lim\limits_{x\to 0}\frac{\sin x}{x}=1$，所以当 $x\to 0$ 时，$\sin x$ 与 $x$ 是等价无穷小，即 $\sin x\sim x(x\to 0)$.

因为$\lim\limits_{x\to 0}\frac{1-\cos x}{x^2}=\frac{1}{2}$，所以当 $x\to 0$ 时，$1-\cos x$ 与 $x^2$ 是同阶无穷小.

**【例 1-23】** 证明：当 $x\to 0$ 时，$\sqrt{1+x}-1\sim\frac{1}{2}x$.

**证** 因为

$$\lim_{x\to 0}\frac{\sqrt{1+x}-1}{\frac{1}{2}x}=\lim_{x\to 0}\frac{(\sqrt{1+x})^2-1}{\frac{1}{2}x(\sqrt{1+x}+1)}=\lim_{x\to 0}\frac{2}{\sqrt{1+x}+1}=\frac{2}{2}=1,$$

所以

$$\sqrt{1+x}-1\sim\frac{1}{2}x\quad(x\to 0).$$

关于等价无穷小有下面两个重要结论：

**定理 1-9** 设 $\alpha$ 与 $\beta$ 是同一变化过程中的无穷小，则 $\alpha\sim\beta$ 的充分必要条件是

$$\beta=\alpha+o(\alpha).$$

**证** $\alpha\sim\beta\Leftrightarrow\lim\frac{\beta}{\alpha}=1$

$$\Leftrightarrow\lim\frac{\beta-\alpha}{\alpha}=\lim\left(\frac{\beta}{\alpha}-1\right)=0$$

$$\Leftrightarrow\beta-\alpha=o(\alpha)\Leftrightarrow\beta=\alpha+o(\alpha).$$

证毕.

**定理 1-10** 设 $\alpha,\alpha^*,\beta,\beta^*$ 都是同一变化过程中的无穷小，若 $\alpha\sim\alpha^*,\beta\sim\beta^*$，且 $\lim\frac{\beta^*}{\alpha^*}$ 存在或为无穷大，则有

$$\lim \frac{\beta}{\alpha} = \lim \frac{\beta^*}{\alpha^*}.$$

**证**　若 $\lim \frac{\beta^*}{\alpha^*}$ 存在，则

$$\lim \frac{\beta}{\alpha} = \lim\left(\frac{\beta}{\beta^*} \cdot \frac{\beta^*}{\alpha^*} \cdot \frac{\alpha^*}{\alpha}\right) = \lim \frac{\beta}{\beta^*} \cdot \lim \frac{\beta^*}{\alpha^*} \cdot \lim \frac{\alpha^*}{\alpha} = \lim \frac{\beta^*}{\alpha^*}.$$

若 $\lim \frac{\beta^*}{\alpha^*} = \infty$，则 $\lim \frac{\alpha^*}{\beta^*} = 0$. 由上面的讨论得

$$\lim \frac{\alpha}{\beta} = \lim \frac{\alpha^*}{\beta^*} = 0,$$

从而 $\lim \frac{\beta}{\alpha} = \infty$. 故

$$\lim \frac{\beta}{\alpha} = \lim \frac{\beta^*}{\alpha^*}.$$

证毕.

定理 1-10 表明：在求 $\frac{0}{0}$ 型未定式极限时，分子与分母的无穷小因子都可用其等价无穷小来代替．如果用来代替的无穷小选得适当的话，可以使计算简化.

常用的等价无穷小有：

① $\sin x \sim x\ (x\to 0)$；　② $\tan x \sim x\ (x\to 0)$；

③ $\arcsin x \sim x\ (x\to 0)$；　④ $\arctan x \sim x\ (x\to 0)$；

⑤ $1-\cos x \sim \frac{1}{2}x^2\ (x\to 0)$；　⑥ $\sqrt{1+x}-1 \sim \frac{1}{2}x\ (x\to 0)$；

⑦ $\ln(1+x) \sim x\ (x\to 0)$；　⑧ $e^x-1 \sim x\ (x\to 0)$.

其中前五个等价无穷小关系式可由重要极限 1 或上节的例 1-20 得到，第六个等价无穷小关系式由例 1-23 得到，最后两个等价无穷小关系式的证明需要用到后面的知识，将在下一节(1.8)中给予证明.

**【例 1-24】**　求下列极限：

(1) $\lim\limits_{x\to 0}\frac{\sin 2x}{\arctan 3x}$；　(2) $\lim\limits_{x\to 0}\frac{\cos x-1}{\sqrt{1-x^2}-1}$；

(3) $\lim\limits_{x\to 0}\frac{\tan x-\sin x}{x^2 e^x - x^2}$.

**解**　(1)因为当 $x\to 0$ 时，$\sin 2x \sim 2x$，$\arctan 3x \sim 3x$，所以

$$\lim_{x\to 0}\frac{\sin 2x}{\arctan 3x} = \lim_{x\to 0}\frac{2x}{3x} = \frac{2}{3}.$$

(2) 因为当 $x\to 0$ 时，

$$\cos x - 1 = -(1-\cos x) \sim -\frac{1}{2}x^2,$$

$$\sqrt{1-x^2}-1=\sqrt{1+(-x^2)}-1\sim-\frac{1}{2}x^2,$$

所以

$$\lim_{x\to0}\frac{\cos x-1}{\sqrt{1-x^2}-1}=\lim_{x\to0}\frac{-\frac{1}{2}x^2}{-\frac{1}{2}x^2}=1.$$



(3) 因为当 $x\to0$ 时，$\tan x\sim x$，$1-\cos x\sim\frac{1}{2}x^2$，$e^x-1\sim x$，所以

$$\lim_{x\to0}\frac{\tan x-\sin x}{x^2e^x-x^2}=\lim_{x\to0}\frac{\tan x(1-\cos x)}{x^2(e^x-1)}=\lim_{x\to0}\frac{x\cdot\frac{1}{2}x^2}{x^2\cdot x}=\frac{1}{2}.$$

## 习 题 1.7

1. 当 $x\to0$ 时，$x-x^2$ 与 $x^2-x^3$ 相比，哪一个是高阶无穷小？
2. 当 $x\to1$ 时，无穷小 $x-1$ 与下列无穷小是否同阶？是否等价？

(1) $x^2-1$；　(2) $2(\sqrt{x}-1)$；　(3) $\frac{1}{x}-1$.

3. 设当 $x\to0$ 时，$1-\cos x^2$ 与 $ax\sin^n x$ 是等价无穷小，求常数 $a$ 及正整数 $n$.
4. 利用等价无穷小代换法求下列极限：

(1) $\lim\limits_{x\to0}\frac{\tan 2x}{3x}$；　(2) $\lim\limits_{x\to0}\frac{\sqrt{1+x}-1}{e^{2x}-1}$；

(3) $\lim\limits_{x\to0}\frac{x^2\sin x}{\arctan(x^3)}$；　(4) $\lim\limits_{x\to0}\frac{\sin x-\tan x}{x\ln(1+x^2)}$；

(5) $\lim\limits_{x\to\infty}x\ln\frac{x+2}{x}$；　(6) $\lim\limits_{x\to1}\frac{\arcsin(1-x)}{\ln x}$；

(7) $\lim\limits_{x\to0}\frac{\sin(x^m)}{\sin^n x}$　$(m,n\in\mathbf{N}^+)$.

## 1.8 函数的连续性和间断点

### 1.8.1 函数连续的概念

自然界中有许多现象都是连续地变化的，如动植物的生长、气温的变化、物体的热胀冷缩等等．其共同特点是，这些现象所涉及到的变量都是与时间有关的，可看做时间的函数，而且当时间变化很微小时，这些变量的变化也很微小．这种特点在数学上就是所谓函数的连续性.

为了给出函数连续的严格定义，我们先引入函数增量的概念.

对于函数 $y=f(x)$，如果自变量 $x$ 从 $x_0$ 变到 $x_1$（$x_1>x_0$ 或 $x_1<x_0$），则称 $x_1-x_0$ 为自变量 $x$ 在点 $x_0$ 处取得的增量，记为 $\Delta x$，即 $\Delta x=x_1-x_0$.

假设函数 $y=f(x)$ 在点 $x_0$ 的某一邻域 $U(x_0)$ 内有定义，且 $x_0+\Delta x\in U(x_0)$，则称 $f(x_0+\Delta x)-f(x_0)$ 为函数 $y=f(x)$ 在点 $x_0$ 处相应于自变量增量 $\Delta x$ 的增量，记为 $\Delta y$，即

$$\Delta y = f(x_0+\Delta x)-f(x_0).$$

函数 $y=f(x)$ 在点 $x_0$ 处的增量 $\Delta y$ 的几何解释如图 1-14 所示.

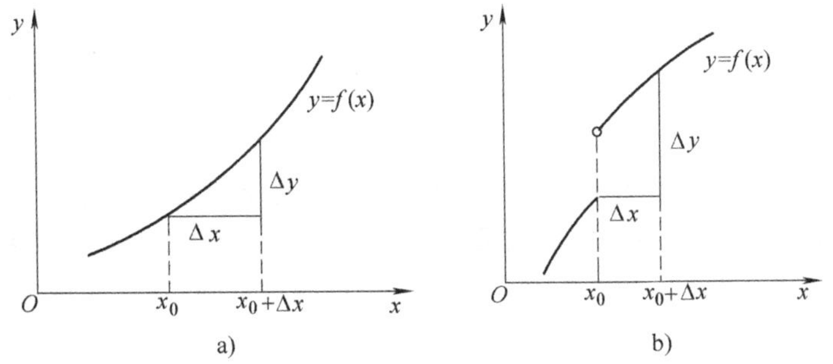


图　1-14

一般地说，如果固定 $x_0$ 而让自变量增量 $\Delta x$ 变动，那么函数的对应增量 $\Delta y$ 也要随之变动．在图 1-14a 中，当 $\Delta x$ 趋近于零时，$\Delta y$ 也趋近于零；而在图 1-14b 中，当 $\Delta x$ 趋近于零时，$\Delta y$ 不趋近于零．从几何上我们直观地看到：图 1-14a 中的曲线在点 $(x_0,f(x_0))$ 处"连着"（即"连续"）；而图 1-14b 中的曲线在点 $(x_0,f(x_0))$ 处"断开"（即"不连续"）．因此，我们对函数在某点连续的概念作如下定义：

**定义 1-19**　设函数 $y=f(x)$ 在点 $x_0$ 的某一邻域内有定义，若

$$\lim_{\Delta x\to 0}\Delta y = \lim_{\Delta x\to 0}[f(x_0+\Delta x)-f(x_0)]=0,$$

则称**函数 $y=f(x)$ 在点 $x_0$ 处连续**，并称点 $x_0$ 是函数 $f(x)$ 的**连续点**.

在上面的定义中，如果令 $x=x_0+\Delta x$，则 $\Delta y=f(x)-f(x_0)$，且 $\Delta x\to 0$ 即为 $x\to x_0$. 于是，

$$\lim_{\Delta x\to 0}\Delta y = \lim_{\Delta x\to 0}[f(x_0+\Delta x)-f(x_0)]=0\Leftrightarrow \lim_{x\to x_0}f(x)=f(x_0).$$

因而定义 1-19 又可等价地表述如下：

**定义 1-20**　设函数 $y=f(x)$ 在点 $x_0$ 的某一邻域内有定义，若

$$\lim_{x\to x_0}f(x)=f(x_0),$$

则称函数 $y=f(x)$ 在点 $x_0$ 处连续，并称点 $x_0$ 是函数 $f(x)$ 的连续点.

由于连续性概念是由极限来定义的，而极限又有双侧极限与单侧极限之分，所以连续也有双侧连续与单侧连续之分.

**定义 1-21**　设函数 $y=f(x)$ 在点 $x_0$ 及其某一左邻域（或右邻域）内有定义，

若

$$\lim_{x\to x_0^-} f(x) = f(x_0) \quad (\text{或} \lim_{x\to x_0^+} f(x) = f(x_0)),$$

则称函数 $y=f(x)$ 在点 $x_0$ 处**左连续(或右连续)**,并称点 $x_0$ 是函数 $f(x)$ 的左连续点(或右连续点).

左连续与右连续统称为**单侧连续**. 相应地,也称定义 1-20 所定义的连续为**双侧连续**.

由定义 1-20、定义 1-21 及定理 1-3 容易证明双侧连续与单侧连续有如下关系:

**定理 1-11** 函数 $y=f(x)$ 在点 $x_0$ 处连续的充分必要条件是 $f(x)$ 在点 $x_0$ 处既左连续又右连续.

如果函数 $f(x)$ 在某区间 $I$ 内每一点都连续,那么就称函数 ***f*(*x*)在区间 *I* 内连续**,并称 $f(x)$ 是**区间 *I* 内的连续函数**,又称区间 $I$ 为**函数 *f*(*x*)的连续区间**. 如果区间包括端点,那么函数在左端点连续是指右连续,在右端点连续是指左连续.

**【例 1-25】** 讨论函数 $f(x)=\begin{cases} x\sin\dfrac{1}{x}, & x\neq 0, \\ 1, & x=0 \end{cases}$ 在点 $x=0$ 处的连续性.

**解** 因为 $\lim\limits_{x\to 0} f(x)=\lim\limits_{x\to 0} x\sin\dfrac{1}{x}=0$,但 $f(0)=1$,所以

$$\lim_{x\to 0} f(x) \neq f(0),$$

故 $f(x)$ 在点 $x=0$ 处不连续.

**【例 1-26】** 讨论函数 $f(x)=\begin{cases} \dfrac{\sin(x^2-1)}{x-1}, & x<1, \\ 2, & x=1, \\ \dfrac{2\ln x}{x-1}, & x>1 \end{cases}$ 在点 $x=1$ 处的连续性.

**解** 因为

$$\lim_{x\to 1^-} f(x) = \lim_{x\to 1^-} \frac{\sin(x^2-1)}{x-1} = \lim_{x\to 1^-} \frac{x^2-1}{x-1} = \lim_{x\to 1^-} (x+1) = 2;$$

$$\lim_{x\to 1^+} f(x) = \lim_{x\to 1^+} \frac{2\ln x}{x-1} = \lim_{x\to 1^+} \frac{2\ln[1+(x-1)]}{x-1} = \lim_{x\to 1^+} \frac{2(x-1)}{x-1} = 2,$$

而且 $f(1)=2$,所以

$$\lim_{x\to 1^-} f(x) = \lim_{x\to 1^+} f(x) = f(1),$$

从而 $f(x)$ 在点 $x=1$ 处连续.

### 1.8.2 连续函数的运算性质

函数连续的概念是由极限来定义的. 利用极限的四则运算法则和复合函数

的极限运算法则可以导出下列连续函数的运算性质，这些性质的具体证明一并从略.

**定理 1-12（连续函数的和、差、积、商的连续性）** 设函数 $f(x)$ 和 $g(x)$ 都在点 $x_0$ 处连续，则 $f(x)\pm g(x)$、$f(x)g(x)$ 及 $\dfrac{f(x)}{g(x)}$（当 $g(x_0)\neq 0$ 时）也都在点 $x_0$ 连续.



**定理 1-13（反函数的连续性）** 如果函数 $y=f(x)$ 在区间 $I_x$ 上单调增加（或单调减少）且连续，那么它的反函数 $x=\varphi(y)$ 也在对应区间 $I_y=\{y\mid y=f(x),x\in I_x\}$ 上单调增加（或单调减少）且连续.

**定理 1-14（复合函数的连续性）** 设函数 $y=f[g(x)]$ 由函数 $y=f(u)$ 与函数 $u=g(x)$ 复合而成，若函数 $u=g(x)$ 在 $x=x_0$ 处连续，且 $g(x_0)=u_0$，而函数 $y=f(u)$ 在 $u=u_0$ 处连续，则复合函数 $y=f[g(x)]$ 在 $x=x_0$ 处也连续.

**定理 1-15** 设函数 $y=f[g(x)]$ 由函数 $y=f(u)$ 与函数 $u=g(x)$ 复合而成，若 $\lim g(x)=u_0$，而函数 $y=f(u)$ 在 $u=u_0$ 处连续，则

$$\lim f[g(x)]=f[\lim g(x)]=f(u_0).$$

定理 1-15 表明：如果复合函数 $y=f[g(x)]$ 满足定理的条件，那么求复合函数的极限 $\lim f[g(x)]$ 时，极限号“lim”与函数号“$f$”可以交换次序．因此，定理 1-15称为**极限号与函数号换序定理**.

**【例 1-27】** 证明：当 $x\to 0$ 时，(1) $\ln(1+x)\sim x$；(2) $e^x-1\sim x$.

**证** (1)由定理 1-15 得

$$\lim_{x\to 0}\frac{\ln(1+x)}{x}=\lim_{x\to 0}\ln(1+x)^{\frac{1}{x}}=\ln[\lim_{x\to 0}(1+x)^{\frac{1}{x}}]=\ln e=1,$$

所以当 $x\to 0$ 时，$\ln(1+x)\sim x$.

(2) 令 $e^x-1=t$，则 $x=\ln(1+t)$，且当 $x\to 0$ 时，$t\to 0$. 于是，由(1)得

$$\lim_{x\to 0}\frac{e^x-1}{x}=\lim_{t\to 0}\frac{t}{\ln(1+t)}=1,$$

所以当 $x\to 0$ 时，$e^x-1\sim x$.

### 1.8.3 初等函数的连续性

利用函数连续的定义及连续函数的运算性质可以证明：基本初等函数在其定义域内都是连续的．再由初等函数的定义及连续函数的运算性质可得下列重要结论：

**定理 1-16** 一切初等函数在其定义区间内都是连续的.

所谓定义区间，就是包含在定义域内的区间.

定理 1-16 表明：初等函数的连续区间就是其定义区间．定理 1-16 还提供了求极限的一个简单而又重要的方法，这就是：如果 $f(x)$ 是初等函数，且 $x_0$ 是 $f(x)$

的定义区间内的点，则

$$\lim_{x\to x_0} f(x) = f(x_0).$$

【例 1-28】 求下列极限：

(1) $\lim\limits_{x\to 0}\ln\dfrac{\sin x}{x}$；　　(2) $\lim\limits_{x\to+\infty}(\sqrt{x^2+x}-x)$.

**解** (1) $\lim\limits_{x\to 0}\ln\dfrac{\sin x}{x}=\ln\left(\lim\limits_{x\to 0}\dfrac{\sin x}{x}\right)=\ln 1=0$.

(2) $$\lim_{x\to+\infty}(\sqrt{x^2+x}-x)=\lim_{x\to+\infty}\frac{x}{\sqrt{x^2+x}+x}=\lim_{x\to+\infty}\frac{1}{\sqrt{1+\dfrac{1}{x}}+1}$$

$$=\frac{1}{\sqrt{\lim\limits_{x\to+\infty}\left(1+\dfrac{1}{x}\right)}+1}=\frac{1}{2}.$$

【例 1-29】 求 $\lim\limits_{x\to 0}(1+\sin 2x)^{\frac{1}{3x}}$.

**解** $\lim\limits_{x\to 0}(1+\sin 2x)^{\frac{1}{3x}}=\lim\limits_{x\to 0}e^{\frac{1}{3x}\ln(1+\sin 2x)}=e^{\lim\limits_{x\to 0}\frac{1}{3x}\ln(1+\sin 2x)}=e^{\lim\limits_{x\to 0}\frac{\sin 2x}{3x}}=e^{\lim\limits_{x\to 0}\frac{2x}{3x}}=e^{\frac{2}{3}}$.

### 1.8.4 函数的间断点及其分类

**定义 1-22** 若函数 $f(x)$ 在点 $x_0$ 的某一去心邻域内有定义，但在点 $x_0$ 处不连续，则称点 $x_0$ 为**函数 $f(x)$ 的不连续点**或**间断点**.

由上述间断点的定义，点 $x_0$ 成为函数 $f(x)$ 的间断点有下列三种情形：

(1) $f(x)$ 在点 $x_0$ 的某一去心邻域内有定义但在点 $x_0$ 处无定义；

(2) 虽然 $f(x)$ 在点 $x_0$ 的某一邻域有定义，但 $\lim\limits_{x\to x_0}f(x)$ 不存在；

(3) 虽然 $f(x)$ 在点 $x_0$ 的某一邻域有定义，且 $\lim\limits_{x\to x_0}f(x)$ 存在，但 $\lim\limits_{x\to x_0}f(x)\neq f(x_0)$.

通常，我们把间断点分为两类．设 $x_0$ 是函数的间断点，若 $\lim\limits_{x\to x_0^-}f(x)$ 与 $\lim\limits_{x\to x_0^+}f(x)$ 都存在，则称 $x_0$ 是函数 $f(x)$ 的**第一类间断点**；若 $\lim\limits_{x\to x_0^-}f(x)$ 与 $\lim\limits_{x\to x_0^+}f(x)$ 至少有一个不存在，则称 $x_0$ 是函数 $f(x)$ 的**第二类间断点**．显然，不是第一类间断点的间断点都是第二类间断点.

在第一类间断点中，如果左右极限都存在但不相等，则又称这种间断点为**跳跃间断点**；如果左右极限都存在且相等（此时极限存在，但函数在该点无定义，或虽有定义但极限值不等于函数值），则又称这种间断点为**可去间断点**. 在第二类间断点中，如果左右极限中至少有一个为无穷大，则又称这种间断点为**无穷间断点**.

【例 1-30】 研究下列函数的连续性，若有间断点，指出其类型.

(1) $f(x)=\dfrac{x-1}{x^2-x}$；　　(2) $f(x)=\begin{cases}2x+1, & x<0,\\ x-2, & x\geqslant 0.\end{cases}$

**解**　(1) $f(x)$为初等函数,其定义域为$(-\infty,0)\cup(0,1)\cup(1,+\infty)$. 由定理1-16,函数$f(x)$在其定义区间$(-\infty,0)$,$(0,1)$,$(1,+\infty)$内连续,而点$x=0$及$x=1$为间断点.

因为

$$\lim_{x\to 0}f(x)=\lim_{x\to 0}\frac{x-1}{x^2-x}=\infty,$$

所以点$x=0$是$f(x)$的第二类间断点,且是无穷间断点.

因为

$$\lim_{x\to 1}f(x)=\lim_{x\to 1}\frac{x-1}{x^2-x}=\lim_{x\to 1}\frac{1}{x}=1,$$

所以$x=1$是$f(x)$的第一类间断点,且是可去间断点(图1-15).

(2) $f(x)$为分段函数. 显然$f(x)$在区间$(-\infty,0)$,$(0,+\infty)$内连续.

因为

$$\lim_{x\to 0^-}f(x)=\lim_{x\to 0^-}(2x+1)=1,$$
$$\lim_{x\to 0^+}f(x)=\lim_{x\to 0^+}(x-2)=-2,$$
$$\lim_{x\to 0^-}f(x)\neq\lim_{x\to 0^+}f(x),$$

所以$x=0$是$f(x)$的第一类间断点,且是跳跃间断点(图1-16).

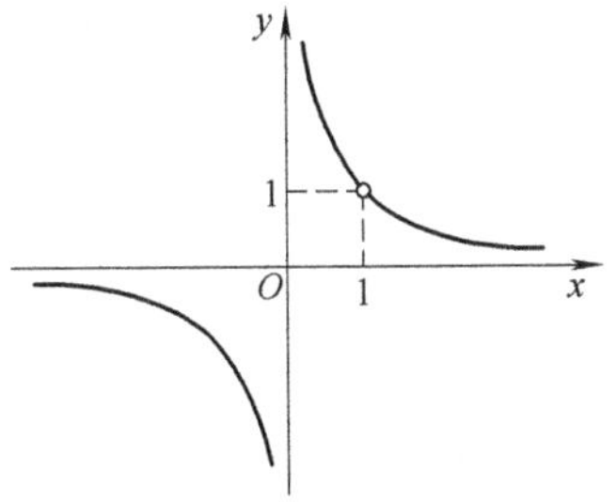


图　1-15

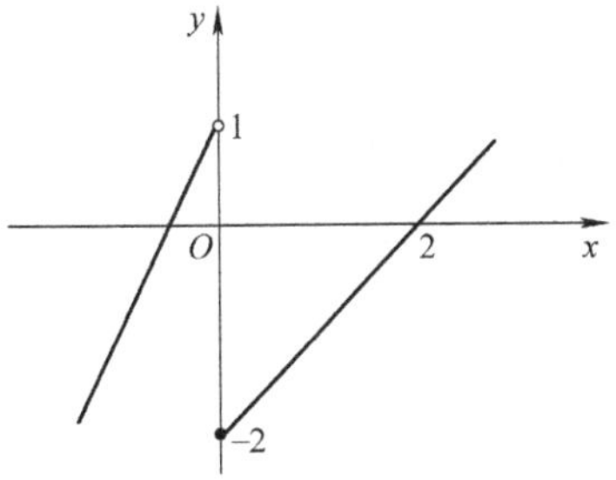


图　1-16

## 习　题　1.8

1. 研究下列函数在指定点处的连续性:

(1) $f(x)=\begin{cases}2-x, & x\leqslant 1,\\ x^2, & x>1,\end{cases}$ $x=1$;

(2) $f(x)=\begin{cases}\dfrac{\sin x}{x}, & x\neq 0,\\ 1, & x=0,\end{cases}$ $x=0$;

(3) $f(x)=\begin{cases} x^2, & x<0, \\ 2x, & 0<x<1, x=0, x=1 \\ 1-x, & x\geqslant 1, \end{cases}$

2. 讨论下列函数的连续性，若有间断点，指出其类型：

(1) $f(x)=\dfrac{x^2-1}{x^2-3x+2}$； (2) $f(x)=\dfrac{x}{|x|(x+1)}$；

(3) $f(x)=\sin^2\dfrac{1}{x}$； (4) $f(x)=\begin{cases} 1+x, & |x|\leqslant 1, \\ x-3, & |x|>1. \end{cases}$

3. 求函数 $f(x)=\dfrac{x^2-x-2}{x^2+x-6}$ 的连续区间，并求 $\lim\limits_{x\to 1}f(x)$，$\lim\limits_{x\to 2}f(x)$，$\lim\limits_{x\to -3}f(x)$.

4. 求下列极限：

(1) $\lim\limits_{x\to \frac{\pi}{6}}\cos^3 2x$； (2) $\lim\limits_{x\to 1}\ln(x+\sqrt{\sin \pi x})$

(3) $\lim\limits_{x\to 0}\sqrt{\dfrac{\sin 4x}{x}}$； (4) $\lim\limits_{x\to 0}(1-\tan x)^{\cot 2x}$；

(5) $\lim\limits_{x\to 0}(\cos x)^{\frac{1}{x^2}}$.

5. 求常数 $a$ 的值，使函数

$$f(x)=\begin{cases} \dfrac{\ln(1+ax)}{x}, & x<0, \\ 2x-3, & x\geqslant 0 \end{cases}$$

在点 $x=0$ 处连续.

6. 设函数

$$f(x)=\begin{cases} (1+2x^2)^{\frac{1}{x^2}}, & x\neq 0, \\ k, & x=0 \end{cases}$$

在 $(-\infty,+\infty)$ 内连续，求常数 $k$.

## 1.9 闭区间上连续函数的性质

闭区间上的连续函数具有一些重要的性质．从几何上看，这些性质都是十分明显的．但它们的严格证明已超出了本课程的范围．故在本节中我们仅逐一叙述这些性质，证明从略.

作为本节的预备知识，我们先说明函数的最大值、最小值的概念以及函数零点的概念.

设函数 $f(x)$ 在区间 $I$ 上有定义，若存在 $x_0\in I$，使得 $\forall\, x\in I$，有

$$f(x)\leqslant f(x_0) \quad (\text{或 } f(x)\geqslant f(x_0)),$$

则称 $f(x_0)$ 是函数 $f(x)$ 在区间 $I$ 上的**最大值**（或**最小值**）.

对于函数 $f(x)$，若 $f(x_0)=0$，则称点 $x_0$ 为**函数 $f(x)$ 的零点**.

显然，函数 $f(x)$ 的零点也就是方程 $f(x)=0$ 的实根.

**性质1**(有界性定理)　闭区间 $[a,b]$ 上连续的函数必在 $[a,b]$ 上有界.

**性质2**(最大、最小值定理)　闭区间 $[a,b]$ 上连续的函数必在 $[a,b]$ 上取得它的最大值和最小值.

具体地说，如果函数 $f(x)$ 在闭区间 $[a,b]$ 上连续，则至少存在两点 $\xi_1,\xi_2\in[a,b]$，使得 $\forall x\in[a,b]$，有 $f(\xi_1)\leqslant f(x)\leqslant f(\xi_2)$.

**性质3**(介值定理)　闭区间 $[a,b]$ 上连续的函数必能取得介于最大值与最小值之间的任何值.

这就是说，如果函数 $f(x)$ 在闭区间 $[a,b]$ 上连续，则由性质2，$f(x)$ 在 $[a,b]$ 上取得它的最大值 $M$ 和最小值 $m$，对于介于 $M$ 和 $m$ 之间的任意数 $C$，在开区间 $(a,b)$ 内至少有一点 $\xi$，使得 $f(\xi)=C$.

介值定理的几何解释是：设 $M$ 和 $m$ 分别是连续曲线弧 $y=f(x)(a\leqslant x\leqslant b)$ 的最高点与最低点的纵坐标，则该曲线弧与水平直线 $y=C(m<C<M)$ 至少有一个交点(图1-17).

**性质4**(零点定理)　若函数 $f(x)$ 在闭区间 $[a,b]$ 上连续，且 $f(a)$ 与 $f(b)$ 异号(即 $f(a)\cdot f(b)<0$)，则函数 $f(x)$ 在开区间 $(a,b)$ 内至少有一零点，即在开区间 $(a,b)$ 内至少有一点 $\xi$，使 $f(\xi)=0$.

零点定理的几何解释是：如果连续曲线弧 $y=f(x)(a\leqslant x\leqslant b)$ 的两个端点位于 $x$ 轴的不同侧，那么这段曲线弧与 $x$ 轴至少有一个交点(图1-18).

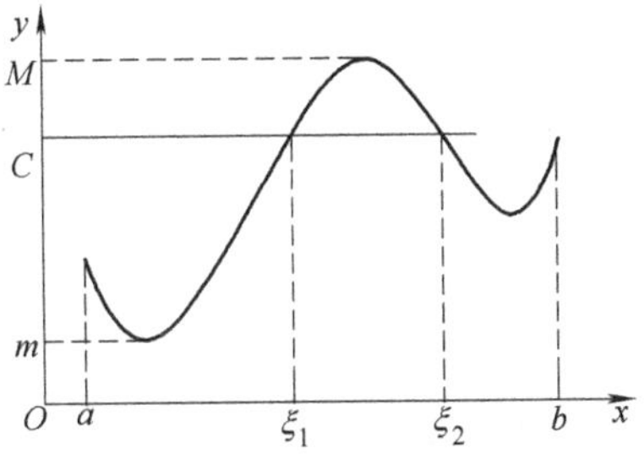


图　1-17

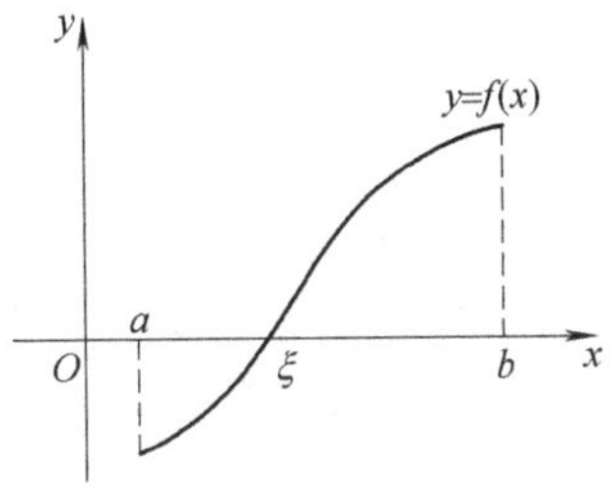


图　1-18

必须指出，对于上面给出的这些性质，“函数在闭区间上连续”这一条件是重要的，“闭区间”与“连续”缺一不可．如果函数在开区间内连续或在闭区间上有间断点，那么这些性质均不一定成立．例如，函数 $f(x)=\dfrac{1}{x}$ 在开区间 $(0,1)$ 内连续，但它在 $(0,1)$ 内无界，且既无最大值也无最小值．又如，函数 $f(x)=\begin{cases}x+2, & -1\leqslant x\leqslant 0,\\ x-2, & 0<x\leqslant 1\end{cases}$ 在闭区间 $[-1,1]$ 上有间断点 $x=0$，它在 $[-1,1]$ 上取不到

最小值，而且虽然有 $f(-1)\cdot f(1)<0$，但 $f(x)$ 在 $(-1,1)$ 内没有零点（图 1-19）.

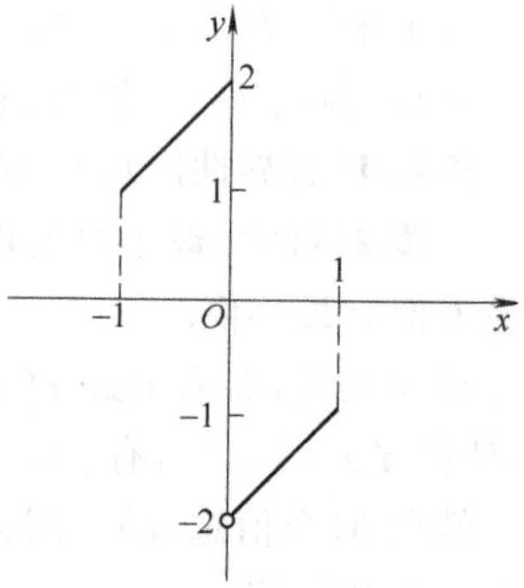

图 1-19

**【例 1-31】** 证明方程 $xe^x=2$ 至少有一个小于 1 的正根.

**证** 令 $f(x)=xe^x-2$，则 $f(x)$ 在闭区间 $[0,1]$ 上连续，且

$$f(0)=-2<0,\quad f(1)=e-2>0,$$

由零点定理得，函数 $f(x)$ 在 $(0,1)$ 内至少有一零点，即方程 $xe^x=2$ 至少有一个小于 1 的正根.

## 习 题 1.9

1. 证明方程 $x^5-3x^3-1=0$ 至少有一个介于 1 与 2 之间的实根.
2. 证明方程 $x^3-3x^2+1=0$ 至少有一个小于 1 的正根.
3. 证明方程 $x=a\sin x+b(a>0,b>0)$ 至少有一个不超过 $a+b$ 的正根.
4. 设函数 $f(x)$ 在闭区间 $[a,b]$ 上连续，且 $a<x_1<x_2<b$，证明：至少存在一点 $\xi\in[x_1,x_2]$，使得

$$f(\xi)=\frac{f(x_1)+f(x_2)}{2}.$$

## 总 习 题 1

1. 选择题

(1) 下列命题中错误的是(　　).

A. 两个偶函数的复合函数仍是偶函数

B. 两个奇函数的复合函数仍是奇函数

C. 两个单调增加函数的复合函数仍是单调增加函数

D. 两个单调减少函数的复合函数仍是单调减少函数

(2) 若 $\lim\limits_{x\to x_0}f(x)$ 存在，$\lim\limits_{x\to x_0}g(x)$ 不存在，则下列命题正确的是(　　).

A. $\lim\limits_{x\to x_0}[f(x)+g(x)]$ 与 $\lim\limits_{x\to x_0}[f(x)\cdot g(x)]$ 都存在

B. $\lim\limits_{x\to x_0}[f(x)+g(x)]$ 与 $\lim\limits_{x\to x_0}[f(x)\cdot g(x)]$ 都不存在

C. $\lim\limits_{x\to x_0}[f(x)+g(x)]$ 必不存在，而 $\lim\limits_{x\to x_0}[f(x)\cdot g(x)]$ 可能存在

D. $\lim\limits_{x\to x_0}[f(x)+g(x)]$ 可能存在，而 $\lim\limits_{x\to x_0}[f(x)\cdot g(x)]$ 必不存在

(3) 当 $x\to 0$ 时，下列四个无穷小中，比其他三个更高阶的无穷小是(　　).

A. $1-\cos x^2$　　B. $e^{x^2}-1$　　C. $\sqrt{1+x^2}-1$　　D. $\sin x-\tan x$

(4) 设函数 $f(x)$ 在 $(-\infty,+\infty)$ 上连续，且 $f(x)\neq 0$，函数 $\varphi(x)$ 在 $(-\infty,+\infty)$ 上有定义且有间断点，则必有间断点的函数是(　　).

A. $f[\varphi(x)]$　　B. $\varphi[f(x)]$　　C. $[\varphi(x)]^2$　　D. $\dfrac{\varphi(x)}{f(x)}$

(5) 函数 $f(x)=\dfrac{\sqrt{4-x^2}}{\sqrt{x^2-1}}$ 的连续区间是(　　).

A. $(-\infty,-1),(1,+\infty)$　　B. $[-2,-1),(1,2]$

C. $[-2,-1),(-1,1),(1,2]$　　D. $(-\infty,-1),(-1,1),(1,+\infty)$

2. 填空题

(1) 设 $a,b$ 都是常数，若 $\lim\limits_{x\to 1}\dfrac{x-1}{x^3+2x+a}=b\neq 0$，则 $a=$____，$b=$____.

(2) 设函数 $f(x)=\dfrac{x^2+1}{x+1}+ax+b$ 是当 $x\to\infty$ 时的无穷小，则常数 $a=$____，$b=$____.

(3) 设当 $x\to 1$ 时，$(x^2+x-2)^2\ln x$ 与 $a(x-1)^n$ 是等价无穷小，则常数 $a=$____，$n=$____.

3. 求下列极限：

(1) $\lim\limits_{x\to+\infty}[\sqrt{(x+p)(x+q)}-x]$；　　(2) $\lim\limits_{x\to\infty}\dfrac{x^2+\sin x}{x^2-x\cos x}$；

(3) $\lim\limits_{x\to\infty}\left(\dfrac{2x-4}{2x+1}\right)^{2x}$；　　(4) $\lim\limits_{x\to 0}\dfrac{\sqrt{1+x^2}-1}{x\arcsin x}$；

(5) $\lim\limits_{x\to 0}\dfrac{x^2}{\sec x-\cos x}$；　　(6) $\lim\limits_{x\to e}\dfrac{\ln x-1}{x-e}$.

4. 设

$$f(x)=\begin{cases}\dfrac{1-\cos x}{x^2}, & x<0,\\ b, & x=0,\quad (a>0),\\ \dfrac{\sqrt{a+x}-\sqrt{a}}{x}, & x>0,\end{cases}$$

当常数 $a,b$ 为何值时，

(1) $x=0$ 是函数 $f(x)$ 的连续点？

(2) $x=0$ 是函数 $f(x)$ 的可去间断点？

(3) $x=0$ 是函数 $f(x)$ 的跳跃间断点？

5. 求函数 $f(x)=\lim\limits_{n\to\infty}\dfrac{x-x^{2n+1}}{1+x^{2n}}$ 的间断点，并判别间断点的类型.

6. 已知三次方程 $x^3-6x+2=0$ 有三个实根，试指出这三个根所在的区间(每个区间的长度都必须小于1).

# 第 2 章　导数与微分

微积分学由微分学与积分学两部分组成，导数与微分是微分学的两个基本概念. 在这一章中，我们将从实际问题出发，讨论导数与微分的概念以及它们的计算方法.

科技让通讯更便捷

## 2.1　导数的概念

### 2.1.1　引例

在许多实际问题中，需要研究某个变量相对于另一个变量变化的快慢程度，这类问题称为变化率问题. 导数概念的产生起源于对变化率问题的研究.

**1. 变速直线运动的速度**

假设一质点作直线运动. 以质点运动的起始点作为原点，运动方向作为 $s$ 轴正向建立坐标轴. 取运动的起始时刻作为测量时间的零点(即此时刻 $t=0$). 设质点于时刻 $t$ 在 $s$ 轴上的坐标为 $s$，则 $s$ 即为质点运动的路程，且 $s$ 是 $t$ 的函数：$s=s(t)$. 这个函数称为位置函数. 现在的问题是：如果已知位置函数，如何求质点在时刻 $t=t_0$ 的瞬时速度 $v(t_0)$？

首先在时刻 $t_0$ 的邻近取一时刻 $t_0+\Delta t$，在 $t_0$ 到 $t_0+\Delta t$ 这段时间间隔内，质点运动的平均速度为

$$\bar{v}=\frac{\Delta s}{\Delta t}=\frac{s(t_0+\Delta t)-s(t_0)}{\Delta t}.$$

由于变速运动的速度通常是连续变化的，所以从整体上看运动是变速的，但从局部来看，在一段很小的时间间隔内，速度的变化也很小，可以近似地看做是匀速的. 因此，当 $|\Delta t|$ 很小时，$\bar{v}$ 可作为质点在时刻 $t_0$ 的瞬时速度 $v(t_0)$ 的近似值，即 $v(t_0)\approx\bar{v}$. 显然，$|\Delta t|$ 越小，$\bar{v}$ 就越接近于 $v(t_0)$. 因此，

$$v(t_0)=\lim_{\Delta t\to 0}\frac{\Delta s}{\Delta t}=\lim_{\Delta t\to 0}\frac{s(t_0+\Delta t)-s(t_0)}{\Delta t}.$$

**2. 平面曲线的切线的斜率**

我们知道. 圆的切线可定义为“与圆只有一个交点的直线”. 但是对于一般曲线，用“与曲线只有一个交点的直线”作为切线的定义就不合适了. 下面先给出切线的定义，再讨论切线斜率的求法.

设有曲线 $y=f(x)$，$M(x_0,f(x_0))$ 是该曲线上的一点，在该曲线上点 $M$ 的邻近取另一点 $N(x_0+\Delta x,f(x_0+\Delta x))$，作曲线的割线 $MN$. 当点 $N$ 沿曲线趋向于

点 $M$ 时，如果割线 $MN$ 绕点 $M$ 旋转而趋于极限位置 $MT$，那么直线 $MT$ 就称为曲线 $y=f(x)$ 在点 $M$ 处的切线(图 2-1).

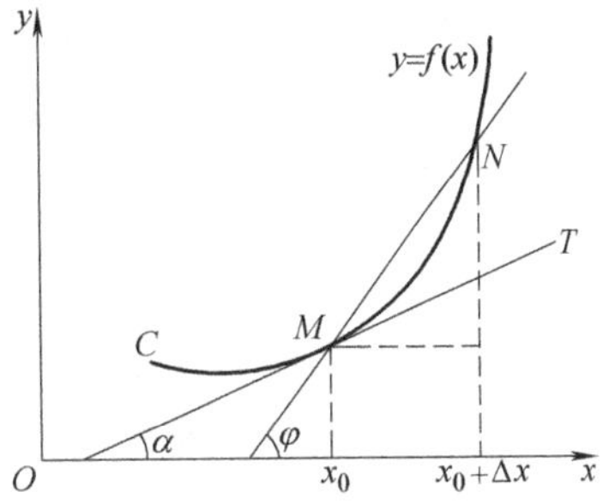


图　2-1

显然，割线 $MN$ 的斜率为

$$\tan\varphi=\frac{f(x_0+\Delta x)-f(x_0)}{\Delta x},$$

其中，$\varphi$ 为割线 $MN$ 的倾斜角. 当 $\Delta x\to 0$ 时，点 $N$ 沿曲线 $y=f(x)$ 趋于点 $M$，割线 $MN$ 的倾斜角 $\varphi$ 趋于切线 $MT$ 的倾角 $\alpha$，所以曲线 $y=f(x)$ 在点 $M(x_0,f(x_0))$ 处的切线的斜率为

$$k=\lim_{\Delta x\to 0}\frac{f(x_0+\Delta x)-f(x_0)}{\Delta x}.$$



### 2.1.2　导数的定义

上面两个实例的具体意义虽然不同，但是用以解决问题的思想方法是相同的. 它们都归结为求形如 $\lim\limits_{\Delta x\to 0}\dfrac{f(x_0+\Delta x)-f(x_0)}{\Delta x}$ 的极限问题，即当自变量增量趋向于零时，相应的函数的增量与自变量增量之比的极限. 可以归结为此类极限的实际问题还有很多. 我们撇开这些实际问题的具体意义，抓住它们的共性，抽象出它们在数量关系上的本质特征，就得到函数的导数的概念.

**定义 2-1**　设函数 $y=f(x)$ 在点 $x_0$ 的某一邻域内有定义，如果极限

$$\lim_{\Delta x\to 0}\frac{\Delta y}{\Delta x}=\lim_{\Delta x\to 0}\frac{f(x_0+\Delta x)-f(x_0)}{\Delta x}$$

存在，则称**函数** $y=f(x)$ **在点** $x_0$ **处可导**，并称该极限值为**函数** $y=f(x)$ **在点** $x_0$ **处对** $x$ **的导数**，或简称为**函数** $y=f(x)$ **在点** $x_0$ **处的导数**，记为 $f'(x_0)$ 或 $y'|_{x=x_0}$，也可记为 $\left.\dfrac{dy}{dx}\right|_{x=x_0}$ 或 $\left.\dfrac{df(x)}{dx}\right|_{x=x_0}$，即

$$f'(x_0)=y'|_{x=x_0}=\left.\frac{dy}{dx}\right|_{x=x_0}=\left.\frac{df(x)}{dx}\right|_{x=x_0}=\lim_{\Delta x\to 0}\frac{f(x_0+\Delta x)-f(x_0)}{\Delta x}. \tag{2-1}$$

函数 $f(x)$ 在点 $x_0$ 处可导有时也说成**函数** $f(x)$ **在点** $x_0$ **处具有导数或导数存在**.

如果极限 $\lim\limits_{\Delta x\to 0}\dfrac{f(x_0+\Delta x)-f(x_0)}{\Delta x}$ 不存在，则称**函数** $f(x)$ **在点** $x_0$ **处不可导**. 若不可导的原因是 $\lim\limits_{\Delta x\to 0}\dfrac{f(x_0+\Delta x)-f(x_0)}{\Delta x}=\infty$，为了方便起见，也称函数 $f(x)$ **在** $x_0$ **处导数为无穷大**.

式(2-1)称为**导数的定义式**,其常见表达形式还有下列两种:

$$f'(x_0)=\lim_{x\to x_0}\frac{f(x)-f(x_0)}{x-x_0};\tag{2-2}$$

$$f'(x_0)=\lim_{h\to 0}\frac{f(x_0+h)-f(x_0)}{h}.\tag{2-3}$$

导数概念是函数变化率这一概念的精确描述.它撇开了函数的自变量与因变量所代表的几何或物理等方面的特殊意义,纯粹从数量关系方面来刻画变化率的本质.前面讨论的两个变化率问题可以用“导数”这个术语叙述如下:

如果质点作变速直线运动,其位置函数为 $s=s(t)$,则质点在时刻 $t=t_0$ 的瞬时速度 $v(t_0)$就是位置函数 $s=s(t)$在点 $t_0$ 处的导数,即

$$v(t_0)=s'(t_0)=\left.\frac{\mathrm{d}s}{\mathrm{d}t}\right|_{t=t_0}.$$

曲线 $y=f(x)$在点 $M(x_0,f(x_0))$处的切线的斜率 $k$ 就是函数 $y=f(x)$在点 $x_0$ 处的导数,即

$$k=f'(x_0)=\left.\frac{\mathrm{d}y}{\mathrm{d}x}\right|_{x=x_0}.$$

由于导数由极限来定义,导数 $f'(x_0)$存在,即极限 $\lim\limits_{\Delta x\to 0}\dfrac{f(x_0+\Delta x)-f(x_0)}{\Delta x}$ 存在.所以根据定理 1-3,$f'(x_0)$存在的充分必要条件是左、右极限

$$\lim_{\Delta x\to 0^-}\frac{f(x_0+\Delta x)-f(x_0)}{\Delta x}\text{ 与 }\lim_{\Delta x\to 0^+}\frac{f(x_0+\Delta x)-f(x_0)}{\Delta x}$$

都存在且相等.这两个极限分别称为函数 $f(x)$在点 $x_0$ 处的**左导数**与**右导数**,分别记作 $f'_-(x_0)$和 $f'_+(x_0)$,即

$$f'_-(x_0)=\lim_{\Delta x\to 0^-}\frac{f(x_0+\Delta x)-f(x_0)}{\Delta x};\tag{2-4}$$

$$f'_+(x_0)=\lim_{\Delta x\to 0^+}\frac{f(x_0+\Delta x)-f(x_0)}{\Delta x}.\tag{2-5}$$

左导数与右导数统称为**单侧导数**.

与导数的定义式一样,左导数 $f'_-(x_0)$和右导数 $f'_+(x_0)$的定义式(2-4)与式(2-5)也各有另外两种常见表达形式:

$$f'_-(x_0)=\lim_{x\to x_0^-}\frac{f(x)-f(x_0)}{x-x_0}\text{ 或 }f'_-(x_0)=\lim_{h\to 0^-}\frac{f(x_0+h)-f(x_0)}{h};$$

$$f'_+(x_0)=\lim_{x\to x_0^+}\frac{f(x)-f(x_0)}{x-x_0}\text{ 或 }f'_+(x_0)=\lim_{h\to 0^+}\frac{f(x_0+h)-f(x_0)}{h}.$$

显然,导数与左、右导数有如下关系:

**定理 2-1**　函数 $f(x)$在 $x_0$ 处可导(即 $f'(x_0)$存在)的充分必要条件是 $f'_-(x_0)$与 $f'_+(x_0)$都存在且相等.

如果函数 $f(x)$ 在某区间 $I$ 内每一点都可导，那么就称**函数 $f(x)$ 在区间 $I$ 内可导**，并称 **$f(x)$ 是区间 $I$ 内的可导函数**. 如果区间包含端点，那么函数在左端点可导是指右导数存在，在右端点可导是指左导数存在.

当函数 $y=f(x)$ 在区间 $I$ 内可导时，对于任一 $x\in I$，都对应着 $f(x)$ 的一个确定的导数值. 这样就构成了一个新的函数，称为函数 $y=f(x)$ 的导函数，记作 $y'$ 或 $f'(x)$，也可记作 $\frac{\mathrm{d}y}{\mathrm{d}x}$ 或 $\frac{\mathrm{d}f(x)}{\mathrm{d}x}$.

在导数 $f'(x_0)$ 的定义式(2-1)或式(2-3)中将 $x_0$ 换成 $x$ 即得导函数的定义式：

$$f'(x)=\lim_{\Delta x\to 0}\frac{f(x+\Delta x)-f(x)}{\Delta x}$$

或

$$f'(x)=\lim_{h\to 0}\frac{f(x+h)-f(x)}{h}.$$

显然，函数 $f(x)$ 在点 $x_0$ 处的导数 $f'(x_0)$ 就是导函数 $f'(x)$ 在点 $x_0$ 处的函数值，即

$$f'(x_0)=f'(x)\big|_{x=x_0}.$$

在不至于引起混淆的场合，导函数通常简称为导数.

### 2.1.3　按定义求导数举例

导数的定义是一种构造性定义. 从理论上说，只要根据这个定义就可求出函数的导数. 下面列举数例，说明如何按导数的定义求一些简单函数的导数.

**【例 2-1】**　求常值函数 $f(x)=C$ ($C$ 为常数)的导数.

**解**　$f'(x)=\lim\limits_{\Delta x\to 0}\frac{f(x+\Delta x)-f(x)}{\Delta x}=\lim\limits_{\Delta x\to 0}\frac{C-C}{\Delta x}=0$，即

$$(C)'=0.$$

**【例 2-2】**　求幂函数 $f(x)=x^n(n\in\mathbf{N}^+)$ 的导数.

**解**

$$\begin{aligned}f'(x)&=\lim_{\Delta x\to 0}\frac{f(x+\Delta x)-f(x)}{\Delta x}=\lim_{\Delta x\to 0}\frac{(x+\Delta x)^n-x^n}{\Delta x}\\&=\lim_{\Delta x\to 0}\frac{C_n^1x^{n-1}\Delta x+C_n^2x^{n-2}(\Delta x)^2+\cdots+(\Delta x)^n}{\Delta x}\\&=C_n^1x^{n-1}=nx^{n-1},\end{aligned}$$

即

$$(x^n)'=nx^{n-1}.$$

更一般地，有

$$(x^\mu)'=\mu x^{\mu-1}(\mu\in\mathbf{R}).$$

这就是幂函数的导数公式，它的证明将在下一节中给出.

【例 2-3】 求指数函数 $f(x)=a^x(a>0,a\neq 1)$ 的导数.

解 $$f'(x)=\lim_{h\to 0}\frac{f(x+h)-f(x)}{h}=\lim_{h\to 0}\frac{a^{x+h}-a^x}{h}=\lim_{h\to 0}\frac{a^x(a^h-1)}{h}$$

$$=a^x\lim_{h\to 0}\frac{e^{h\ln a}-1}{h}=a^x\lim_{h\to 0}\frac{h\ln a}{h}=a^x\ln a,$$

即 $$(a^x)'=a^x\ln a.$$

【例 2-4】 求对数函数 $f(x)=\log_a x(a>0,a\neq 1)$ 的导数.

解 $$f'(x)=\lim_{h\to 0}\frac{f(x+h)-f(x)}{h}=\lim_{h\to 0}\frac{\log_a(x+h)-\log_a x}{h}$$



$$=\lim_{h\to 0}\frac{\log_a\left(1+\frac{h}{x}\right)}{h}=\lim_{h\to 0}\frac{\ln\left(1+\frac{h}{x}\right)}{h\ln a}=\lim_{h\to 0}\frac{\frac{h}{x}}{h\ln a}=\frac{1}{x\ln a},$$

即 $$(\log_a x)'=\frac{1}{x\ln a}.$$

【例 2-5】 求正弦函数 $f(x)=\sin x$ 的导数.

解 $$f'(x)=\lim_{h\to 0}\frac{f(x+h)-f(x)}{h}=\lim_{h\to 0}\frac{\sin(x+h)-\sin x}{h}$$

$$=\lim_{h\to 0}\frac{2\cos\left(x+\frac{h}{2}\right)\sin\frac{h}{2}}{h}=\lim_{h\to 0}\frac{2\cos\left(x+\frac{h}{2}\right)\cdot\frac{h}{2}}{h}$$

$$=\lim_{h\to 0}\cos\left(x+\frac{h}{2}\right)=\cos x,$$

即 $$(\sin x)'=\cos x.$$

用类似的方法可得

$$(\cos x)'=-\sin x.$$

【例 2-6】 设 $f(x)=\begin{cases}\frac{\sin^2 x}{x}, & x\neq 0,\\ 0, & x=0,\end{cases}$ 求 $f'(0)$.

解 因为

$$\lim_{x\to 0}\frac{f(x)-f(0)}{x-0}=\lim_{x\to 0}\frac{\frac{\sin^2 x}{x}-0}{x-0}=\lim_{x\to 0}\frac{\sin^2 x}{x^2}=1,$$

所以

$$f'(0)=1.$$

### 2.1.4 导数的几何意义

由2.1.1中切线问题的讨论以及导数的定义可知：函数 $y=f(x)$ 在点 $x_0$ 处的导数 $f'(x_0)$ 在几何上表示曲线 $y=f(x)$ 在点 $(x_0,f(x_0))$ 处的切线的斜率(图2-2)，即

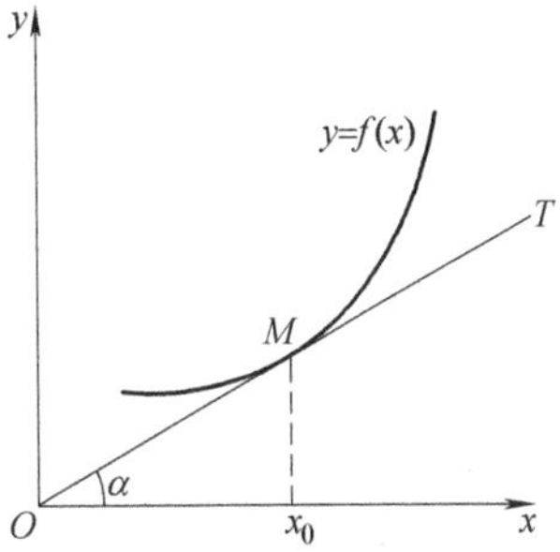


图 2-2

$$f'(x_0)=\tan\alpha=k_{切}.$$

于是，当 $f'(x_0)$ 存在时，曲线 $y=f(x)$ 在点 $(x_0, f(x_0))$ 处的切线方程为

$$y-f(x_0)=f'(x_0)(x-x_0).$$

又当 $f'(x_0)\neq 0$ 时，曲线 $y=f(x)$ 在点 $(x_0,f(x_0))$ 处的法线方程为

$$y-f(x_0)=-\frac{1}{f'(x_0)}(x-x_0).$$

特别地，当 $f'(x_0)=0$ 时，曲线 $y=f(x)$ 在点 $(x_0,f(x_0))$ 处的切线方程为 $y=f(x_0)$，法线方程为 $x=x_0$. 此时切线平行于 $x$ 轴，法线垂直于 $x$ 轴.

当 $f'(x_0)=\infty$ 且 $f(x)$ 在点 $x_0$ 处连续时，曲线 $y=f(x)$ 在点 $(x_0,f(x_0))$ 处的切线方程为 $x=x_0$，法线方程为 $y=f(x_0)$. 此时切线垂直于 $x$ 轴，法线平行于 $x$ 轴.

**【例2-7】** 求曲线 $y=x^3$ 在点(1,1)处的切线方程与法线方程.

**解** 由导数的几何意义知，$k_{切}=y'|_{x=1}=3x^2|_{x=1}=3$，从而 $k_{法}=-\frac{1}{3}$.

于是所求切线方程为

$$y-1=3(x-1),$$

即

$$3x-y-2=0.$$

所求法线方程为

$$y-1=-\frac{1}{3}(x-1),$$

即

$$x+3y-4=0.$$

### 2.1.5 可导与连续的关系

**定理2-2** 若函数 $y=f(x)$ 在点 $x_0$ 处可导，则函数 $y=f(x)$ 必在点 $x_0$ 处连续.

**证** 因为函数 $y=f(x)$ 在点 $x_0$ 处可导，所以 $\lim\limits_{x\to x_0}\frac{f(x)-f(x_0)}{x-x_0}$ 存在且等于 $f'(x_0)$. 于是，

$$\lim_{x\to x_0}[f(x)-f(x_0)]=\lim_{x\to x_0}\left[\frac{f(x)-f(x_0)}{x-x_0}\cdot(x-x_0)\right]=f'(x_0)\cdot 0=0,$$

从而

$$\begin{aligned}\lim_{x\to x_0}f(x)&=\lim_{x\to x_0}[f(x)-f(x_0)+f(x_0)]\\&=\lim_{x\to x_0}[f(x)-f(x_0)]+f(x_0)\\&=f(x_0).\end{aligned}$$

因此，函数 $y=f(x)$ 在点 $x_0$ 处连续. 证毕.

**【例 2-8】** 讨论函数 $f(x)=\sqrt[3]{x^2}$ 在 $x=0$ 处的连续性与可导性.

**解** (1) 连续性　由于 $f(x)$ 是初等函数，其定义区间为 $(-\infty,+\infty)$. 由初等函数的连续性（定理 1-16）知，函数 $f(x)$ 在 $x=0$ 处连续.



(2) 可导性　因为

$$\lim_{x\to 0}\frac{f(x)-f(0)}{x-0}=\lim_{x\to 0}\frac{\sqrt[3]{x^2}}{x}=\lim_{x\to 0}\frac{1}{\sqrt[3]{x}}=\infty,$$

即 $f'(0)=\infty$，所以函数 $f(x)=\sqrt[3]{x^2}$ 在 $x=0$ 处不可导.

**【例 2-9】** 讨论 $f(x)=\begin{cases}x^2, & x\leqslant 0,\\ x, & x>0\end{cases}$ 在 $x=0$ 处的连续性与可导性.

**解** (1) 连续性　因为

$$\lim_{x\to 0^-}f(x)=\lim_{x\to 0^+}f(x)=0=f(0),$$

所以函数 $f(x)$ 在 $x=0$ 处连续.

(2) 可导性　因为

$$\lim_{x\to 0^-}\frac{f(x)-f(0)}{x-0}=\lim_{x\to 0^-}\frac{x^2}{x}=0;$$

$$\lim_{x\to 0^+}\frac{f(x)-f(0)}{x-0}=\lim_{x\to 0^+}\frac{x}{x}=1.$$

所以 $f'_-(0)=0, f'_+(0)=1$. 据定理 2-1 得，函数 $f(x)$ 在 $x=0$ 处不可导.

上面这两个例子表明，定理 2-2 的逆命题是不成立的，也就是说，在某点连续的函数在该点不一定可导. 因此，函数在某点连续是函数在该点可导的必要条件而不是充分条件.

## 习　题　2.1

1. 设 $f(x)=a+bx$　$(a,b$ 是常数$)$，试按定义求 $f'(x)$.
2. 证明：$(\cos x)'=-\sin x$.

3. 设 $y=3x^2$，试按定义求 $\left.\dfrac{dy}{dx}\right|_{x=1}$.

4. 求函数 $f(x)=|x|$ 在点 $x=0$ 处的左、右导数，并说明 $f(x)$ 在点 $x=0$ 处是否可导.

5. 利用幂函数的导数公式求下列函数的导数：

(1) $y=x^5$；　(2) $y=x^{2.6}$；　(3) $y=\sqrt[3]{x^2}$；　(4) $y=\dfrac{1}{\sqrt{x}}$；

(5) $y=\dfrac{1}{x^2}$；　(6) $y=x\sqrt{x}$；　(7) $y=\dfrac{x^2\sqrt[3]{x}}{\sqrt{x^5}}$.

6. 已知物体的运动规律为 $s=t^2$（单位为 m），求这物体在 $t=1\text{s}$ 和 $t=3\text{s}$ 时的速度.



7. 讨论下列函数在点 $x=0$ 处的连续性与可导性：

(1) $f(x)=|\sin x|$；

(2) $f(x)=\begin{cases} x^2\cos\dfrac{1}{x}, & x\neq 0, \\ 0, & x=0; \end{cases}$

(3) $f(x)=\begin{cases} x\sin\dfrac{2}{x}, & x\neq 0, \\ 0, & x=0. \end{cases}$

8. 设函数 $f(x)$ 在点 $x_0$ 处可导，证明：

$$\lim_{h\to 0}\frac{f(x_0+h)-f(x_0-h)}{h}=2f'(x_0).$$

9. 求曲线 $y=e^x$ 在点 $(0,1)$ 处的切线方程与法线方程.

10. 求曲线 $y=\sin x$ 在点 $\left(\dfrac{\pi}{4},\dfrac{\sqrt{2}}{2}\right)$ 处的切线方程与法线方程.

11. 在曲线 $y=\ln x$ 上求一点，使该点的切线平行于直线 $x-2y-2=0$.

12. 证明双曲线 $xy=1$ 上任一点处的切线与两坐标轴围成的三角形的面积为定值.

## 2.2　基本导数公式与函数的求导法则

从理论上说，按导数的定义即可求出初等函数的导数. 但根据定义求导数往往非常繁复，有时实际上是不可行的. 本节将介绍基本初等函数的导数公式及函数的求导法则，借助于这些公式与法则，就能比较方便地求出初等函数的导数.

### 2.2.1　函数的和、差、积、商的求导法则

**定理 2-3**　设函数 $u=u(x)$，$v=v(x)$ 都在点 $x$ 处可导，则它们的和、差、积、

商(除分母为零的点外)也都在点 $x$ 处可导,且有

(1) $[u(x)\pm v(x)]'=u'(x)\pm v'(x)$;

(2) $[u(x)\cdot v(x)]'=u'(x)v(x)+u(x)v'(x)$,

特别地,$[Cu(x)]'=Cu'(x)$ ($C$ 为常数);

(3) $\left[\dfrac{u(x)}{v(x)}\right]'=\dfrac{u'(x)v(x)-u(x)v'(x)}{v^2(x)}\quad(v(x)\neq0)$.

**证** 在此只证法则(3),而将法则(1)、(2)的证明留给读者自已完成.

令 $f(x)=\dfrac{u(x)}{v(x)}\quad(v(x)\neq0)$,则



$$\lim_{h\to0}\frac{f(x+h)-f(x)}{h}=\lim_{h\to0}\frac{\dfrac{u(x+h)}{v(x+h)}-\dfrac{u(x)}{v(x)}}{h}$$

$$=\lim_{h\to0}\frac{u(x+h)v(x)-u(x)v(x+h)}{hv(x)v(x+h)}$$

$$=\lim_{h\to0}\frac{[u(x+h)-u(x)]v(x)-u(x)[v(x+h)-v(x)]}{hv(x)v(x+h)}$$

$$=\lim_{h\to0}\frac{\dfrac{u(x+h)-u(x)}{h}v(x)-u(x)\dfrac{v(x+h)-v(x)}{h}}{v(x)v(x+h)},\quad(2\text{-}6)$$

根据 $u=u(x)$,$v=v(x)$都在点 $x$ 处可导的假设,得

$$\lim_{h\to0}\frac{u(x+h)-u(x)}{h}=u'(x),\quad \lim_{h\to0}\frac{v(x+h)-v(x)}{h}=v'(x).$$

又根据可导必连续,得

$$\lim_{h\to0}v(x+h)=v(x),$$

由此,式(2-6)的极限存在,且等于

$$\frac{u'(x)v(x)-u(x)v'(x)}{v^2(x)},$$

故 $\dfrac{u(x)}{v(x)}(v(x)\neq0)$ 在点 $x$ 可导,且

$$\left[\frac{u(x)}{v(x)}\right]'=\frac{u'(x)v(x)-u(x)v'(x)}{v^2(x)}.$$

定理 2-3 中法则(1)、(2)可推广到有限个函数的运算的情形.例如,若函数 $u=u(x)$,$v=v(x)$和 $w=w(x)$都在点 $x$ 处可导,则函数 $u(x)\cdot v(x)\cdot w(x)$ 在点 $x$ 处可导,且有

$$(u\cdot v\cdot w)'=u'vw+uv'w+uvw'.$$

**【例 2-10】** 设 $y=2^x+2\sqrt{x}-\cos x+\mathrm{e}^2$,求 $y'$.

**解** $$\begin{aligned} y' &= (2^x)' + 2(\sqrt{x})' - (\cos x)' + (e^2)' \\ &= 2^x \ln 2 + 2 \cdot \frac{1}{2\sqrt{x}} - (-\sin x) + 0 \\ &= 2^x \ln 2 + \frac{1}{\sqrt{x}} + \sin x. \end{aligned}$$

**【例 2-11】** 设 $f(x)=x^2\ln x$，求 $f'(e)$.

**解** $f'(x)=(x^2)'\ln x+x^2(\ln x)'=2x\ln x+x$，

$f'(e)=f'(x)|_{x=e}=2e+e=3e$.

**【例 2-12】** 设 $y=\tan x$，求 $y'$.

**解** $$\begin{aligned} y' &= (\tan x)' = \left(\frac{\sin x}{\cos x}\right)' \\ &= \frac{(\sin x)' \cdot \cos x - \sin x \cdot (\cos x)'}{\cos^2 x} \\ &= \frac{\cos^2 x + \sin^2 x}{\cos^2 x} = \frac{1}{\cos^2 x} = \sec^2 x, \end{aligned}$$

即 $$(\tan x)'=\sec^2 x.$$

这就是正切函数的导数公式. 类似地，可得余切函数的导数公式

$$(\cot x)'=-\csc^2 x.$$

**【例 2-13】** 设 $y=\sec x$，求 $y'$.

**解** $$\begin{aligned} y' &= (\sec x)' = \left(\frac{1}{\cos x}\right)' = \frac{(1)' \cdot \cos x - 1 \cdot (\cos x)'}{\cos^2 x} \\ &= \frac{\sin x}{\cos^2 x} = \sec x \tan x, \end{aligned}$$

即 $$(\sec x)'=\sec x\tan x.$$

这就是正割函数的导数公式. 类似地可得余割函数的导数公式

$$(\csc x)'=-\csc x\cot x.$$

### 2.2.2 反函数的求导法则

**定理 2-4** 若函数 $x=\varphi(y)$ 在区间 $I_y$ 内单调、可导且 $\varphi'(y)\neq 0$，则其反函数 $y=f(x)$ 在对应区间 $I_x=\{x|x=\varphi(y),y\in I_y\}$ 内也可导，且

$$f'(x) = \frac{1}{\varphi'(y)} \quad \text{或} \quad \frac{dy}{dx} = \frac{1}{\frac{dx}{dy}}.$$

简言之，反函数的导数等于直接函数导数的倒数.

**证** 由于函数 $x=\varphi(y)$ 在区间 $I_y$ 内单调、可导（从而连续），由定理 1-13 知，$x=\varphi(y)$ 的反函数 $y=f(x)$ 在对应区间 $I_x$ 内单调、连续.

$\forall x\in I_x$，取 $\Delta x\neq 0$，使 $x+\Delta x\in I_x$. 由 $y=f(x)$ 的单调性可知，

$$\Delta y = f(x+\Delta x) - f(x) \neq 0 .$$

于是有，

$$\frac{\Delta y}{\Delta x}=\frac{1}{\frac{\Delta x}{\Delta y}}.$$

因 $y=f(x)$连续，故当 $\Delta x\to 0$ 时，$\Delta y\to 0$，从而

$$\lim_{\Delta x\to 0}\frac{\Delta y}{\Delta x}=\lim_{\Delta x\to 0}\frac{1}{\frac{\Delta x}{\Delta y}}=\frac{1}{\lim\limits_{\Delta x\to 0}\frac{\Delta x}{\Delta y}}=\frac{1}{\lim\limits_{\Delta y\to 0}\frac{\Delta x}{\Delta y}}=\frac{1}{\frac{\mathrm{d}x}{\mathrm{d}y}}.$$

上式表明，$y=f(x)$在点 $x$ 处可导，从而在区间 $I_x$ 内可导，且

$$\frac{\mathrm{d}y}{\mathrm{d}x}=\frac{1}{\frac{\mathrm{d}x}{\mathrm{d}y}}.$$



证毕.

**【例 2-14】** 证明下列反三角函数的导数公式：

(1) $(\arcsin x)'=\frac{1}{\sqrt{1-x^2}}$；　　(2) $(\arccos x)'=-\frac{1}{\sqrt{1-x^2}}$；

(3) $(\arctan x)'=\frac{1}{1+x^2}$；　　(4) $(\operatorname{arccot} x)'=-\frac{1}{1+x^2}$.

**证** (1) $y=\arcsin x$ 是 $x=\sin y, y\in\left(-\frac{\pi}{2},\frac{\pi}{2}\right)$ 的反函数. 因为 $x=\sin y$ 在区间 $I_y=\left(-\frac{\pi}{2},\frac{\pi}{2}\right)$内单调、可导，且$(\sin y)'=\cos y\neq 0$，所以由定理 2-4，在 $I_y$ 的对应区间 $I_x=(-1,1)$内 $y=\arcsin x$ 也可导，且

$$(\arcsin x)'=\frac{1}{(\sin y)'}=\frac{1}{\cos y}=\frac{1}{\sqrt{1-\sin^2 y}}=\frac{1}{\sqrt{1-x^2}}.$$

(2)因为 $\arccos x=\frac{\pi}{2}-\arcsin x$，所以

$$(\arccos x)'=\left(\frac{\pi}{2}-\arcsin x\right)'=-\frac{1}{\sqrt{1-x^2}}.$$

(3)$y=\arctan x$ 是 $x=\tan y, y\in\left(-\frac{\pi}{2},\frac{\pi}{2}\right)$的反函数. 因为 $x=\tan y$ 在区间 $I_y=\left(-\frac{\pi}{2},\frac{\pi}{2}\right)$内单调、可导，且$(\tan y)'=\sec^2 y\neq 0$，所以由定理 2-4，在 $I_y$ 的对应区间 $I_x=(-\infty,+\infty)$内 $y=\arctan x$ 也可导，且

$$(\arctan x)'=\frac{1}{(\tan y)'}=\frac{1}{\sec^2 y}=\frac{1}{1+\tan^2 y}=\frac{1}{1+x^2}.$$

(4)因为 $\operatorname{arccot} x=\frac{\pi}{2}-\arctan x$,所以

$$(\operatorname{arccot} x)'=\left(\frac{\pi}{2}-\arctan x\right)'=-\frac{1}{1+x^2}.$$

证毕.

### 2.2.3 基本导数公式

通过上节例 2-1～例 2-5 及本节例 2-12～例 2-14,我们推导了常值函数和基本初等函数的导数公式,这些公式统称为**基本导数公式**,它们在求导运算中起着重要作用,必须熟练掌握.为了便于查阅,现归纳如下:

(1) $(C)'=0$.

(2) $(x^\mu)'=\mu x^{\mu-1}$,特别地,$(x)'=1$,$(\sqrt{x})'=\frac{1}{2\sqrt{x}}$,$\left(\frac{1}{x}\right)'=-\frac{1}{x^2}$.

(3) $(a^x)'=a^x\ln a$,特别地,$(e^x)'=e^x$.

(4) $(\log_a x)'=\frac{1}{x\ln a}$,特别地,$(\ln x)'=\frac{1}{x}$.

(5) $(\sin x)'=\cos x$; $(\cos x)'=-\sin x$;

$(\tan x)'=\sec^2 x$; $(\cot x)'=-\csc^2 x$;

$(\sec x)'=\sec x\tan x$; $(\csc x)'=-\csc x\cot x$.

(6) $(\arcsin x)'=\frac{1}{\sqrt{1-x^2}}$; $(\arccos x)'=-\frac{1}{\sqrt{1-x^2}}$;

$(\arctan x)'=\frac{1}{1+x^2}$; $(\operatorname{arccot} x)'=-\frac{1}{1+x^2}$.

### 2.2.4 复合函数的求导法则

**定理 2-5** 若函数 $u=g(x)$ 在点 $x$ 处可导,而函数 $y=f(u)$ 在对应点 $u(u=g(x))$ 处可导,则复合函数 $y=f[g(x)]$ 在点 $x$ 处也可导,且

$$\frac{dy}{dx}=\frac{dy}{du}\cdot\frac{du}{dx} \quad 或 \quad \{f[g(x)]\}'=f'(u)\cdot g'(x)=f'[g(x)]\cdot g'(x).$$

**证** 设当自变量增量为 $\Delta x(\Delta x\neq 0)$ 时,相应的中间变量 $u$ 的增量为 $\Delta u$,因变量 $y$ 的增量为 $\Delta y$.由于函数 $y=f(u)$ 在点 $u$ 处可导,因此 $\lim\limits_{\Delta u\to 0}\frac{\Delta y}{\Delta u}=\frac{dy}{du}$.由无穷小与函数极限的关系(定理 1-5)得,

$$\frac{\Delta y}{\Delta u}=\frac{dy}{du}+\alpha, \tag{2-6}$$

其中 $\alpha$ 是当 $\Delta u\to 0$ 时的无穷小,即 $\lim\limits_{\Delta u\to 0}\alpha=0$.式(2-6)中 $\Delta u\neq 0$,用 $\Delta u$ 乘该式两边得

$$\Delta y=\frac{\mathrm{d}y}{\mathrm{d}u}\Delta u+\alpha\cdot\Delta u,\tag{2-7}$$

当 $\Delta u=0$ 时，规定 $\alpha=0$，此时 $\Delta y=f(u+\Delta u)-f(u)=0$，而式(2-7)右端也为零，故式(2-7)对 $\Delta u=0$ 也成立. 用 $\Delta x$ 除式(2-7)两边得

$$\frac{\Delta y}{\Delta x}=\frac{\mathrm{d}y}{\mathrm{d}u}\frac{\Delta u}{\Delta x}+\alpha\cdot\frac{\Delta u}{\Delta x}.$$

由于函数 $u=g(x)$ 在点 $x$ 处可导(从而在点 $x$ 处连续)，故有 $\lim\limits_{\Delta x\to0}\frac{\Delta u}{\Delta x}=\frac{\mathrm{d}u}{\mathrm{d}x}$，且当 $\Delta x\to0$ 时，$\Delta u\to0$，从而 $\lim\limits_{\Delta x\to0}\alpha=\lim\limits_{\Delta u\to0}\alpha=0$. 因此，

$$\lim_{\Delta x\to0}\frac{\Delta y}{\Delta x}=\frac{\mathrm{d}y}{\mathrm{d}u}\cdot\lim_{\Delta x\to0}\frac{\Delta u}{\Delta x}+\lim_{\Delta x\to0}\alpha\cdot\lim_{\Delta x\to0}\frac{\Delta u}{\Delta x}=\frac{\mathrm{d}y}{\mathrm{d}u}\cdot\frac{\mathrm{d}u}{\mathrm{d}x}+0\cdot\frac{\mathrm{d}u}{\mathrm{d}x}.$$



于是，复合函数 $y=f[g(x)]$ 在点 $x$ 处也可导，且

$$\frac{\mathrm{d}y}{\mathrm{d}x}=\frac{\mathrm{d}y}{\mathrm{d}u}\cdot\frac{\mathrm{d}u}{\mathrm{d}x}.$$

证毕.

复合函数的求导法则可简述为：复合函数的导数等于因变量对中间变量的导数乘以中间变量对自变量的导数. 这一法则也可形象地称为**链式法则**.

复合函数的求导法则还可以推广到函数有多个复合层次的情形. 例如，设 $y=f(u)$，$u=\varphi(v)$，$v=\psi(x)$ 都可导，则复合函数 $y=f\{\varphi[\psi(x)]\}$ 的导数为

$$\frac{\mathrm{d}y}{\mathrm{d}x}=\frac{\mathrm{d}y}{\mathrm{d}u}\cdot\frac{\mathrm{d}u}{\mathrm{d}v}\cdot\frac{\mathrm{d}v}{\mathrm{d}x}.$$

**【例 2-15】** 设 $y=\sin x^3$，求 $\frac{\mathrm{d}y}{\mathrm{d}x}$.

**解** $y=\sin x^3$ 可看做由 $y=\sin u$，$u=x^3$ 复合而成，故

$$\frac{\mathrm{d}y}{\mathrm{d}x}=\frac{\mathrm{d}y}{\mathrm{d}u}\cdot\frac{\mathrm{d}u}{\mathrm{d}x}=\cos u\cdot3\,x^2=3x^2\cos x^3.$$

**【例 2-16】** 设 $y=\mathrm{e}^{-2x}$，求 $\frac{\mathrm{d}y}{\mathrm{d}x}$.

**解** $y=\mathrm{e}^{-2x}$ 可看做由 $y=\mathrm{e}^u$，$u=-2x$ 复合而成，故

$$\frac{\mathrm{d}y}{\mathrm{d}x}=\frac{\mathrm{d}y}{\mathrm{d}u}\cdot\frac{\mathrm{d}}{\mathrm{d}v}=\mathrm{e}^u\cdot(-2)=-2\mathrm{e}^{-2x}.$$

求复合函数的导数的关键在于把复合函数分解成若干个简单函数. 在对复合函数的分解比较熟练以后，就不必写出中间变量了，可在明晰复合层次，分清复合关系的基础上直接按复合函数的求导法则“从外到内，逐层求导”.

**【例 2-17】** 设 $y=\ln\cos x$，求 $\frac{\mathrm{d}y}{\mathrm{d}x}$.

**解** $\frac{\mathrm{d}y}{\mathrm{d}x}=(\ln\cos x)'=\frac{1}{\cos x}\cdot(\cos x)'=\frac{1}{\cos x}\cdot(-\sin x)=-\tan x.$

【例 2-18】 设 $y=\dfrac{1}{\sqrt{1-2\tan x}}$，求$\dfrac{\mathrm{d}y}{\mathrm{d}x}$.

**解** $\dfrac{\mathrm{d}y}{\mathrm{d}x}=[(1-2\tan x)^{-\frac{1}{2}}]'=-\dfrac{1}{2}(1-2\tan x)^{-\frac{3}{2}}\cdot(1-2\tan x)'$

$$=-\frac{1}{2}(1-2\tan x)^{-\frac{3}{2}}\cdot(-2\sec^2 x)=\frac{\sec^2 x}{(1-2\tan x)^{\frac{3}{2}}}.$$

【例 2-19】 设 $y=2^{\sin\frac{1}{x}}$，求 $y'$.

**解** $y'=2^{\sin\frac{1}{x}}\ln 2\cdot\left(\sin\dfrac{1}{x}\right)'=2^{\sin\frac{1}{x}}\ln 2\cdot\cos\dfrac{1}{x}\cdot\left(\dfrac{1}{x}\right)'==-\dfrac{\ln 2}{x^2}2^{\sin\frac{1}{x}}\cos\dfrac{1}{x}$.

【例 2-20】 设 $y=\arcsin(\ln^2 x)$，求 $y'$.

**解** $y'=\dfrac{1}{\sqrt{1-\ln^4 x}}\cdot(\ln^2 x)'=\dfrac{1}{\sqrt{1-\ln^4 x}}\cdot 2\ln x\cdot(\ln x)'$

$$=\frac{1}{\sqrt{1-\ln^4 x}}\cdot 2\ln x\cdot\frac{1}{x}=\frac{2\ln x}{x\sqrt{1-\ln^4 x}}.$$

有了复合函数的求导法则，我们就可以证明一般幂函数的导数公式了.

【例 2-21】 证明：当 $x>0$ 时，$(x^\mu)'=\mu x^{\mu-1}$.

**证** 当 $x>0$ 时，$(x^\mu)'=(\mathrm{e}^{\mu\ln x})'=\mathrm{e}^{\mu\ln x}\cdot(\mu\ln x)'=x^\mu\cdot\mu\dfrac{1}{x}=\mu x^{\mu-1}$.

下面再列举两个综合运用函数的和、差、积、商的求导法则与复合函数的求导法则的例子.

【例 2-22】 设 $y=\arctan\sqrt{\dfrac{x^2+1}{x^2-1}}$，求$\dfrac{\mathrm{d}y}{\mathrm{d}x}$.

**解** $\dfrac{\mathrm{d}y}{\mathrm{d}x}=\dfrac{1}{1+\dfrac{x^2+1}{x^2-1}}\cdot\left(\sqrt{\dfrac{x^2+1}{x^2-1}}\right)'=\dfrac{1}{1+\dfrac{x^2+1}{x^2-1}}\cdot\dfrac{1}{2\sqrt{\dfrac{x^2+1}{x^2-1}}}\cdot\left(\dfrac{x^2+1}{x^2-1}\right)'$

$$=\frac{1}{1+\dfrac{x^2+1}{x^2-1}}\cdot\frac{1}{2\sqrt{\dfrac{x^2+1}{x^2-1}}}\cdot\frac{2x\cdot(x^2-1)-(x^2+1)\cdot 2x}{(x^2-1)^2}$$

$$=-\frac{1}{x\sqrt{x^4-1}}.$$

【例 2-23】 设 $y=\mathrm{e}^{f(x)}f(\mathrm{e}^x)$，其中 $f(x)$为可导函数，求$\dfrac{\mathrm{d}y}{\mathrm{d}x}$.

**解** $\dfrac{\mathrm{d}y}{\mathrm{d}x}=[\mathrm{e}^{f(x)}]'\cdot f(\mathrm{e}^x)+\mathrm{e}^{f(x)}\cdot[f(\mathrm{e}^x)]'$

$$=\mathrm{e}^{f(x)}f'(x)\cdot f(\mathrm{e}^x)+\mathrm{e}^{f(x)}\cdot f'(\mathrm{e}^x)\mathrm{e}^x$$

$$=\mathrm{e}^{f(x)}[f'(x)f(\mathrm{e}^x)+\mathrm{e}^x f'(\mathrm{e}^x)].$$

# 习　题　2.2

1. 求下列函数的导数：

(1) $y=3x^2-\frac{2}{x^2}+5$；　(2) $y=x^2(2+\sqrt{x})$；

(3) $y=x^{10}-10^x$；　(4) $y=\sqrt{x}+\frac{1}{x}-2\cos x+\ln 2$；

(5) $y=x^4\ln x$；　(6) $y=e^x\cos x$；

(7) $y=x^2\arctan x$；　(8) $y=x\tan x-2\sec x$；

(9) $y=e^x(x\cos x-\sin x)$；　(10) $y=(x+a)(x+b)(x+c)$

(11) $y=\frac{x-1}{x+1}$；　(12) $s=\frac{1+\sin t}{1+\cos t}$；

(13) $y=\frac{1}{x^2+x+1}$；　(14) $y=\frac{e^x}{x\ln x}$；

(15) $y=\frac{x\sin x}{1+\tan x}$.

2. 求曲线 $y=x-\frac{1}{x}$ 上横坐标为 $x=1$ 的点处的切线方程和法线方程.

3. 曲线 $y=x^3+x-2$ 上哪一点的切线与直线 $y=4x-3$ 平行？

4. 求下列函数的导数：

(1) $y=e^{2x}+1$；　(2) $y=\ln(1-x)$；

(3) $y=(1-3x)^3$；　(4) $y=\cos\frac{1}{x}$；

(5) $y=\sqrt[3]{(x^2-1)^2}$；　(6) $y=(\arcsin x)^2$

(7) $y=\frac{e^{2x}-1}{e^{2x}+1}$；　(8) $y=\ln(\sec x+\tan x)$；

(9) $y=\ln\sqrt{\frac{x^2+1}{x^2-1}}$；　(10) $y=\arctan\frac{x+1}{x-1}$；

(11) $y=\ln\sin 2x$；　(12) $y=\sin\sqrt{2x+1}$；

(13) $y=\sqrt{\cos x^2}$；　(14) $y=\sin^n x\sin nx$；

(15) $y=2^{\frac{x}{\ln x}}$；　(16) $s=a\sin^2(\omega t+\varphi)$；

(17) $y=\frac{\cos 2x}{x^2}$；　(18) $y=\ln(x+\sqrt{x^2+a^2})$；

(19) $y=\frac{x}{2}\sqrt{a^2-x^2}$；　(20) $y=x\arcsin\frac{x}{2}+\sqrt{4-x^2}$.

5. 求下列函数在指定点处的导数：

(1) $y=e^{2x}(x^2-3x+1)$，求 $y'|_{x=0}$；

(2) $f(x)=\dfrac{3}{3-x}+\dfrac{x^2}{3}$，求 $f'(6)$；

(3) $f(x)=\dfrac{1-\sqrt{x}}{1+\sqrt{x}}$，求 $f'(4)$.

6. 设 $f(x)$ 为可导函数，求下列函数的导数：

(1) $y=f(x^2)$；　　(2) $y=f^3(x)$；

(3) $y=f(\sin^2 x)+f(\cos^2 x)$；　　(4) $y=\sqrt{1-f^2(x)}$.

## 2.3 高阶导数



### 2.3.1 高阶导数的概念

由 2.1.1 知道，变速直线运动的速度 $v(t)$ 是位置函数 $s(t)$ 对时间 $t$ 的导数，即

$$v(t)=s'(t) \quad 或 \quad v(t)=\frac{ds}{dt}.$$

根据物理学知识知道，速度函数 $v(t)$ 对时间 $t$ 的变化率就是加速度 $a(t)$，即 $a(t)$ 是 $v(t)$ 对 $t$ 的导数：

$$a(t)=v'(t)=[s'(t)]' \quad 或 \quad a(t)=\frac{d}{dt}\left(\frac{ds}{dt}\right).$$

于是，加速度 $a(t)$ 就是位置函数 $s(t)$ 对时间 $t$ 的导数的导数，称为 $s(t)$ 对 $t$ 的二阶导数，记为 $s''(t)$ 或 $\dfrac{d^2 s}{dt^2}$.

**定义 2-2** 如果函数 $y=f(x)$ 的导函数 $y'=f'(x)$ 仍是 $x$ 的可导函数，则 $f'(x)$ 的导数称为函数 $y=f(x)$ 的**二阶导数**. 如果二阶导数仍是 $x$ 的可导函数，则二阶导数的导数称为函数 $y=f(x)$ 的**三阶导数**. 类似地，三阶导数的导数称为函数 $y=f(x)$ 的**四阶导数**，……，一般地，$n-1$ 阶导数的导数称为函数 $y=f(x)$ 的 ***n* 阶导数**. 它们分别记作：

$$y'',y''',y^{(4)},\cdots,y^{(n)}$$

或
$$f''(x),f'''(x),f^{(4)}(x),\cdots,f^{(n)}(x)$$

或
$$\frac{d^2 y}{dx^2},\frac{d^3 y}{dx^3},\frac{d^4 y}{dx^4},\cdots,\frac{d^n y}{dx^n}$$

或
$$\frac{d^2 f}{dx^2},\frac{d^3 f}{dx^3},\frac{d^4 f}{dx^4},\cdots,\frac{d^n f}{dx^n}.$$

二阶及二阶以上的导数统称为**高阶导数**. 相应地，$y'=f'(x)$ 也称为函数 $y=f(x)$ 的**一阶导数**. 有时，也把函数 $y=f(x)$ 称为它自身的**零阶导数**，记为 $y^{(0)}$ 或 $f^{(0)}(x)$，即

$$y^{(0)}=f^{(0)}(x)=f(x).$$

函数 $y=f(x)$具有 $n$ 阶导数，也常说成**函数 $y=f(x)$ $n$ 阶可导**.

根据定义 2-2，有

$$y^{(n)}=(y^{(n-1)})',f^{(n)}(x)=(f^{(n-1)}(x))' \text{或} \frac{d^n y}{dx^n}=\frac{d}{dx}\left(\frac{d^{n-1}y}{dx^{n-1}}\right).$$

## 2.3.2 高阶导数的求法

由高阶导数的概念可见，只需逐次接连地求导数就可求得高阶导数. 所以只需应用前面学过的求导方法就能计算高阶导数.



**【例 2-24】** 已知自由落体运动方程为 $s=\frac{1}{2}gt^2$，求落体的速度 $v$ 及加速度 $a$.

**解** $v=\frac{ds}{dt}=gt, a=\frac{d^2s}{dt^2}=\frac{d}{dt}\left(\frac{ds}{dt}\right)=\frac{d}{dt}(gt)=g.$

**【例 2-25】** 设 $y=x^2\ln x$，求 $y''|_{x=1}$ 及 $y'''|_{x=1}$.

**解** $y'=2x\ln x+x,$

$$y''=2\ln x+2x\cdot\frac{1}{x}+1=2\ln x+3,$$

$$y'''=\frac{2}{x}.$$

于是，$y''|_{x=1}=3, y'''|_{x=1}=2.$

**【例 2-26】** $y=e^{ax}$，求 $y^{(n)}$.

**解**

$$y'=(e^{ax})'=e^{ax}\cdot(ax)'=ae^{ax},$$
$$y''=a(e^{ax})'=a^2e^{ax},$$
$$y'''=a^2(e^{ax})'=a^3e^{ax},$$

一般地，利用数学归纳法可得

$$y^{(n)}=a^ne^{ax}.$$

**【例 2-27】** 设 $y=\sin x$，求 $y^{(n)}$.

**解**

$$y'=\cos x=\sin\left(x+\frac{\pi}{2}\right),$$

$$y''=\cos\left(x+\frac{\pi}{2}\right)=\sin\left(x+\frac{\pi}{2}+\frac{\pi}{2}\right)=\sin\left(x+\frac{2\pi}{2}\right),$$

$$y'''=\cos\left(x+\frac{2\pi}{2}\right)=\sin\left(x+\frac{2\pi}{2}+\frac{\pi}{2}\right)=\sin\left(x+\frac{3\pi}{2}\right),$$

一般地，由数学归纳法可得

$$y^{(n)}=\sin\left(x+\frac{n\pi}{2}\right),$$

即

$$(\sin x)^{(n)}=\sin\left(x+\frac{n\pi}{2}\right).$$

用类似方法，可得

$$(\cos x)^{(n)}=\cos\left(x+\frac{n\pi}{2}\right).$$

**【例 2-28】** 设 $y=x^{\mu}$，求 $y^{(n)}$.

**解**

$$y'=\mu x^{\mu-1},$$
$$y''=\mu(\mu-1)x^{\mu-2},$$
$$y'''=\mu(\mu-1)(\mu-2)x^{\mu-3},$$

一般地，由数学归纳法可得

$$y^{(n)}=\mu(\mu-1)(\mu-2)\cdots(\mu-n+1)x^{\mu-n}.$$

**【例 2-29】** 设 $f(x)=\ln(x-1)$，求 $f^{(n)}(x)$ 及 $f^{(6)}(3)$.

**解**

$$f'(x)=\frac{1}{x-1}=(x-1)^{-1},$$
$$f''(x)=(-1)\cdot(x-1)^{-2}=-(x-1)^{-2},$$
$$f'''(x)=2(x-1)^{-3}=1\cdot 2(x-1)^{-3},$$
$$f^{(4)}(x)=1\cdot 2\cdot(-3)(x-1)^{-4}=-1\cdot 2\cdot 3(x-1)^{-4},$$

一般地，由数学归纳法可得

$$f^{(n)}(x)=(-1)^{n-1}(n-1)!\,(x-1)^{-n}=\frac{(-1)^{n-1}(n-1)!}{(x-1)^{n}}.$$

将 $n=6,x=3$ 代入上式，得

$$f^{(6)}(3)=\frac{(-1)^{5}5!}{2^{6}}=-\frac{15}{8}.$$

## 习　题　2.3

1. 求下列函数的二阶导数：

(1) $y=3x^2+\ln x$；　(2) $y=e^{1-2x}$；

(3) $y=\dfrac{2x^3+\sqrt{x}+4}{x}$；　(4) $y=\tan x$；

(5) $y=\sqrt{a^2-x^2}$；　(6) $y=\ln(1-x^2)$.

(7) $y=(1+x^2)\arctan x$；　(8) $y=xe^{x^2}$；

(9) $y=\dfrac{e^x}{x}$；　(10) $y=\ln(x+\sqrt{x^2+1})$；

(11) $y=e^{-x}\sin x$.

2. 设 $f(x)=2(x-1)^4$，求 $f'''(3)$.

3. 设 $f(x)$ 二阶可导，求下列函数的二阶导数：

(1) $y=\ln[f(x)]$；　　(2) $y=f(x^5)$.

4. 验证函数 $y=C_1e^{2x}+C_2e^{-2x}$ ($C_1$, $C_2$ 是常数)满足关系式：

$$y''-4y=0.$$

5. 求下列函数的 $n$ 阶导数：

(1) $y=x^n+a_1x^{n-1}+a_2x^{n-2}+\cdots+a_{n-1}x+a_n$ ($a_1,a_2,\cdots,a_n$ 都是常数)；

(2) $y=e^{2x+1}$；　　(3) $y=xe^x$；

(4) $y=\sin^2 x$；　　(5) $y=\frac{x-1}{x+1}$；

(6) $y=x\ln x$.



## 2.4 隐函数及由参数方程所确定的函数的导数

### 2.4.1 隐函数的求导方法

在 1.1.3 中我们已经知道，由二元方程 $F(x,y)=0$ 所确定的函数称为隐函数. 把一个隐函数化成显函数，称为**隐函数的显化**. 隐函数的显化有时是困难的，甚至是不可能的. 因此，我们希望有一种方法，不管隐函数能否显化，都能直接由方程算出它所确定的隐函数的导数来.

假设由方程 $F(x,y)=0$ 所确定的函数为 $y=y(x)$，则把它代回方程 $F(x,y)=0$ 中便得恒等式 $F[x,y(x)]\equiv 0$. 利用复合函数的求导法则，恒等式两边对 $x$ 求导就得到关于导数 $\frac{dy}{dx}$ 的等式，从中解出 $\frac{dy}{dx}$ 即得所求导数. 这就是隐函数的求导法. 下面通过具体例子来说明这种方法.

**【例 2-30】** 求由方程 $x^2+y^2=a^2$ 所确定的隐函数的导数 $\frac{dy}{dx}$.

**解** 方程两边同时对 $x$ 求导，注意到 $y$ 是 $x$ 的函数($y=y(x)$)，于是由复合函数求导法可得

$$2x+2y\frac{dy}{dx}=0,$$

从而

$$\frac{dy}{dx}=-\frac{x}{y}.$$

**【例 2-31】** 设函数 $y=y(x)$ 由方程 $e^y+xy^2-e^2=0$ 确定，求 $\left.\frac{dy}{dx}\right|_{x=0}$.

**解** 方程两边同时对 $x$ 求导，注意到 $y$ 是 $x$ 的函数，得

$$e^y\frac{dy}{dx}+y^2+x\cdot 2y\frac{dy}{dx}=0,$$

从而
$$\frac{\mathrm{d}y}{\mathrm{d}x}=-\frac{y^2}{2xy+\mathrm{e}^y}.$$

因为当 $x=0$ 时，可从原方程 $\mathrm{e}^y+xy^2-\mathrm{e}^2=0$ 中解得 $y=2$，故
$$\left.\frac{\mathrm{d}y}{\mathrm{d}x}\right|_{x=0}=-\left.\frac{y^2}{2xy+\mathrm{e}^y}\right|_{\substack{x=0\\y=2}}=-\frac{4}{\mathrm{e}^2}.$$

**【例 2-32】** 求由方程 $\ln\sqrt{x^2+y^2}=\arctan\frac{y}{x}$ 所确定的隐函数的二阶导数 $\frac{\mathrm{d}^2y}{\mathrm{d}x^2}$.

**解** 为了便于求导，将原方程改写成
$$\frac{1}{2}\ln(x^2+y^2)=\arctan\frac{y}{x},$$
上式两边同时对 $x$ 求导，得
$$\frac{1}{2}\frac{2x+2yy'}{x^2+y^2}=\frac{1}{1+\left(\frac{y}{x}\right)^2}\frac{y'x-y}{x^2}.$$
化简得
$$x+yy'=xy'-y,$$
从而
$$\frac{\mathrm{d}y}{\mathrm{d}x}=y'=\frac{x+y}{x-y}.$$
上式两边再对 $x$ 求导，得
$$\frac{\mathrm{d}^2y}{\mathrm{d}x^2}=\frac{(1+y')(x-y)-(x+y)(1-y')}{(x-y)^2}=\frac{2(xy'-y)}{(x-y)^2}$$
$$=\frac{2\left(x\frac{x+y}{x-y}-y\right)}{(x-y)^2}=\frac{2(x^2+y^2)}{(x-y)^3}.$$

### 2.4.2 幂指函数及“乘积型”复杂函数的求导方法

形如 $y=u(x)^{v(x)}$ 的函数称为**幂指函数**. 对于这类函数，直接使用前面介绍的求导法则不能求出其导数. 可先在两边取对数，将其化为隐函数，再按隐函数的求导方法求出其导数. 我们把这种求导数的方法称为**对数求导法**.

**【例 2-33】** 设 $y=x^{\sin x}(x>0)$，求 $y'$.

**解** 两边取对数，得
$$\ln y=\sin x\ln x,$$
上式两边对 $x$ 求导，得
$$\frac{1}{y}y'=\cos x\cdot\ln x+\sin x\cdot\frac{1}{x},$$
于是，
$$y'=x^{\sin x}\left(\cos x\ln x+\frac{1}{x}\sin x\right).$$

对数求导法还常用于简便地求出由多个函数的乘积或商所构成的“乘积型”复杂函数的导数.

**【例 2-34】** 设 $y=\sqrt{\frac{(x-1)(x-2)}{(2x-1)(3x-1)}}$,求 $y'$.

**解** 两边取对数,得

$$\ln y=\frac{1}{2}[\ln(x-1)+\ln(x-2)-\ln(2x-1)-\ln(3x-1)],$$

上式两边对 $x$ 求导,得

$$\frac{1}{y}y'=\frac{1}{2}\left(\frac{1}{x-1}+\frac{1}{x-2}-\frac{2}{2x-1}-\frac{3}{3x-1}\right),$$

于是
$$y'=\frac{1}{2}\sqrt{\frac{(x-1)(x-2)}{(2x-1)(3x-1)}}\left(\frac{1}{x-1}+\frac{1}{x-2}-\frac{2}{2x-1}-\frac{3}{3x-1}\right).$$



**注** 仔细地,应分 $-\infty<x<\frac{1}{3}$,$\frac{1}{2}<x<1$ 及 $2<x<+\infty$ 三种情形讨论,但结果是一样的. 这是因为当 $x<0$ 时,$[\ln(-x)]'=\frac{1}{-x}\cdot(-1)=\frac{1}{x}$. 为了方便起见,以后可以略去讨论过程.

### 2.4.3 由参数方程所确定的函数的求导法则

如果参数方程

$$\begin{cases}x=\varphi(t),\\ y=\psi(t)\end{cases} \tag{2-8}$$

确定了 $y$ 与 $x$ 之间的函数关系,则称此函数关系所表达的函数为**由参数方程所确定的函数**. 由于从式(2-8)中消去参数 $t$ 有时是困难的,因此我们希望有一种方法能直接由参数方程(2-8)求出它所确定的函数的导数来.

设 $x=\varphi(t)$具有反函数 $t=\varphi^{-1}(x)$,则由参数方程(2-8)所确定的函数可看做由函数 $y=\psi(t)$与 $t=\varphi^{-1}(x)$复合而成的复合函数 $y=\psi[\varphi^{-1}(x)]$. 再设函数 $x=\varphi(t)$与 $y=\psi(t)$都可导,且 $\varphi'(t)\neq0$,则由复合函数的求导法则与反函数的求导法则得

$$\frac{\mathrm{d}y}{\mathrm{d}x}=\frac{\mathrm{d}y}{\mathrm{d}t}\cdot\frac{\mathrm{d}t}{\mathrm{d}x}=\frac{\mathrm{d}y}{\mathrm{d}t}\cdot\frac{1}{\frac{\mathrm{d}x}{\mathrm{d}t}}=\frac{\frac{\mathrm{d}y}{\mathrm{d}t}}{\frac{\mathrm{d}x}{\mathrm{d}t}}=\frac{\psi'(t)}{\varphi'(t)}. \tag{2-9}$$

式(2-9)就是由参数方程(2-8)所确定的函数的导数公式.

如果函数 $x=\varphi(t)$与 $y=\psi(t)$还是二阶可导的,那么由式(2-9)又可得到由参数方程(2-8)所确定的函数的二阶导数公式:

$$\frac{d^2y}{dx^2}=\frac{d}{dx}\left(\frac{dy}{dx}\right)=\frac{d}{dt}\left[\frac{\psi'(t)}{\varphi'(t)}\right]\cdot\frac{dt}{dx}=\frac{\left[\dfrac{\psi'(t)}{\varphi'(t)}\right]'}{\varphi'(t)},\tag{2-10}$$

即

$$\frac{d^2y}{dx^2}=\frac{\varphi'(t)\psi''(t)-\varphi''(t)\psi'(t)}{\varphi'^3(t)}.\tag{2-11}$$

**【例 2-35】** 求曲线 $\begin{cases}x=2(t-\sin t),\\y=2(1-\cos t)\end{cases}$ 在点 $(\pi-2,2)$ 处的切线方程.

**解** 点 $(\pi-2,2)$ 对应于参数 $t=\frac{\pi}{2}$.

$$\frac{dy}{dx}=\frac{\frac{dy}{dt}}{\frac{dx}{dt}}=\frac{2\sin t}{2(1-\cos t)}=\frac{\sin t}{1-\cos t},$$

所求切线的斜率为

$$k=\left.\frac{dy}{dx}\right|_{t=\frac{\pi}{2}}=\left.\frac{\sin t}{1-\cos t}\right|_{t=\frac{\pi}{2}}=1.$$

故所求切线方程为

$$y-2=1\cdot[x-(\pi-2)],$$

即

$$x-y+4-\pi=0.$$

**【例 2-36】** 求由参数方程 $\begin{cases}x=\ln(1+t^2),\\y=t-\arctan t\end{cases}$ 所确定的函数的二阶导数 $\frac{d^2y}{dx^2}$.

**解**

$$\frac{dy}{dx}=\frac{\frac{dy}{dt}}{\frac{dx}{dt}}=\frac{1-\frac{1}{1+t^2}}{\frac{2t}{1+t^2}}=\frac{t}{2},$$

$$\frac{d^2y}{dx^2}=\frac{\frac{d}{dt}\left(\frac{t}{2}\right)}{\frac{2t}{1+t^2}}=\frac{\frac{1}{2}}{\frac{2t}{1+t^2}}=\frac{1+t^2}{4t}.$$

## 习　题　2.4

1. 求下列方程所确定的隐函数的导数 $\frac{dy}{dx}$：

(1) $3x^2-y^2=1$；　　(2) $x^3+y^3-3xy=0$；

(3) $xe^y-y+1=0$；　　(4) $xy=e^{x+y}$.

2. 求曲线 $x^{\frac{2}{3}}+y^{\frac{2}{3}}=a^{\frac{2}{3}}$ 在点 $\left(\frac{\sqrt{2}}{4}a,\frac{\sqrt{2}}{4}a\right)$ 处的切线方程与法线方程.

3. 求曲线 $e^y+xy=e$ 在点 $(0,1)$ 处的切线方程与法线方程.

4. 求下列方程所确定的隐函数的二阶导数 $\frac{d^2y}{dx^2}$：

(1)$x^2+4y^2=4$；　　(2)$2x-2y+\sin y=0$；

(3)$y=\cos(x+y)$.

5. 用对数求导法求下列函数的导数：

(1)$y=(1+x^2)^{\tan x}$；　　(2)$y=\left(\dfrac{x}{1+x}\right)^x$；

(3)$y=\sqrt{\dfrac{x(x^2+1)}{(x^2-1)^3}}$；　　(4)$y=\dfrac{(x+1)^2\sqrt{3x-2}}{x^3\sqrt{2x+1}}$.

6. 求下列参数方程所确定的函数的导数：

(1)$\begin{cases}x=3t^2,\\y=2t^3;\end{cases}$　　(2)$\begin{cases}x=\sin t,\\y=\cos 2t;\end{cases}$

(3)$\begin{cases}x=\theta(1-\sin\theta),\\y=\theta\cos\theta.\end{cases}$

7. 求曲线$\begin{cases}x=3\mathrm{c}^{-t},\\y=2\mathrm{e}^t\end{cases}$在$t=0$相应的点处的切线方程与法线方程.

8. 求曲线$\begin{cases}x=\dfrac{1}{2}t^2,\\y=1-t\end{cases}$在点$\left(\dfrac{1}{2},0\right)$处的切线方程与法线方程.

9. 求下列参数方程所确定的函数的二阶导数$\dfrac{\mathrm{d}^2y}{\mathrm{d}x^2}$：

(1)$\begin{cases}x=\dfrac{1}{2}t^2,\\y=t-1;\end{cases}$　　(2)$\begin{cases}x=a\cos t,\\y=b\sin t;\end{cases}$

(3)$\begin{cases}x=\ln(1+t^2),\\y=\operatorname{arccot} t.\end{cases}$

## 2.5　函数的微分

### 2.5.1　微分的定义

为了引入微分的定义，我们先分析一个实际问题. 一块正方形金属薄片受温度变化的影响，其边长由$x_0$变到$x_0+\Delta x$(图2-3)，问此薄片的面积改变了多少？

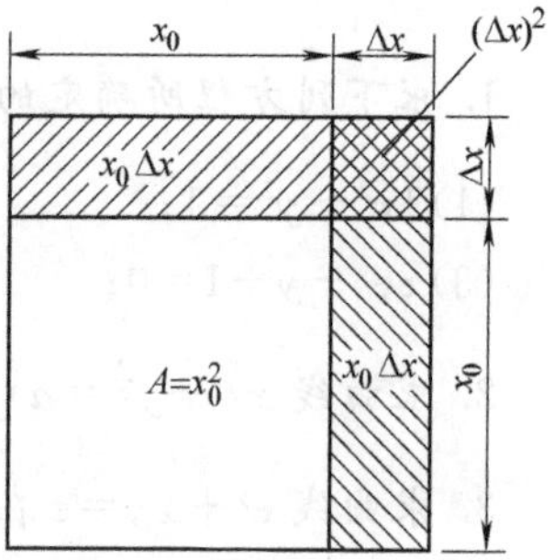


图 2-3

设此薄片的边长为$x$，面积为$A$，则$A=A(x)=x^2$. 于是问题成为求函数$A=x^2$在点$x_0$处相应于自变量增量$\Delta x$的增量$\Delta A$，即

$$\Delta A=A(x_0+\Delta x)-A(x_0)$$

$$=(x_0+\Delta x)^2-x_0^2=2x_0\Delta x+(\Delta x)^2.$$

从上式可以看出，$\Delta A$ 分为两部分，第一部分 $2x_0\Delta x$ 是 $\Delta x$ 的线性函数，即图 2-3 中带有斜线的两个矩形面积之和；第二部分 $(\Delta x)^2$ 在图中是带有交叉斜线的小正方形的面积. 当 $\Delta x\to 0$ 时，第二部分 $(\Delta x)^2$ 是比 $\Delta x$ 高阶的无穷小，即 $(\Delta x)^2=o(\Delta x)(\Delta x\to 0)$. 由此可见，如果边长改变很微小，即 $|\Delta x|$ 很小，则面积的改变量可近似地用第一部分（$\Delta x$ 的线性函数）来代替，即

$$\Delta A\approx 2x_0\Delta x.$$

因为线性函数是非常简单的函数，并且被忽略的第二部分是比 $\Delta x$ 高阶的无穷小，所以这种近似替代可使函数增量的计算大为简化，同时又能满足实际中的精确度要求. 微分的概念就源于这种思想.



**定义 2-3**　设函数 $y=f(x)$ 在点 $x_0$ 的某一邻域 $U(x_0)$ 内有定义，$x_0+\Delta x\in U(x_0)$，如果函数 $y=f(x)$ 在点 $x_0$ 处的增量

$$\Delta y=f(x_0+\Delta x)-f(x_0)$$

可表示为

$$\Delta y=A\Delta x+o(\Delta x),$$

其中 $A$ 不依赖于 $\Delta x$，则称**函数 $y=f(x)$ 在点 $x_0$ 处可微**，而 $A\Delta x$ 称为**函数 $y=f(x)$ 在点 $x_0$ 处相应于自变量增量 $\Delta x$ 的微分**，记为 $\mathrm{d}y|_{x=x_0}$，即 $\mathrm{d}y|_{x=x_0}=A\Delta x$.

函数 $y=f(x)$ 在任一点 $x$ 处相应于自变量增量 $\Delta x$ 的微分，简称为**函数的微分**，记为 $\mathrm{d}y$ 或 $\mathrm{d}f(x)$. 值得注意的是，$\mathrm{d}y$ 不仅与 $x$ 有关，而且与 $\Delta x$ 有关，而 $x$ 与 $\Delta x$ 是互相独立的两个变量.

## 2.5.2　可导与可微的关系

**定理 2-6**　函数 $y=f(x)$ 在 $x_0$ 处可微的充分必要条件是函数 $y=f(x)$ 在 $x_0$ 处可导，且当 $f(x)$ 在 $x_0$ 处可微时，$\mathrm{d}y|_{x=x_0}=f'(x_0)\Delta x$.

**证**　必要性　若 $y=f(x)$ 在 $x_0$ 处可微，则由微分的定义（定义 2-3）得，

$$\Delta y=A\Delta x+o(\Delta x),$$

其中 $A$ 不依赖于 $\Delta x$. 于是，

$$\frac{\Delta y}{\Delta x}=A+\frac{o(\Delta x)}{\Delta x},$$

从而

$$\lim_{\Delta x\to 0}\frac{\Delta y}{\Delta x}=A+\lim_{\Delta x\to 0}\frac{o(\Delta x)}{\Delta x}=A.$$

这表明，函数 $y=f(x)$ 在 $x_0$ 处可导，且 $f'(x_0)=A$，从而

$$\mathrm{d}y|_{x=x_0}=A\Delta x=f'(x_0)\Delta x.$$

充分性　若 $y=f(x)$ 在 $x_0$ 处可导，则 $\lim\limits_{\Delta x\to 0}\frac{\Delta y}{\Delta x}=f'(x_0)$，由函数极限与无穷小的关系（定理 1-5）得

$$\frac{\Delta y}{\Delta x}=f'(x_0)+\alpha,$$

其中$\lim\limits_{\Delta x\to 0}\alpha=0$. 于是,

$$\Delta y=f'(x_0)\Delta x+\alpha\cdot\Delta x.$$

因为$\alpha\cdot\Delta x=o(\Delta x)$,且$f'(x_0)$与$\Delta x$无关,故有微分的定义得,$y=f(x)$在$x_0$处可微,且$\mathrm{d}y|_{x=x_0}=f'(x_0)\Delta x$. 证毕.

根据定理 2-6,当$f'(x_0)\neq 0$时,有

$$\lim_{\Delta x\to 0}\frac{\Delta y}{\mathrm{d}y|_{x=x_0}}=\lim_{\Delta x\to 0}\frac{\Delta y}{f'(x_0)\Delta x}=\lim_{\Delta x\to 0}\frac{\dfrac{\Delta y}{\Delta x}}{f'(x_0)}=\frac{f'(x_0)}{f'(x_0)}=1,$$



从而
$$\Delta y\sim \mathrm{d}y|_{x=x_0}\quad(\Delta x\to 0).$$

于是,由定理 1-9 知,

$$\Delta y=\mathrm{d}y|_{x=x_0}+o(\mathrm{d}y|_{x=x_0})\quad(\Delta x\to 0).$$

因此,$\mathrm{d}y|_{x=x_0}$是$\Delta y$的**主部**[⊖]. 又由于$\mathrm{d}y|_{x=x_0}=f'(x_0)\Delta x$是$\Delta x$的线性函数,所以在$f'(x_0)\neq 0$的条件下,我们称$\mathrm{d}y|_{x=x_0}$是$\Delta y$的**线性主部**. 于是,我们得到如下结论:

在$f'(x_0)\neq 0$的条件下,以函数$y=f(x)$在点$x_0$处的微分$\mathrm{d}y|_{x=x_0}=f'(x_0)\Delta x$近似替代函数$y=f(x)$在点$x_0$处的增量$\Delta y=f(x_0+\Delta x)-f(x_0)$时,其误差为$\mathrm{d}y|_{x=x_0}$的高阶无穷小. 因此,当$|\Delta x|$很小时,有近似等式

$$\Delta y\approx \mathrm{d}y|_{x=x_0}.$$

通常把自变量$x$的增量$\Delta x$称为**自变量的微分**,并记作$\mathrm{d}x$,即$\mathrm{d}x=\Delta x$. 于是,

$$\mathrm{d}y|_{x=x_0}=f'(x_0)\mathrm{d}x,\quad \mathrm{d}y=f'(x)\mathrm{d}x;$$

从而
$$\left.\frac{\mathrm{d}y}{\mathrm{d}x}\right|_{x=x_0}=f'(x_0),\quad \frac{\mathrm{d}y}{\mathrm{d}x}=f'(x).$$

这就是说,函数的微分等于函数的导数与自变量的微分之积,而函数的导数等于函数的微分与自变量的微分之商. 因此,导数也叫做"**微商**".

由于求微分的问题归结为求导数的问题,因此,求导数与微分的运算统称为**微分运算**;求导数与微分的方法统称为**微分法**.

**【例 2-37】** 设$y=x^3$,求$\mathrm{d}y$,$\mathrm{d}y|_{x=2}$及$\mathrm{d}y\Big|_{\substack{x=2\\ \mathrm{d}x=0.01}}$.

**解**

$$\mathrm{d}y=y'\mathrm{d}x=3x^2\mathrm{d}x;$$

$$\mathrm{d}y|_{x=2}=y'|_{x=2}\mathrm{d}x=3x^2|_{x=2}\mathrm{d}x=12\mathrm{d}x;$$

$$\mathrm{d}y\Big|_{\substack{x=2\\ \mathrm{d}x=0.01}}=y'\mathrm{d}x\Big|_{\substack{x=2\\ \mathrm{d}x=0.01}}=3x^2\mathrm{d}x\Big|_{\substack{x=2\\ \mathrm{d}x=0.01}}=12\times 0.01=0.12.$$

---

⊖ 设$\alpha$与$\beta$都是在同一变化过程中的无穷小,若$\beta=\alpha+o(\alpha)$,则称$\alpha$是$\beta$的**主部**.

## 2.5.3　微分的几何意义

由于函数 $y=f(x)$ 在点 $x_0$ 处的导数 $f'(x_0)$ 在几何上表示曲线 $y=f(x)$ 在点 $(x_0,f(x_0))$ 处的切线的斜率，即 $f'(x_0)=\tan\alpha$（$\alpha$ 为切线的倾角），而 $\mathrm{d}y|_{x=x_0}=f'(x_0)\Delta x$，因此 $\mathrm{d}y|_{x=x_0}=f'(x_0)\Delta x=\tan\alpha\cdot\Delta x$.

由此可见，函数 $y=f(x)$ 在点 $x_0$ 处的微分 $\mathrm{d}y|_{x=x_0}$ 在几何上表示曲线 $y=f(x)$ 在点 $(x_0,f(x_0))$ 处的切线上的点的纵坐标相应于 $\mathrm{d}x$（即 $\Delta x$）的增量（图 2-4）.

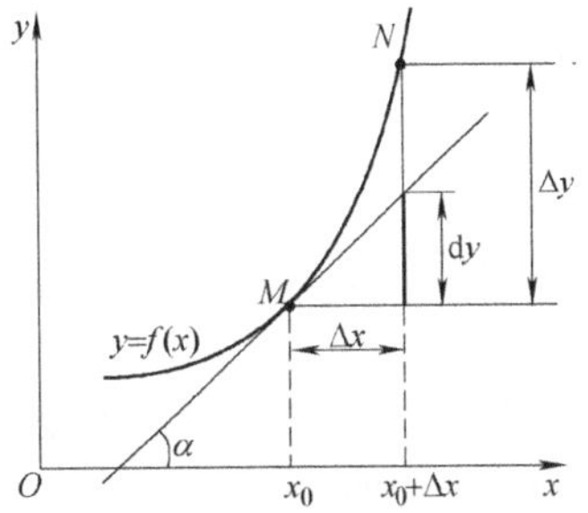

图　2-4



## 2.5.4　基本微分公式与微分的运算法则

由导数与微分的关系及基本导数公式与导数的运算法则，立即可得基本微分公式与微分的运算法则.

**1. 基本微分公式**

(1) $\mathrm{d}(C)=0$.

(2) $\mathrm{d}(x^\mu)=\mu x^{\mu-1}\mathrm{d}x$，特别地，$\mathrm{d}\left(\frac{1}{x}\right)=-\frac{1}{x^2}\mathrm{d}x$，$\mathrm{d}(\sqrt{x})=\frac{1}{2\sqrt{x}}\mathrm{d}x$.

(3) $\mathrm{d}(a^x)=a^x\ln a\mathrm{d}x$，特别地，$\mathrm{d}(\mathrm{e}^x)=\mathrm{e}^x\mathrm{d}x$.

(4) $\mathrm{d}(\log_a x)=\frac{1}{x\ln a}\mathrm{d}x$，特别地，$\mathrm{d}(\ln x)=\frac{1}{x}\mathrm{d}x$.

(5) $\mathrm{d}(\sin x)=\cos x\mathrm{d}x$；　　$\mathrm{d}(\cos x)=-\sin x\mathrm{d}x$；

$\mathrm{d}(\tan x)=\sec^2 x\mathrm{d}x$；　　$\mathrm{d}(\cot x)=-\csc^2 x\mathrm{d}x$；

$\mathrm{d}(\sec x)=\sec x\tan x\mathrm{d}x$；　　$\mathrm{d}(\csc x)=-\csc x\cot x\mathrm{d}x$；

(6) $\mathrm{d}(\arcsin x)=\frac{1}{\sqrt{1-x^2}}\mathrm{d}x$；　　$\mathrm{d}(\arccos x)=-\frac{1}{\sqrt{1-x^2}}\mathrm{d}x$；

$\mathrm{d}(\arctan x)=\frac{1}{1+x^2}\mathrm{d}x$；　　$\mathrm{d}(\mathrm{arccot}\, x)=-\frac{1}{1+x^2}\mathrm{d}x$.

**2. 函数的和、差、积、商的微分法则**

设 $u=u(x)$ 与 $v=v(x)$ 均在点 $x$ 处可微，则它们的和、差、积、商也在点 $x$ 处（除分母为零的点外）可微，且有

$$\mathrm{d}(u\pm v)=\mathrm{d}u\pm\mathrm{d}v;$$

$$\mathrm{d}(uv)=v\mathrm{d}u+u\mathrm{d}v，特别地，\mathrm{d}(Cu)=C\mathrm{d}u（C 为常数）;$$

$$\mathrm{d}\left(\frac{u}{v}\right)=\frac{v\mathrm{d}u-u\mathrm{d}v}{v^2}(v\neq 0).$$

**3. 复合函数的微分法则**

设函数 $y=f(u)$ 与 $u=\varphi(x)$ 都可微，则复合函数 $y=f[\varphi(x)]$ 的微分为

$$dy=\frac{dy}{dx}dx=\frac{dy}{du}\frac{du}{dx}dx=f'(u)\varphi'(x)dx. \tag{2-12}$$

由于 $\varphi'(x)dx=du$，所以式(2-12)又可写成

$$dy=\frac{dy}{du}du=f'(u)du. \tag{2-13}$$

由此可见，无论 $u$ 是自变量还是中间变量，函数 $y=f(u)$ 的微分均可写成

$$dy=f'(u)du$$

的形式，即微分形式保持不变. 这一性质称为**微分形式不变性**.



**【例 2-38】** 设 $y=\sec^2 x$，求 $dy$.

**解** 把 $\sec x$ 看成中间变量 $u$，即 $u=\sec x$，则

$$\begin{aligned}dy&=d(u^2)=2udu=2\sec x d(\sec x)\\&=2\sec x\cdot\sec x\tan x dx=2\sec^2 x\tan x dx.\end{aligned}$$

**【例 2-39】** 设 $y=e^{2x}\cos 3x$，求 $dy$.

**解**
$$\begin{aligned}dy&=\cos 3x d(e^{2x})+e^{2x}d(\cos 3x)\\&=\cos 3x\cdot e^{2x}d(2x)+e^{2x}\cdot(-\sin 3x)d(3x)\\&=2e^{2x}\cos 3x dx-3e^{2x}\sin 3x dx\\&=e^{2x}(2\cos 3x-3\sin 3x)dx.\end{aligned}$$

**【例 2-40】** 在下列等式的未填括号中填入适当的函数，使等式成立：

(1) $d(x+\sqrt{1-2x})=(\quad)dx$；　　(2) $d(\quad)=xdx$；

(3) $d(\quad)=\sin 4x dx$.

**解** (1) $d(x+\sqrt{1-2x})=dx+\dfrac{1}{2\sqrt{1-2x}}d(1-2x)=\left(1-\dfrac{1}{\sqrt{1-2x}}\right)dx.$

(2)我们知道，

$$d(x^2)=2xdx.$$

故

$$xdx=\frac{1}{2}d(x^2)=d\left(\frac{1}{2}x^2\right),$$

即

$$d\left(\frac{1}{2}x^2\right)=xdx.$$

显然，对任意常数 $C$，都有

$$d\left(\frac{1}{2}x^2+C\right)=xdx.$$

(3)因为 $d(\cos 4x)=-4\sin 4x dx$，故 $-\dfrac{1}{4}d(\cos 4x)=\sin 4x dx$，从而

$$d\left(-\frac{1}{4}\cos 4x+C\right)=\sin 4x dx \quad (C\text{为任意常数}).$$

### 2.5.5　微分在近似计算中的应用

由前面的讨论知道，如果函数 $y=f(x)$ 在点 $x_0$ 处的导数 $f'(x_0)\neq 0$，则当 $|\Delta x|$ 很小时，就有

$$\Delta y=f(x_0+\Delta x)-f(x_0)\approx dy|_{x=x_0}.$$

即

$$\Delta y=f(x_0+\Delta x)-f(x_0)\approx f'(x_0)\Delta x, \tag{2-14}$$

或

$$f(x_0+\Delta x)\approx f(x_0)+f'(x_0)\Delta x. \tag{2-15}$$

令 $x=x_0+\Delta x$，即 $\Delta x=x-x_0$，则式(2-15)可改写为

$$f(x)\approx f(x_0)+f'(x_0)(x-x_0). \tag{2-16}$$

如果 $f(x_0)$ 与 $f'(x_0)$ 都容易计算，那么可以利用式(2-14)来近似计算函数增量 $\Delta y$，利用式(2-15)(或式(2-16))来近似计算点 $x_0$ 邻近的函数值 $f(x_0+\Delta x)$(或 $f(x)$). 式(2-16)的实质是在点 $x_0$ 的邻近用 $x$ 的线性函数 $f(x_0)+f'(x_0)(x-x_0)$ 来近似表达非线性函数 $f(x)$，这在数学上称为**非线性函数的局部线性化**，这是微分学的基本思想之一. 式(2-16)的几何意义是在点 $(x_0, f(x_0))$ 邻近用曲线 $y=f(x)$ 在该点处的切线段来近似代替曲线段(图 2-4)，简称为以"**直**"代"**曲**".

**【例 2-41】** 已知单摆的振动周期 $T=2\pi\sqrt{\frac{l}{g}}$，其中 $g=9.8\ \text{m/s}^2$，$l$ 为摆长(单位:m). 设原摆长为 0.2m，为使周期增大 0.05s，摆长约需加长多少?

**解**　令 $l_0$，由式(2-14)，得

$$\Delta T\approx\left.\frac{dT}{dl}\right|_{l=l_0}\Delta l=\left.\left(2\pi\sqrt{\frac{l}{g}}\right)'\right|_{l=l_0}\Delta l=\frac{\pi}{\sqrt{gl_0}}\Delta l,$$

从而

$$\Delta l\approx\frac{\sqrt{gl_0}}{\pi}\Delta T.$$

将 $l_0=0.2$，$\Delta T=0.05$，$g=9.8$ 代入上式，得

$$\Delta l=\frac{\sqrt{9.8\times 0.2}}{3.14}\times 0.05\approx 0.0223(\text{m}).$$

故摆长约需加长 0.0223m.

**【例 2-42】** 利用微分计算 $\sqrt{24.8}$ 的近似值.

**解**　令 $f(x)=\sqrt{x}$，$x_0=25$，$\Delta x=-0.2$，则由式(2-15)，得

$$\begin{aligned}\sqrt{24.8}&=f(24.8)=f(x_0+\Delta x)\approx f(x_0)+f'(x_0)\Delta x\\&=\sqrt{25}+\frac{1}{2\sqrt{25}}\times(-0.2)=4.98.\end{aligned}$$

# 习 题 2.5

1. 设函数 $y=f(x)$ 的图形如图 2-5 所示，试在图 2-5a、b、c、d 中分别标出点 $x_0$ 处的 $dy$、$\Delta y$ 及 $\Delta y-dy$，并说明其正负.

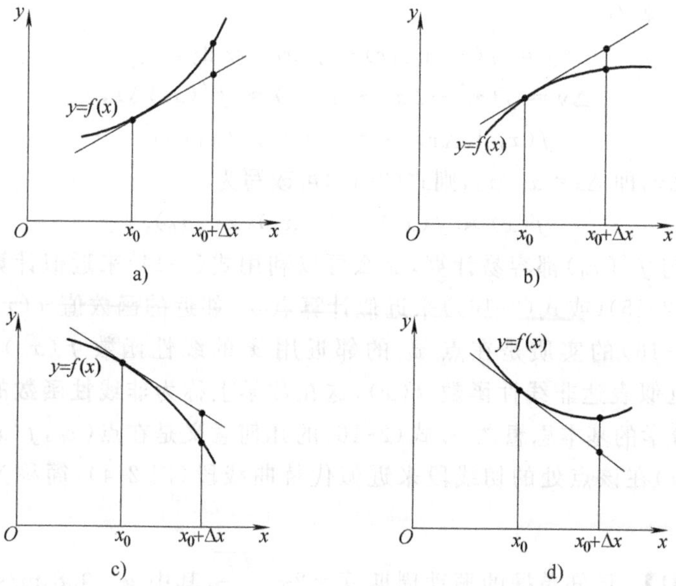


图 2-5

2. 已知函数 $y=x^3-x$，求：(1) 该函数在 $x=2$ 处的微分；(2) 该函数在 $x=1$ 处当 $\Delta x=0.1$ 时的微分.

3. 求下列函数的微分：

(1) $y=x+\dfrac{1}{x}$；　　(2) $y=\ln(1-x)$；

(3) $y=x\cos 2x$；　　(4) $y=x^2e^{-x}$；

(5) $y=\dfrac{1-x^2}{1+x^2}$；　　(6) $y=\dfrac{x}{\sqrt{x^2-1}}$；

(7) $y=\arcsin\sqrt{1-x^2}$；　　(8) $y=e^{-x}\cos(1-x)$.

4. 将适当的函数填入下列括号内使等式成立：

(1) $d(\quad)=2dx$；　　(2) $d(\quad)=\dfrac{1}{x}dx$；

(3) $d(\quad)=\dfrac{1}{\sqrt{x}}dx$；　　(4) $d(\quad)=\dfrac{1}{2x+1}dx$；

(5) $d(\quad)=\sqrt{x}dx$；　　(6) $d(\quad)=\dfrac{1}{(x+1)^2}dx$；

(7) d( )$=e^{-3x}dx$；　　　　(8) d( )$=\sec^2 2x dx$ .

5. 扩音器插头为圆柱形，截面半径 $r$ 为 0.15cm，长度 $l$ 为 4cm. 为了提高它的导电性能，必须在这圆柱的侧面镀上一层厚为 0.001cm 的纯铜，问约需多少克的纯铜？

6. 设扇形的圆心角 $\alpha=60°$，半径 $R=100$cm，如果 $R$ 不变，$\alpha$ 减少 $30'$，问扇形的面积大约改变了多少？又如果 $\alpha$ 不变，$R$ 增加 1cm，问扇形的面积大约改变了多少？

7. 计算下列各式的近似值：

(1) $\sqrt[6]{65}$；　　　　(2) $\cos 29°$.



## 2.6 导数概念在经济学中的应用

本节介绍导数概念在经济学上的两个应用——边际分析与弹性分析.

### 2.6.1 边际分析

**1. 边际函数**

**定义 2-3** 设函数 $f(x)$ 在区间 $I$ 上可导，则称其导函数 $f'(x)$ 为 $f(x)$ 的**边际函数**，$f'(x)$ 在点 $x_0\in I$ 处的值 $f'(x_0)$ 称为**边际函数值**.

由上节可知，若函数 $y=f(x)$ 在点 $x_0$ 处可导，则在 $x_0$ 附近有

$$\Delta y = f(x_0+\Delta x)-f(x_0)\approx f'(x_0)\Delta x,$$

因此，当 $\Delta x=1$ 时有

$$\Delta y\approx f'(x_0),$$

即当 $x=x_0$ 时，自变量 $x$ 产生一个单位的改变时，因变量 $y$ 近似改变 $f'(x_0)$ 个单位. 在经济应用问题中解释边际函数值的具体意义时我们略去"近似"二字.

例如，设函数 $y=x^2$，则边际函数为 $y'=2x$，在点 $x=10$ 处的边际函数值为 $y'(10)=20$，它表示当 $x=10$ 时，$x$ 改变一个单位，$y$(近似)改变 20 个单位.

**2. 边际成本**

总成本是指生产一定数量的产品所需的全部经济资源投入(劳动、原料、设备等)的价格或费用总额. 它由固定成本与可变成本组成. 设 $C$ 表示总成本，$C_1$ 表示固定成本，$C_2$ 表示可变成本，$Q$ 表示产量，则总成本函数为

$$C=C(Q)=C_1+C_2(Q),$$

边际成本函数为

$$C'=C'(Q).$$

**【例 2-43】** 某产品的总成本 $C$(单位:元)和产量 $Q$(单位:件)的函数关系为

$$C=1600+10Q+\frac{1}{5}Q^2.$$

求产量为 50 件时的总成本、平均单位成本与边际成本，并解释此时边际成本的经济意义.

**解** 产量为 50 件时，总成本为

$$C(50)=1600+10\times 50+\frac{1}{5}\times(50)^2=2600\text{ 元};$$

平均单位成本为

$$\frac{C(50)}{50}=52\text{ 元}.$$

由于边际成本函数为

$$C'=10+\frac{2}{5}Q,$$



所以产量为 50 件时，边际成本为

$$C'(50)=10+\frac{2}{5}\times 50=30\text{ 元},$$

它表示当产量为 50 件时，再多生产一个单位产品，总成本(大约)增加 30 元.

**3. 边际收益与边际利润**

总收益是生产者出售一定数量产品所得到的全部收入. 设 $R$ 表示总收益，$Q$ 表示产量，$P$ 表示价格(价格往往是产量的函数，即 $P=P(Q)$，称此函数为**价格函数**)，则总收益函数为

$$R=R(Q)=Q\cdot P(Q),$$

边际收益函数为

$$R'=R'(Q).$$

总利润是指总收益减去总成本后剩余的部分. 设 $L$ 表示总利润，则总利润函数为

$$L=L(Q)=R(Q)-C(Q),$$

边际利润函数为

$$L'=L'(Q).$$

**【例 2-44】** 设某产品的价格函数为 $P=20-\dfrac{Q}{5}$，其中 $P$ 为价格，$Q$ 为产量. 求边际收益函数及 $Q=40$ 和 $Q=60$ 时的边际收益，并解释所得结果的经济意义.

**解** 总收益函数为

$$R=Q\cdot P=20Q-\frac{Q^2}{5},$$

边际收益函数为

$$R'=20-\frac{2Q}{5},$$

从而

$$R'(40) = 4, R'(60) = -4,$$

即当产量为40个单位时，再多生产一个单位产品，总收益(大约)增加4个单位；当产量为60个单位时，再多生产一个单位产品，反而使总收益(大约)减少4个单位.

### 2.6.2　弹性分析

**1. 弹性概念**

在边际分析中，所讨论的函数的改变量与函数变化率是绝对改变量与绝对变化率. 我们从实践中体会到，仅仅研究函数的绝对改变量与绝对变化率是不够的. 例如，有甲、乙两种商品，甲商品的单价为10元，乙商品的单价为50元，现两商品均涨价2元. 虽然这两种商品价格的绝对改变量都是2元，但各与其原价相比，涨价的百分比却有很大的不同，甲商品涨了20%，而乙商品涨了4%. 由此看来，有必要研究函数的相对改变量与相对变化率.



**定义 2-4**　设函数 $y=f(x)$ 点 $x_0$ 处可导，函数的相对改变量 $\frac{\Delta y}{y_0}=\frac{f(x_0+\Delta x)-f(x_0)}{f(x_0)}$ 与自变量的相对改变量 $\frac{\Delta x}{x_0}$ 之比 $\frac{\Delta y/y_0}{\Delta x/x_0}$，称为函数 $f(x)$ 从 $x_0$ 到 $x_0+\Delta x$ **两点间的弹性(或两点间相对变化率)**. 而极限 $\lim\limits_{\Delta x\to 0}\frac{\Delta y/y_0}{\Delta x/x_0}$ 称为函数 $f(x)$ 在点 $x_0$ 处的**弹性(或相对变化率)**，记为

$$\left.\frac{Ey}{Ex}\right|_{x=x_0} \quad 或 \quad \frac{E}{Ex}f(x_0),$$

即

$$\left.\frac{Ey}{Ex}\right|_{x=x_0}=\lim_{\Delta x\to 0}\frac{\Delta y/y_0}{\Delta x/x_0}=\lim_{\Delta x\to 0}\frac{\Delta y}{\Delta x}\cdot\frac{x_0}{y_0}=f'(x_0)\cdot\frac{x_0}{f(x_0)}. \qquad (2\text{-}17)$$

显然，当 $|\Delta x|$ 很小时，$\left.\frac{Ey}{Ex}\right|_{x=x_0}\approx\frac{\Delta y/y_0}{\Delta x/x_0}$，从而 $\frac{\Delta y}{y_0}\approx\frac{\Delta x}{x_0}\left.\frac{Ey}{Ex}\right|_{x=x_0}$，若取 $\frac{\Delta x}{x_0}=1\%$，则 $\frac{\Delta y}{y_0}\approx\left.\frac{Ey}{Ex}\right|_{x=x_0}\%$. 即当 $x$ 产生1%的改变时，函数 $f(x)$ 近似改变 $\left.\frac{Ey}{Ex}\right|_{x=x_0}\%$. 在经济应用问题中解释弹性的具体意义时，我们也常略去“近似”二字.

当函数 $y=f(x)$ 在区间 $(a,b)$ 内可导时，则称

$$\frac{Ey}{Ex}=f'(x)\cdot\frac{x}{f(x)}$$

为函数 $y=f(x)$ 在区间 $(a,b)$ 内的**弹性函数**，也可记作或 $\frac{Ef}{Ex}$ 或 $\frac{E}{Ex}f(x)$.

**【例 2-45】**　求函数 $y=f(x)=100e^{3x}$ 在点 $x=2$ 处的弹性.

**解** 因为 $y'=300e^{3x}$，故由式(2-17)得所求弹性为

$$\left.\frac{Ey}{Ex}\right|_{x=2}=f'(2)\cdot\frac{2}{f(2)}=300e^{6}\cdot\frac{2}{100e^{6}}=6.$$

**2. 需求弹性**

"需求"是指在一定价格条件下，消费者愿意购买并且有支付能力购买的商品量.

消费者对一种商品的需求是多种因素决定的，如商品的价格、相关商品的状况、消费者的收入、消费习惯、气候等. 如果为简化问题，不考虑除价格以外的其他因素的影响或把其他因素看作相对稳定，那么需求量可看成是价格的一元函数(称为**需求函数**). 设 $P$ 表示商品价格，$Q$ 表示需求量，则需求函数可表示为

$$Q=f(P).$$

由式(2-17)可知，该商品在价格为 $P_0$ 时的需求弹性(一般用符号 $\eta(P_0)$ 表示)为

$$\eta(P_0)=f'(P_0)\cdot\frac{P_0}{f(P_0)}.\tag{2-18}$$

一般情况下，需求函数是价格的单调减少函数，其导数为负值，所以 $\eta(P_0)$ 是负数，即

$$\eta(P_0)=f'(P_0)\cdot\frac{P_0}{f(P_0)}<0,$$

由此可知，需求弹性的经济学意义可解释为：当商品价格上涨(或下降)1%时，需求量减少(或增加)大约 $|\eta(P_0)|$%.

**【例 2-46】** 已知某商品的需求函数为 $Q=\frac{1200}{P^2}$，求 $P=20$ 时的需求弹性，并给出适当的经济解释.

**解** 因为 $Q'=-\frac{2400}{P^3}$，故由式(2-18)得所求需求弹性为

$$\eta(20)=Q'(20)\cdot\frac{20}{Q(20)}=-\frac{2400}{20^3}\cdot\frac{20}{\frac{1200}{20^2}}=-2.$$

这说明在 $P=20$ 时，价格每上涨 1%，需求则减少 2%.

在经济学中，除研究需求弹性外，还要研究供给弹性，生产量关于资本、劳力的弹性等. 有上述分析作基础，读者不难对其他经济变量的弹性作出分析讨论.

**3. 用需求弹性分析总收益的变化**

在商品经济中，商品经营者关心的是商品提价或降价对总收益的影响. 利用需求弹性的概念，可以分析价格变动对销售收益的影响.

设需求函数为 $Q=f(P)$，将总收益 $R$ 表示为 $P$ 的函数，得

$$R=R(P)=P\cdot f(P),$$

从而

$$R'=f(P)+Pf'(P)=f(P)\left[1+f'(P)\cdot\frac{P}{f(P)}\right]=f(P)[1+\eta(P)].$$

由上式并注意到 $f(P)>0$、$\eta(P)<0$，有：

(1)当 $|\eta(P)|<1$ 时，$R'>0$，$R$ 递增，即价格上涨，总收益增加；价格下跌，总收益减少；

(2)当 $|\eta(P)|>1$ 时，$R'<0$，$R$ 递减，即价格上涨，总收益减少；价格下跌，总收益增加；

(3)当 $|\eta(P)|=1$ 时，$R'=0$，$R$ 取得最大值.

因此，总收益的变化受需求弹性的制约，随商品需求弹性的变化而变化.



**【例 2-47】** 某商品的需求函数为

$$Q=f(P)=75-P^2,$$

其中 $Q$ 为需求量，$P$ 为价格. 试讨论当 $P=3$ 时，若价格上涨 1%，总收益是增加还是减少？将变化百分之几？

**解** 由于 $Q'=f'(P)=-2P$，故 $P=3$ 时需求弹性为

$$\eta(3)=f'(3)\cdot\frac{3}{f(3)}=-2\cdot3\cdot\frac{3}{75-3^2}=-\frac{3}{11}.$$

由于 $|\eta(3)|<1$，故价格上涨 1%，总收益将增加.

下面求总收益 $R$ 增长的百分比，即求 $R$ 的弹性. 由

$$R'=f(P)[1+\eta(P)]$$

得：

$$R'(3)=f(3)[1+\eta(3)]=(75-3^2)\cdot\left(1-\frac{3}{11}\right)=48.$$

再由 $R=P\cdot Q=P(75-P^2)$，得 $R(3)=3\cdot(75-3^2)=198$，故弹性

$$\left.\frac{ER}{EP}\right|_{P=3}=R'(3)\cdot\frac{3}{R(3)}=48\cdot\frac{3}{198}\approx0.73,$$

所以当 $P=3$ 时，价格上涨 1%，总收益约增加 0.73%.

## 习　题　2.6

1. 某工厂每日产品的总成本 $C$(单位：元)是日产量 $Q$(单位：公斤)的函数

$$C=C(Q)=1100+\frac{1}{1200}Q^2,$$

(1)求当日产量为 900 公斤时的总成本和平均单位成本；

(2)求当日产量为 900 公斤和 1000 公斤时的边际成本.

2. 某产品的总成本 $C$ 关于产量 $Q$ 的函数为

$$C=1000+5Q+30\sqrt{Q},$$

求：(1) 产量为 100 时的总成本、平均单位成本；

(2) 生产 100 单位和 225 单位产品时的边际成本，并解释其经济意义.

3. 设某产品生产 $Q$ 单位的总收益 $R$ 为

$$R=200-0.01Q^2,$$

求生产 50 单位产品时的总收益和边际收益.

4. 设某商品的价格 $P$ 关于产量 $Q$ 的函数为 $P=10-0.2Q$，求边际收益函数及 $Q=10$ 和 $Q=30$ 时的边际收益，并解释所得结果的经济意义.



5. 求函数 $f(x)=2+3x$ 在点 $x=3$ 处的弹性.

6. 设某商品的需求函数为 $Q=e^{-\frac{P}{4}}$，求 $P=4$，$P=5$ 时的需求弹性.

7. 设某商品的需求函数为 $Q=12-0.5P$，

(1) 求 $P=6$ 时的需求弹性；

(2) 在 $P=6$ 时，若价格上涨 1%，总收益是增加还是减少？将变化百分之几？

## 总习题 2

1. 选择题

(1) 设函数 $f(x)$ 在点 $x_0$ 处可导，则下列四个极限中等于 $f'(x_0)$ 的是(　　).

A. $\lim\limits_{x\to\infty}x\left[f\left(x_0+\dfrac{1}{x}\right)-f(x_0)\right]$　　B. $\lim\limits_{\Delta x\to 0}\dfrac{f(x_0-\Delta x)-f(x_0)}{\Delta x}$

C. $\lim\limits_{h\to 0}\dfrac{f(x_0+h)-f(x_0-h)}{h}$　　D. $\lim\limits_{x\to x_0}\dfrac{f(x)-f(x_0)}{x_0-x}$

(2) 设 $f(x)=\begin{cases}x^3, & x\leqslant 1,\\ 2x^2, & x>1,\end{cases}$ 则函数 $f(x)$ 在点 $x=1$ 处(　　).

A. 左、右导数都存在但不相等　　B. 左、右导数都存在且相等

C. 左导数存在、右导数不存在　　D. 左导数不存在、右导数存在

(3) 已知 $f(x)$ 在区间 $(a,b)$ 内可导且 $x_0\in(a,b)$，则下述结论正确的是(　　).

A. $\lim\limits_{x\to x_0}f(x)$ 不一定存在　　B. $f(x)$ 在 $x_0$ 不一定可微

C. $\lim\limits_{x\to x_0}f'(x)=f'(x_0)$　　D. $\lim\limits_{x\to x_0}f(x)=f(x_0)$

(4) 设函数 $f(x)$ 可导，且 $f'(x)=2[f(x)]^2$，则 $n$ 阶导数 $f^{(n)}(x)=$(　　).

A. $2^n n!\,[f(x)]^{n+1}$　　B. $2n!\,[f(x)]^{n+1}$

C. $2n[f(x)]^{n+1}$　　D. $2^n n!\,[f(x)]^{2n}$

(5) 设 $f(x)=\tan x$，则 $\mathrm{d}[f'(x)]=$(　　).

A. $\sec^2 x\mathrm{d}x$　　B. $2\sec^2 x\tan x\mathrm{d}x$　　C. $2\sec x\mathrm{d}x$　　D. $2\sec^2 x\mathrm{d}x$

2. 填空题

(1)设 $f(x)=x(x-1)(x-2)\cdots(x-100)$，则 $f'(0)=$______.

(2)设 $f(x^2+1)=x^4+x^2+1$，则 $f'(x^2+1)=$______.

(3)已知 $y=f(2x-1)$，$f'(x)=\arcsin x^2$，则 $\left.\frac{\mathrm{d}y}{\mathrm{d}x}\right|_{x=0}=$______.

(4)设 $y=\ln(1+2^{-x})$，则 $\mathrm{d}y=$______.

(5)设曲线 $y=x^3+ax$ 与 $y=bx^2+c$ 都通过点$(-1,0)$，且在该点有公共切线，则常数 $a=$____，$b=$____，$c=$____.

3. 求下列函数的导数：

(1)$y=x^a+a^x+a^a\ (a>0)$；　　(2)$y=\mathrm{e}^{\cos\frac{1}{x}}$；

(3)$y=\ln\left(\mathrm{e}^x+\sqrt{1+\mathrm{e}^{2x}}\right)$；　　(4)$y=\arctan\dfrac{1+\sqrt{x}}{1-\sqrt{x}}$；

(5) $y=\sqrt{x\sin 2x\sqrt{\mathrm{e}^{4x}+1}}$.

4. 求下列方程所确定的隐函数 $y=y(x)$ 的导数：

(1)$y=\tan(x+y)$；　　(2) $x=y^y$.

5. 设函数 $y=y(x)$ 由方程 $y=x\sin y$ 所确定，求 $y'(0)$ 与 $y''(0)$.

6. 求下列参数方程所确定的函数的一阶导数与二阶导数：

(1) $\begin{cases}x=\cos^3 t,\\ y=\sin^3 t;\end{cases}$　　(2)$\begin{cases}x=f'(t),\\ y=tf'(t)-f(t),\end{cases}$ ($f''(t)$存在且不为零).

7. 设函数 $f(x)=\begin{cases}2\mathrm{e}^x+a, & x<0,\\ x^2+bx+1, & x\geqslant 0\end{cases}$ 在点 $x=0$ 处连续且可导，求常数 $a,b$ 的值.

8. 若 $f(x)$为偶函数，且 $f'(0)$存在，证明 $f'(0)=0$.

9. 生产某产品，每日固定成本为 100 元，每多生产一个单位产品，成本增加 20 元，该产品的需求函数为 $Q=17-\dfrac{P}{20}$，试写出日总成本函数和总利润函数，并求边际成本函数和边际利润函数.

10. 某商品的需求量 $Q$ 为价格 $P$ 的函数

$$Q=150-2P^2.$$

(1)求 $P=6$ 时的边际需求，并说明其经济意义；

(2)求 $P=6$ 时的需求弹性，并说明其经济意义；

(3)求 $P=$时，若价格下降 2%，总收益变化百分之几？是增加还是减少？

# 第 3 章　微分中值定理及导数的应用

在上一章中，我们引入了导数的概念，并讨论了导数的计算方法. 本章中，我们将应用导数来研究函数及其图形的性态，并利用这些知识解决一些实际问题. 为此，先要介绍微分学的几个中值定理，它们是导数应用的理论基础.

“两弹一星”功勋科学家：最长的一天

## 3.1　微分中值定理

微分中值定理包括罗尔(Rolle)定理，拉格朗日(Lagrange)中值定理和柯西(Cauchy)中值定理. 我们先介绍罗尔定理，然后由它推出拉格朗日中值定理和柯西中值定理.

### 3.1.1　罗尔定理

在叙述和证明罗尔定理之前，先介绍一个基本引理——费马(Fermat)引理.

**费马引理**　设函数 $f(x)$ 在含有 $x_0$ 的某个开区间 $(a,b)$ 内有定义，并且在 $x_0$ 处可导，如果对任意 $x\in(a,b)$，有

$$f(x)\leqslant f(x_0)\quad (\text{或 } f(x)\geqslant f(x_0)),$$

那么 $f'(x_0)=0$.

**证**　不妨设对任意的 $x\in(a,b)$，有 $f(x)\leqslant f(x_0)$（如果 $f(x)\geqslant f(x_0)$，可类似地证明），则对于 $x_0+\Delta x\in(a,b)$，有

$$f(x_0+\Delta x)\leqslant f(x_0),$$

因此，当 $\Delta x>0$ 时，

$$\frac{f(x_0+\Delta x)-f(x_0)}{\Delta x}\leqslant 0;$$

当 $\Delta x<0$ 时，

$$\frac{f(x_0+\Delta x)-f(x_0)}{\Delta x}\geqslant 0.$$

由于假设 $f'(x_0)$ 存在，由极限的保号性得

$$f'(x_0)=\lim_{\Delta x\to 0^+}\frac{f(x_0+\Delta x)-f(x_0)}{\Delta x}\leqslant 0,$$

$$f'(x_0)=\lim_{\Delta x\to 0^-}\frac{f(x_0+\Delta x)-f(x_0)}{\Delta x}\geqslant 0,$$

所以，$f'(x_0)=0$. 证毕.

通常，称使导数 $f'(x)$ 为零的点为函数 $f(x)$ 的**驻点**或**稳定点**.

**罗尔定理**　如果函数 $f(x)$ 满足

(1) 在闭区间 $[a,b]$ 上连续；

(2) 在开区间 $(a,b)$ 内可导；

(3) 在区间端点的函数值相等，即 $f(a)=f(b)$，那么在 $(a,b)$ 内至少存在一点 $\xi$，使得 $f'(\xi)=0$.

从图 3-1 来看，这个定理的成立是显然的. 因为当 $f(x)$ 满足定理的各项条件时，在曲线弧 $y=f(x)(a<x<b)$ 上至少可以找到一点 $C$（曲线弧在区间内的最高点或最低点），使曲线在该点的切线与 $AB$ 连线平行，也就是与 $x$ 轴平行. 当记 $C$ 点的横坐标为 $\xi$ 时，有 $f'(\xi)=0$.

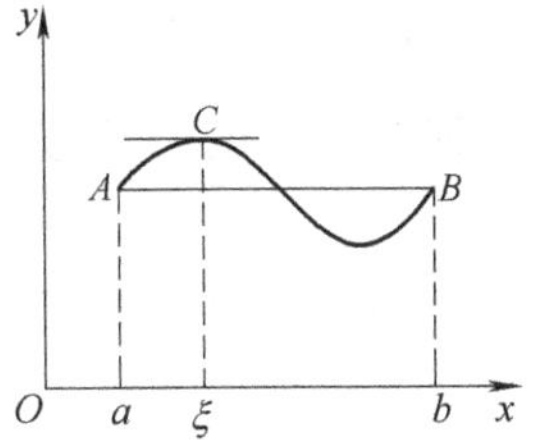


图　3-1

上面的几何事实给我们的证明提供了一个思路.

**证**　因为 $f(x)$ 在闭区间 $[a,b]$ 上连续，故根据连续函数在闭区间上的性质知：$f(x)$ 在闭区间 $[a,b]$ 上一定取得最大值 $M$ 和最小值 $m$.

分两种情形讨论：

(1) 若 $M=m$，则函数 $f(x)$ 在闭区间 $[a,b]$ 上恒为常数，即 $\forall x\in[a,b]$，$f(x)=M$. 因此，在区间 $(a,b)$ 内 $f'(x)=0$. 于是，任取 $\xi\in(a,b)$，有 $f'(\xi)=0$.

(2) 若 $M\neq m$，则由于 $f(a)=f(b)$，所以 $M,m$ 两数中至少有一个不等于 $f(a)$ 或 $f(b)$. 不妨设 $M\neq f(a)$，则在开区间 $(a,b)$ 内至少有一点 $\xi$，使得 $f(\xi)=M$. 于是，$\forall x\in[a,b]$，有 $f(x)\leqslant f(\xi)$. 由 $f(x)$ 在开区间 $(a,b)$ 内可导及费马引理可知 $f'(\xi)=0$. 证毕.

罗尔定理的三个条件是很重要的，一旦有一个条件不满足，就可能导致定理的结论不成立. 如下面的三个函数，分别有一个条件不满足，显然它们所对应的曲线上任一点的切线都不平行于 $x$ 轴.

① $f(x)=\begin{cases} x, & 0\leqslant x<1, \\ 0, & x=1; \end{cases}$

② $f(x)=|x|\quad(-1\leqslant x\leqslant 1)$；

③ $f(x)=x\quad(-1\leqslant x\leqslant 1)$.

**【例 3-1】**　对函数 $y=\ln\sin x$ 在区间 $\left[\frac{\pi}{6},\frac{5\pi}{6}\right]$ 上验证罗尔定理的正确性.

**解**　显然，函数 $y=\ln\sin x$ 在闭区间 $\left[\frac{\pi}{6},\frac{5\pi}{6}\right]$ 上连续，在开区间 $\left(\frac{\pi}{6},\frac{5\pi}{6}\right)$ 内可导，且

$$y\Big|_{x=\frac{\pi}{6}}=\ln\sin\frac{\pi}{6}=-\ln 2,\quad y\Big|_{x=\frac{5\pi}{6}}=\ln\sin\frac{5\pi}{6}=-\ln 2,$$

故函数 $y=\ln\sin x$ 在区间$\left[\frac{\pi}{6},\frac{5\pi}{6}\right]$上满足罗尔定理的条件. 由于 $y'=\frac{\cos x}{\sin x}=\cot x$，从$y'(\xi)=\cot\xi=0$，解得

$$\xi=\frac{\pi}{2}\in\left(\frac{\pi}{6},\frac{5\pi}{6}\right),$$

所以函数 $y=\ln\sin x$ 在区间$\left[\frac{\pi}{6},\frac{5\pi}{6}\right]$上满足罗尔定理的结论.

罗尔定理为我们讨论方程的实根的个数或证明方程的根的存在性提供了一个途径.

**【例 3-2】** 证明方程 $x^3-3x+c=0$(其中 $c$ 为任意常数)在[0,1]上不可能有两个不同的实根.

**证** 用反证法. 设方程在[0,1]上有两个不同的实根 $\alpha$、$\beta$ 且 $\alpha<\beta$，则

$$f(x)=x^3-3x+c$$

在$[\alpha,\beta]$上满足罗尔定理的条件. 故至少存在一点 $\xi\in(\alpha,\beta)\subset(0,1)$，使得

$$f'(\xi)=3\xi^2-3=0,$$

这显然不可能. 因此假设不成立，即原方程在[0,1]上不可能有两个不同的实根.



### 3.1.2 拉格朗日中值定理

如果我们把罗尔定理中的第三个条件 $f(a)=f(b)$ 去掉，那么在图 3-2 中，连接 $A$、$B$ 两点的弦 $AB$ 就不再与 $x$ 轴平行，但在曲线上至少可以找到一点 $C$，这一点的切线与弦 $AB$ 平行. 假设 $C$ 点的横坐标是 $\xi$，那么 $C$ 点的切线斜率就是 $f'(\xi)$；而弦 $AB$ 的斜率为$\frac{f(b)-f(a)}{b-a}$，故 $f'(\xi)=\frac{f(b)-f(a)}{b-a}$，这就引出了十分重要的拉格朗日中值定理.

**拉格朗日中值定理** 如果函数 $f(x)$满足

(1) 在闭区间$[a,b]$上连续；

(2) 在开区间$(a,b)$内可导，

那么在$(a,b)$内至少存在一点 $\xi$，使得

$$f(b)-f(a)=f'(\xi)(b-a), \quad (3\text{-}1)$$

公式(3-1)称为**拉格朗日中值公式**.

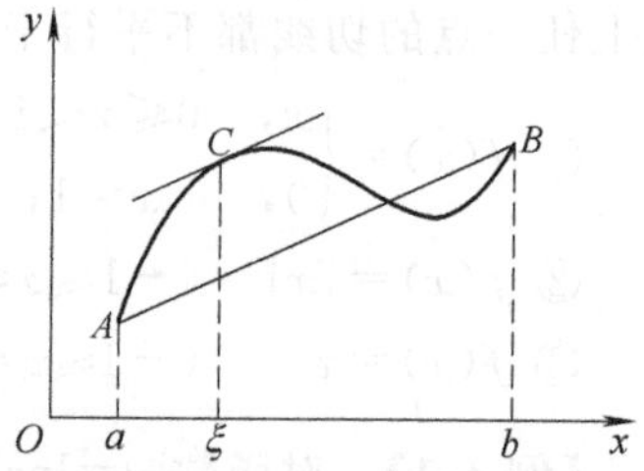

图 3-2

分析：公式(3-1)可变形为

$$f'(\xi)-\frac{f(b)-f(a)}{b-a}=0,$$

注意到上式即为

$$\left[f(x)-\frac{f(b)-f(a)}{b-a}x\right]'\bigg|_{x=\xi}=0,$$

它恰好与罗尔定理的结论吻合,于是我们自然想到借助罗尔定理给出拉格朗日中值定理的证明.

**证**　作辅助函数

$$F(x) = f(x) - \frac{f(b)-f(a)}{b-a}x,$$

由于 $f(x)$在闭区间$[a,b]$上连续,在开区间$(a,b)$内可导,所以 $F(x)$也在闭区间$[a,b]$上连续,在开区间$(a,b)$内可导,而且 $F(a)=\frac{bf(a)-af(b)}{b-a}=F(b)$. 由罗尔定理知,在$(a,b)$内至少存在一点 $\xi$,使得 $F'(\xi)=0$.

由于
$$F'(x) = f'(x) - \frac{f(b)-f(a)}{b-a},$$

故
$$F'(\xi) = f'(\xi) - \frac{f(b)-f(a)}{b-a} = 0,$$

从而
$$f(b)-f(a) = f'(\xi)(b-a).$$

证毕.



显然,公式(3-1)可以写成

$$f'(\xi) = \frac{f(b)-f(a)}{b-a} \tag{3-2}$$

明显地,对于 $a>b$,公式(3-1)、公式(3-2)也都成立.

设 $x_0, x_0+\Delta x$ 为闭区间$[a,b]$上任意两个不同的点,则公式(3-1)在以 $x_0, x_0+\Delta x$ 为端点的闭区间上就可写为

$$f(x_0+\Delta x) - f(x_0) = f'(\xi)\cdot\Delta x,$$

其中 $\xi$ 介于 $x_0, x_0+\Delta x$ 之间. 由于 $\xi$ 可表示为 $\xi=x_0+\theta\Delta x(0<\theta<1)$的形式,故上式成为

$$f(x_0+\Delta x) - f(x_0) = f'(x_0+\theta\Delta x)\cdot\Delta x \quad (0<\theta<1), \tag{3-3}$$

公式(3-3)称为**有限增量公式**.

我们知道,在某区间上常数的导数恒为零,那么它的逆命题是否成立呢? 下面的推论回答了这个问题.

**推论**　如果函数 $f(x)$在闭区间$[a,b]$上连续,在开区间$(a,b)$内 $f'(x)\equiv 0$,则 $f(x)$在$[a,b]$上是一个常数.

**证**　在区间$[a,b]$上任取两点 $x_1$、$x_2$(不妨假设 $x_1<x_2$),由拉格朗日中值定理得

$$f(x_2) - f(x_1) = f'(\xi)(x_2 - x_1) \quad (x_1 < \xi < x_2).$$

因为 $f'(\xi)=0$,所以 $f(x_2)-f(x_1)=0$,即

$$f(x_2) = f(x_1),$$

这说明 $f(x)$在区间$[a,b]$上任意两点处的函数值相等,即 $f(x)$在这个区间上是一

个常数.证毕.

如果把此推论中的闭区间换成其他各种区间(包括无穷区间),其结论仍然成立.

**【例 3-3】** 证明:当 $0<a<b$ 时,$\frac{b-a}{b}<\ln b-\ln a<\frac{b-a}{a}$.

**证** 设 $f(x)=\ln x$,显然 $f(x)$ 在 $[a,b]$ 上连续,在 $(a,b)$ 内可导,由拉格朗日中值定理得

$$f(b)-f(a)=f'(\xi)(b-a) \quad (a<\xi<b).$$

由于 $f'(x)=\frac{1}{x}$,上式即为

$$\ln b-\ln a=\frac{b-a}{\xi} \quad (a<\xi<b).$$

因为 $\frac{b-a}{b}<\frac{b-a}{\xi}<\frac{b-a}{a}$,所以

$$\frac{b-a}{b}<\ln b-\ln a<\frac{b-a}{a}.$$



### 3.1.3 柯西中值定理

将拉格朗日中值定理推广到两个函数的情形,就得到下面的柯西中值定理.

**柯西中值定理** 如果函数 $f(x)$、$g(x)$ 满足

(1) 在闭区间 $[a,b]$ 上连续;

(2) 在开区间 $(a,b)$ 内可导;

(3) 在开区间 $(a,b)$ 内 $g'(x)\neq 0$,

那么在 $(a,b)$ 内至少存在一点 $\xi(a<\xi<b)$,使得

$$\frac{f(b)-f(a)}{g(b)-g(a)}=\frac{f'(\xi)}{g'(\xi)}. \tag{3-4}$$

**证** 首先由条件(3)可知 $g(a)\neq g(b)$.因为若 $g(a)=g(b)$,则由罗尔定理,至少存在一点 $\eta\in(a,b)$,使得 $g'(\eta)=0$,与假设矛盾.

用与证明拉格朗日中值定理类似的方法,找出一个辅助函数,使其满足罗尔定理的条件.现取函数

$$\varphi(x)=f(x)-\frac{f(b)-f(a)}{g(b)-g(a)}g(x), \tag{3-5}$$

由条件(1)、(2)可知,$\varphi(x)$ 在 $[a,b]$ 上连续,在 $(a,b)$ 内可导,且

$$\varphi(a)=\varphi(b)=\frac{f(a)g(b)-f(b)g(a)}{g(b)-g(a)}.$$

根据罗尔定理,在 $(a,b)$ 内至少存在一点 $\xi$,使得 $\varphi'(\xi)=0$,由于

$$\varphi'(x)=f'(x)-\frac{f(b)-f(a)}{g(b)-g(a)}g'(x), \tag{3-6}$$

故
$$\varphi'(\xi)=f'(\xi)-\frac{f(b)-f(a)}{g(b)-g(a)}g'(\xi),$$
这就得到
$$\frac{f(b)-f(a)}{g(b)-g(a)}=\frac{f'(\xi)}{g'(\xi)},\quad (a<\xi<b).$$
证毕．

在柯西中值定理中，当取 $g(x)=x$ 时，$g(b)-g(a)=b-a$，$g'(x)=1$，公式(3-4)就变成了：
$$\frac{f(b)-f(a)}{b-a}=f'(\xi)\quad (a<\xi<b),$$
因此柯西中值定理是拉格朗日中值定理的推广．

下面讨论柯西中值定理的几何意义．考虑下列用参数方程表示的曲线：
$$\begin{cases}X=g(x),\\ Y=f(x),\end{cases}\quad (a\leqslant x\leqslant b)\tag{3-7}$$
其中 $x$ 为参数，图 3-3 中的 $A$ 点和 $B$ 点分别对应于参数 $x$ 的取值为 $a$ 和 $b$．弦 $AB$ 的斜率为
$$\frac{f(b)-f(a)}{g(b)-g(a)},$$
由参数方程的求导法则知，曲线在点 $(X,Y)$ 处的切线斜率为
$$\frac{\mathrm{d}Y}{\mathrm{d}X}=\frac{f'(x)}{g'(x)},$$
从而曲线在点 $C$ 处(对应参数 $x=\xi$)的切线斜率为
$$\frac{f'(\xi)}{g'(\xi)}\quad (a<\xi<b),$$

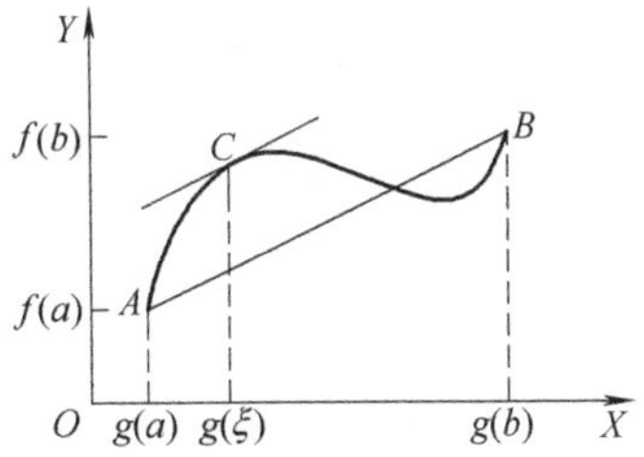

图　3-3

因此等式 $\dfrac{f(b)-f(a)}{g(b)-g(a)}=\dfrac{f'(\xi)}{g'(\xi)}$ 意味着曲线在 $C$ 处的切线与弦 $AB$ 是平行的．

## 习　题　3.1

1. 验证罗尔定理对函数 $f(x)=x^2-x^3$ 在区间 $[0,1]$ 上的正确性．

2. 证明对函数 $f(x)=px^2+qx+r$ 在任意区间 $[a,b]$ 上应用拉格朗日中值定理时所求得的 $\xi$ 总是位于该区间的中点．

3. 利用中值定理证明下列不等式：

(1) $\arctan b-\arctan a<b-a\quad (0<a<b)$；

(2) $nb^{n-1}(a-b)<a^n-b^n<na^{n-1}(a-b)\quad (0<a<b,n>1)$；

(3) $|\cos a-\cos b|\leqslant|a-b|$．

4. 利用导数证明：$\arcsin x+\arccos x=\frac{\pi}{2}\quad(-1\leqslant x\leqslant 1)$.

## 3.2 罗必达法则

在第1章中，我们介绍了求未定式极限的若干方法. 然而，那些方法仅适用于某些较特殊的情形，而对于一般的未定式极限就未必适用了. 下面介绍的罗必达(L'Hospital)法则是求未定式极限的一种简捷且有效的方法.

### 3.2.1 $\frac{0}{0}$型及$\frac{\infty}{\infty}$型未定式

关于$\frac{0}{0}$型未定式，有下列定理：

**定理 3-1** 设

(1) $\lim\limits_{x\to x_0}f(x)=0,\lim\limits_{x\to x_0}g(x)=0$；

(2) $f(x)$与$g(x)$在点$x_0$的某去心邻域内可导，且$g'(x)\neq 0$；

(3) $\lim\limits_{x\to x_0}\frac{f'(x)}{g'(x)}=A$(常数或$\infty$)，

则有
$$\lim_{x\to x_0}\frac{f(x)}{g(x)}=\lim_{x\to x_0}\frac{f'(x)}{g'(x)}=A. \tag{3-8}$$

**证** 因为极限$\lim\limits_{x\to x_0}\frac{f(x)}{g(x)}$与$f(x_0),g(x_0)$无关，所以可以补充或改变函数的定义，使得$f(x_0)=g(x_0)=0$，这样函数$f(x)$与$g(x)$在点$x_0$处就连续了.

设$x$为$x_0$的邻域内异于$x_0$的任意一点，在区间$[x,x_0]$或$[x_0,x]$上$f(x)$、$g(x)$满足柯西中值定理的条件，于是
$$\frac{f(x)}{g(x)}=\frac{f(x)-f(x_0)}{g(x)-g(x_0)}=\frac{f'(\xi)}{g'(\xi)}\quad(\xi\text{在}x\text{与}x_0\text{之间}),$$
当$x\to x_0$时，有$\xi\to x_0$，从而
$$\lim_{x\to x_0}\frac{f(x)}{g(x)}=\lim_{\xi\to x_0}\frac{f'(\xi)}{g'(\xi)},$$
由条件(3)知
$$\lim_{\xi\to x_0}\frac{f'(\xi)}{g'(\xi)}=A,$$
所以 $\lim\limits_{x\to x_0}\frac{f(x)}{g(x)}=\lim\limits_{x\to x_0}\frac{f'(x)}{g'(x)}=A.$

上述定理说明在一定条件下，对于$x\to x_0$时的$\frac{0}{0}$型未定式，可以通过导数比的极限来求函数比的极限.

需要注意的是，若$\lim\limits_{x\to x_0}\frac{f'(x)}{g'(x)}$仍属于$\frac{0}{0}$型，并且$f'(x)$、$g'(x)$满足定理中的条

件，则可以继续使用罗必达法则，即

$$\lim_{x\to x_0}\frac{f(x)}{g(x)}=\lim_{x\to x_0}\frac{f'(x)}{g'(x)}=\lim_{x\to x_0}\frac{f''(x)}{g''(x)},$$

这个过程可以一直下去，直到求出极限为止．

**【例 3-4】** 求$\lim\limits_{x\to 0}\dfrac{(1+x)^{\alpha}-1}{x}$（$\alpha$ 为任意非零实数）．

**解** $\lim\limits_{x\to 0}\dfrac{(1+x)^{\alpha}-1}{x}=\lim\limits_{x\to 0}\dfrac{\alpha(1+x)^{\alpha-1}}{1}=\alpha\lim\limits_{x\to 0}(1+x)^{\alpha-1}=\alpha$.

**【例 3-5】** 求$\lim\limits_{x\to \pi}\dfrac{\sin 3x}{\sin 2x}$.

**解** $\lim\limits_{x\to \pi}\dfrac{\sin 3x}{\sin 2x}=\lim\limits_{x\to \pi}\dfrac{3\cos 3x}{2\cos 2x}=\dfrac{3\cdot(-1)}{2\cdot 1}=-\dfrac{3}{2}$.

**【例 3-6】** 求$\lim\limits_{x\to 0}\dfrac{e^{x}+e^{-x}-2}{1-\cos x}$.

**解** $\lim\limits_{x\to 0}\dfrac{e^{x}+e^{-x}-2}{1-\cos x}=\lim\limits_{x\to 0}\dfrac{e^{x}-e^{-x}}{\sin x}=\lim\limits_{x\to 0}\dfrac{e^{x}+e^{-x}}{\cos x}=2$.

对于 $x\to x_0$ 时的$\dfrac{\infty}{\infty}$型未定式，也有相应的罗必达法则．

**定理 3-2** 设

(1) $\lim\limits_{x\to x_0}f(x)=\infty$，$\lim\limits_{x\to x_0}g(x)=\infty$；

(2) $f(x)$与 $g(x)$在点 $x_0$ 的某去心邻域内可导，且 $g'(x)\neq 0$；

(3) $\lim\limits_{x\to x_0}\dfrac{f'(x)}{g'(x)}=A$（常数或$\infty$），

则有

$$\lim_{x\to x_0}\frac{f(x)}{g(x)}=\lim_{x\to x_0}\frac{f'(x)}{g'(x)}=A. \tag{3-9}$$

证明从略．

我们指出，对于自变量的其他变化过程（$x\to x_0^-$，$x\to x_0^+$，$x\to\infty$，$x\to+\infty$，$x\to-\infty$）下的$\dfrac{0}{0}$型或$\dfrac{\infty}{\infty}$型未定式，定理 3-1 及定理 3-2 的条件相应修改后，结论仍然成立．

**【例 3-7】** 求 $\lim\limits_{x\to+\infty}\dfrac{x^n}{e^x}$（$n$ 为正整数）．

**解** $\lim\limits_{x\to+\infty}\dfrac{x^n}{e^x}=\lim\limits_{x\to+\infty}\dfrac{nx^{n-1}}{e^x}=\lim\limits_{x\to+\infty}\dfrac{n(n-1)x^{n-2}}{e^x}=\cdots=\lim\limits_{x\to+\infty}\dfrac{n!}{e^x}=0$.

**【例 3-8】** 求 $\lim\limits_{x\to+\infty}\dfrac{\ln x}{x^n}$（$n$ 为正整数）．

**解** $\lim\limits_{x\to+\infty}\dfrac{\ln x}{x^n}=\lim\limits_{x\to+\infty}\dfrac{\frac{1}{x}}{nx^{n-1}}=\lim\limits_{x\to+\infty}\dfrac{1}{nx^n}=0$.

从例 3-7、例 3-8 看到，当 $x\to+\infty$ 时，虽然函数 $\ln x, x^n, e^x$ 均为无穷大，但这三个函数增大的"速度"是不一样的，指数函数 $e^x$ 增加得最快，其次是幂函数 $x^n$，而对数函数 $\ln x$ 增加得最慢.

罗必达法则是求未定式极限的一种有效方法，但最好与第一章中学过的求极限的方法(如等价无穷小代换法等)结合使用. 此外，能化简时应尽可能先化简，若有定式(极限为非零常数)因子应先分离，这样可使运算过程大大简化.

**【例 3-9】** 求 $\lim\limits_{x\to0}\dfrac{x-\sin x}{\sin^3 x}$.

**解** $\lim\limits_{x\to0}\dfrac{x-\sin x}{\sin^3 x}=\lim\limits_{x\to0}\dfrac{x-\sin x}{x^3}=\lim\limits_{x\to0}\dfrac{1-\cos x}{3x^2}=\lim\limits_{x\to0}\dfrac{\frac{1}{2}x^2}{3x^2}=\dfrac{1}{6}$.

在每次使用罗必达法则前，必须检查是否属于"$\dfrac{0}{0}$"型或"$\dfrac{\infty}{\infty}$"型，若已经不是未定式，那么不能继续使用法则.



**【例 3-10】** 求 $\lim\limits_{x\to0}\dfrac{e^x-\cos x}{x\sin x}$.

**解** $\lim\limits_{x\to0}\dfrac{e^x-\cos x}{x\sin x}=\lim\limits_{x\to0}\dfrac{e^x+\sin x}{\sin x+x\cos x}=\infty$.

如果我们不检查上述第二个式子，盲目地使用罗必达法则，则会出现下面的错误结果.

$$\lim_{x\to0}\frac{e^x-\cos x}{x\sin x}=\lim_{x\to0}\frac{e^x+\sin x}{\sin x+x\cos x}=\lim_{x\to0}\frac{e^x+\cos x}{2\cos x-x\sin x}=1.$$

我们还要注意的是，罗必达法则中的条件是充分条件而非必要条件，碰到极限 $\lim\limits_{x\to x_0}\dfrac{f'(x)}{g'(x)}$ 不存在且不是 $\infty$ 时，不能断定 $\lim\limits_{x\to x_0}\dfrac{f(x)}{g(x)}$ 不存在.

**【例 3-11】** 求 $\lim\limits_{x\to\infty}\dfrac{x+\sin x}{x-\sin x}$.

**解** 因为 $\lim\limits_{x\to\infty}\dfrac{(x+\sin x)'}{(x-\sin x)'}=\lim\limits_{x\to\infty}\dfrac{1+\cos x}{1-\cos x}$ 不存在，但由此并不能断定原极限不存在. 事实上

$$\lim_{x\to\infty}\frac{x+\sin x}{x-\sin x}=\lim_{x\to\infty}\frac{1+\dfrac{1}{x}\sin x}{1-\dfrac{1}{x}\sin x}=\frac{1+0}{1-0}=1.$$

另外还有一些未定式极限，应用罗必达法则无法求出极限，这时必须使用其他方法.

**【例 3-12】** 求 $\lim\limits_{x\to+\infty}\dfrac{\sqrt{1+x^2}}{x}$.

**解**　因为

$$\lim_{x\to+\infty}\frac{\sqrt{1+x^2}}{x}=\lim_{x\to+\infty}\frac{x}{\sqrt{1+x^2}}=\lim_{x\to+\infty}\frac{\sqrt{1+x^2}}{x},$$

两次利用罗必达法则形成了循环，无法求出其极限．但是

$$\lim_{x\to+\infty}\frac{\sqrt{1+x^2}}{x}=\lim_{x\to+\infty}\sqrt{\frac{1}{x^2}+1}=1.$$

### 3.2.2　其他类型未定式

除了上面介绍的$\frac{0}{0}$及$\frac{\infty}{\infty}$型这两种未定式外，还会遇到 $0\cdot\infty$，$\infty-\infty$，$1^\infty$，$0^0$，$\infty^0$ 等类型的未定式，它们都可通过恒等变形转化为$\frac{0}{0}$或$\frac{\infty}{\infty}$型未定式，然后用罗必达法则求出极限．

**1. 0·∞型未定式**

若$\lim\limits_{x\to x_0}f(x)=0$，$\lim\limits_{x\to x_0}g(x)=\infty$，则$\lim\limits_{x\to x_0}f(x)\cdot g(x)$为 $0\cdot\infty$型未定式．将其改写为$\lim\limits_{x\to x_0}f(x)\cdot g(x)=\lim\limits_{x\to x_0}\dfrac{f(x)}{\dfrac{1}{g(x)}}$或$\lim\limits_{x\to x_0}f(x)\cdot g(x)=\lim\limits_{x\to x_0}\dfrac{g(x)}{\dfrac{1}{f(x)}}$，就转化为$\frac{0}{0}$或$\frac{\infty}{\infty}$型未定式．

**【例 3-13】**　求 $\lim\limits_{x\to0^+}x^n\ln x(n>0)$．

**解**　$\lim\limits_{x\to0^+}x^n\ln x=\lim\limits_{x\to0^+}\dfrac{\ln x}{\dfrac{1}{x^n}}=\lim\limits_{x\to0^+}\dfrac{\dfrac{1}{x}}{-\dfrac{n}{x^{n+1}}}=-\dfrac{1}{n}\lim\limits_{x\to0^+}x^n=0.$

**2. ∞－∞型未定式**

若$\lim\limits_{x\to x_0}f(x)=\infty$，$\lim\limits_{x\to x_0}g(x)=\infty$，则$\lim\limits_{x\to x_0}[f(x)-g(x)]$为$\infty-\infty$型未定式．将其改写为$\lim\limits_{x\to x_0}[f(x)-g(x)]=\lim\limits_{x\to x_0}\dfrac{\dfrac{1}{g(x)}-\dfrac{1}{f(x)}}{\dfrac{1}{f(x)g(x)}}$，就转化为$\frac{0}{0}$型未定式．

**【例 3-14】**　求$\lim\limits_{x\to0}\left(\dfrac{1}{x}-\dfrac{1}{e^x-1}\right)$

**解**　$\lim\limits_{x\to0}\left(\dfrac{1}{x}-\dfrac{1}{e^x-1}\right)=\lim\limits_{x\to0}\dfrac{e^x-1-x}{x(e^x-1)}=\lim\limits_{x\to0}\dfrac{e^x-1-x}{x^2}=\lim\limits_{x\to0}\dfrac{e^x-1}{2x}=\lim\limits_{x\to0}\dfrac{x}{2x}=\dfrac{1}{2}.$

**3. $0^0$、$\infty^0$ 及 $1^\infty$ 型未定式**

若$\lim\limits_{x\to x_0}f(x)=0$，$\lim\limits_{x\to x_0}g(x)=0$；或$\lim\limits_{x\to x_0}f(x)=\infty$，$\lim\limits_{x\to x_0}g(x)=0$；或$\lim\limits_{x\to x_0}f(x)=1$，

$\lim\limits_{x\to x_0} g(x)=\infty$；则$\lim\limits_{x\to x_0} f(x)^{g(x)}$分别为$0^0$、$\infty^0$及$1^\infty$型未定式．对于这种幂指函数的极限，一般采用写成指数形式（或取对数）化为$\frac{0}{0}$或$\frac{\infty}{\infty}$型未定式．

**【例 3-15】** 求$\lim\limits_{x\to+\infty} x^{\frac{1}{x}}$.

**解** 这是$\infty^0$型未定式．把它改写为$\lim\limits_{x\to+\infty} \mathrm{e}^{\frac{\ln x}{x}}$．由于$\lim\limits_{x\to+\infty}\frac{\ln x}{x}$是$\frac{\infty}{\infty}$型的未定式，且

$$\lim_{x\to+\infty}\frac{\ln x}{x}=\lim_{x\to+\infty}\frac{1}{x}=0,$$

所以
$$\lim_{x\to+\infty} x^{\frac{1}{x}}=\lim_{x\to+\infty}\mathrm{e}^{\frac{\ln x}{x}}=\mathrm{e}^0=1.$$

**【例 3-16】** 求$\lim\limits_{x\to1}(2-x)^{\tan\frac{\pi}{2}x}$.

**解** 这是$1^\infty$型未定式．由于

$$\lim_{x\to1}\ln(2-x)^{\tan\frac{\pi}{2}x}=\lim_{x\to1}\frac{\ln(2-x)}{\cot\frac{\pi}{2}x}=\lim_{x\to1}\frac{-\frac{1}{2-x}}{-\frac{\pi}{2}\csc^2\frac{\pi}{2}x}=\frac{2}{\pi},$$

所以
$$\lim_{x\to1}(2-x)^{\tan\frac{\pi}{2}x}=\mathrm{e}^{\frac{2}{\pi}}.$$

## 习 题 3.2

1. 求下列极限：

(1) $\lim\limits_{x\to1}\dfrac{x+x^2+x^3-3}{x-1}$；　(2) $\lim\limits_{x\to a}\dfrac{\sin x-\sin a}{x-a}$；

(3) $\lim\limits_{x\to\pi}\dfrac{\sin 2x}{\tan x}$．　(4) $\lim\limits_{x\to0}\dfrac{x\cos x-\sin x}{x^3}$；

(5) $\lim\limits_{x\to0}\dfrac{\ln(1+x)-x}{\cos x-1}$；　(6) $\lim\limits_{x\to\frac{\pi}{2}}\dfrac{\ln\sin x}{(2x-\pi)^2}$；

(7) $\lim\limits_{x\to\infty}x(\mathrm{e}^{\frac{2}{x}}-1)$；　(8) $\lim\limits_{x\to0}x\cot 3x$；

(9) $\lim\limits_{x\to2}\left(\dfrac{1}{x-2}-\dfrac{4}{x^2-4}\right)$；　(10) $\lim\limits_{x\to1}\left(\dfrac{x}{x-1}-\dfrac{1}{\ln x}\right)$；

(11) $\lim\limits_{x\to0^+}\left(\dfrac{1}{x}\right)^{\tan x}$；　(12) $\lim\limits_{x\to0}(\cos x)^{\frac{1}{x^2}}$；

2. 验证极限$\lim\limits_{x\to0}\dfrac{x^2\sin\frac{1}{x}}{\sin x}$存在，但不能用罗必达法则计算出来．

# *3.3　泰勒公式

多项式函数是最简单的函数之一. 对于一些较复杂的函数,为了研究方便,我们通常设法用多项式来近似表示. 本节讨论这一问题.

## 3.3.1　泰勒公式

在上一章中已经知道,当函数 $y=f(x)$ 在点 $x_0$ 的某邻域 $U(x_0)$ 内有定义且在点 $x_0$ 可导时,对 $x_0+\Delta x\in U(x_0)$,有

$$\Delta y = f(x_0+\Delta x)-f(x_0)=f'(x_0)\Delta x+o(\Delta x).$$

令 $x=x_0+\Delta x$,则上式可改写为

$$f(x)=f(x_0)+f'(x_0)\cdot(x-x_0)+o(x-x_0).$$

上式表明:当 $|x-x_0|$ 很小时,就可以用 $(x-x_0)$ 的一次多项式 $f(x_0)+f'(x_0)\cdot(x-x_0)$ 近似地代替 $f(x)$. 但这种近似表达式有以下不足:首先,用上面的一次多项式代替 $f(x)$ 时所产生的误差仅仅是关于 $(x-x_0)$ 的高阶无穷小,它的精确度往往还不能满足实际需要;其次,用它来作近似计算无法估计误差的大小. 因此,很自然地想到能否用 $(x-x_0)$ 的 $n(n>1)$ 次多项式 $P_n(x)$ 来近似表示函数 $f(x)$,使得当 $x\to x_0$ 时,$f(x)-P_n(x)$ 是比 $(x-x_0)^n$ 高阶的无穷小量,并且能够写出误差 $|f(x)-P_n(x)|$ 的具体表达式. 这就是下面的泰勒中值定理.

**泰勒**(Taylor)**中值定理**　如果函数 $f(x)$ 在区间 $(a,b)$ 内具有直到 $(n+1)$ 阶的导数,$x_0\in(a,b)$,则对于任一 $x\in(a,b)$,有

$$f(x)=f(x_0)+f'(x_0)(x-x_0)+\frac{f''(x_0)}{2!}(x-x_0)^2+\cdots+\frac{f^{(n)}(x_0)}{n!}(x-x_0)^n+R_n(x), \tag{3-10}$$

其中

$$R_n(x)=\frac{f^{(n+1)}(\xi)}{(n+1)!}(x-x_0)^{n+1}\quad(\xi\text{介于}x_0、x\text{之间}) \tag{3-11}$$

当 $x\to x_0$ 时 $R_n(x)$ 是比 $(x-x_0)^n$ 高阶的无穷小量,即 $R_n(x)=o[(x-x_0)^n]$.

证明从略.

式(3-10)称为函数 $f(x)$ 在点 $x=x_0$ 处的 $n$ 阶**泰勒公式**,$R_n(x)$ 称为**余项**. 如果余项用公式(3-11)表示时称为**拉格朗日型余项**;余项用 $o[(x-x_0)^n]$ 表示时称为**皮尔诺**(Peano)**型余项**. 式(3-10)右端除 $R_n(x)$ 外的 $(n+1)$ 项所构成的 $n$ 次多项式

$$P_n(x)=f(x_0)+f'(x_0)(x-x_0)+\frac{f''(x_0)}{2!}(x-x_0)^2+\cdots+\frac{f^{(n)}(x_0)}{n!}(x-x_0)^n \tag{3-12}$$

称为函数 $f(x)$ 在点 $x=x_0$ 处的 $n$ 次**泰勒多项式**.

当 $n=0$ 时，带有拉格朗日型余项的泰勒公式成为

$$f(x)=f(x_0)+f'(\xi)\cdot(x-x_0)\quad(\xi\text{介于}x_0、x\text{之间}),$$

这就是拉格朗日中值公式．因此，泰勒中值定理是拉格朗日中值定理的推广.

由式(3-10)可知，如果用泰勒多项式 $P_n(x)$ 来近似表示函数 $f(x)$ 时，其误差为 $|R_n(x)|$. 对于某个固定的 $n$，当 $x\in(a,b)$ 时，如果 $|f^{(n+1)}(x)|\leqslant M$，则有误差估计式：

$$|R_n(x)|=\left|\frac{f^{(n+1)}(\xi)}{(n+1)!}(x-x_0)^{n+1}\right|\leqslant\frac{M}{(n+1)!}|x-x_0|^{n+1}.\qquad(3\text{-}13)$$

### 3.3.2 几个函数的马克劳林公式

在泰勒公式中，令 $x_0=0$，则 $\xi$ 在 0 与 $x$ 之间，这时带有拉格朗日型余项的泰勒公式(3-10)就变成如下较简单的形式

$$\begin{aligned}f(x)=f(0)+f'(0)x+\frac{f''(0)}{2!}x^2+\cdots+\\ \frac{f^{(n)}(0)}{n!}x^n+\frac{f^{(n+1)}(\theta x)}{(n+1)!}x^{n+1}(0<\theta<1),\end{aligned}\qquad(3\text{-}14)$$



上式称为函数 $f(x)$ 的 $n$ 阶**马克劳林**(Maclaurin)**公式**. 由上式得近似公式

$$f(x)\approx f(0)+f'(0)x+\frac{f''(0)}{2!}x^2+\cdots+\frac{f^{(n)}(0)}{n!}x^n,\qquad(3\text{-}15)$$

误差估计式(3-13)相应地变为

$$|R_n(x)|\leqslant\frac{M}{(n+1)!}|x|^{n+1}.$$

**【例 3-17】** 求函数 $f(x)=e^x$ 的带有拉格朗日型余项的 $n$ 阶马克劳林公式，并且：(1)用展开式中前八项计算 e 的近似值，估计其误差；(2)计算 e 的近似值，使误差不超过 $10^{-5}$.

**解** 因为 $f(x)=e^x$，$f^{(n)}(x)=e^x(n=1,2,\cdots)$，所以

$$f(0)=f'(0)=f''(0)=\cdots=f^{(n)}(0)=1.$$

把上述值代入式(3-14)，并注意到 $f^{(n+1)}(\theta x)=e^{\theta x}$ 便得

$$e^x=1+x+\frac{x^2}{2!}+\frac{x^3}{3!}+\cdots+\frac{x^n}{n!}+\frac{e^{\theta x}}{(n+1)!}x^{n+1}\quad(0<\theta<1).$$

当 $x=1$ 时，

$$e=1+1+\frac{1}{2!}+\frac{1}{3!}+\cdots+\frac{1}{n!}+\frac{e^\theta}{(n+1)!},$$

于是

$$e\approx1+1+\frac{1}{2!}+\frac{1}{3!}+\cdots+\frac{1}{n!},$$

误差

$$|R_n| = \frac{1}{(n+1)!}e^{\theta} < \frac{e}{(n+1)!} < \frac{3}{(n+1)!}.$$

(1) 要求用前八项计算，即取 $n=7$，则

$$e \approx 1 + 1 + \frac{1}{2!} + \frac{1}{3!} + \cdots + \frac{1}{7!} \approx 2.7182,$$

此时误差为　$$|R_n| < \frac{3}{(n+1)!} = \frac{3}{8!} \approx 7.44 \times 10^{-5}.$$

(2) 要使 $\frac{3}{(n+1)!} < \frac{1}{100000}$，只要取 $n=8$，即取展开式中的前九项计算可保证所产生的误差不超过 $10^{-5}$. 此时

$$e \approx 1 + 1 + \frac{1}{2!} + \frac{1}{3!} + \cdots + \frac{1}{8!} \approx 2.71829.$$

**【例 3-18】** 求函数 $f(x)=\sin x$ 的带有拉格朗日型余项的 $2n$ 阶马克劳林公式.

**解**　因为 $f(x)=\sin x$，$f^{(n)}(x)=\sin\left(x+\frac{n\pi}{2}\right)(n=1,2,\cdots)$，所以，

$$f(0)=0, f'(0)=1, f''(0)=0,$$
$$f'''(0)=-1,\cdots,f^{(2n-1)}(0)=(-1)^{n-1},f^{(2n)}(0)=0.$$

把上述值代入式(3-14)，就得到

$$\sin x = x - \frac{x^3}{3!} + \frac{x^5}{5!} + \cdots + (-1)^{n-1}\frac{x^{2n-1}}{(2n-1)!} + R_{2n}(x).$$

其中

$$R_{2n}(x) = \frac{\sin\left[\theta x + \frac{(2n+1)\pi}{2}\right]}{(2n+1)!}x^{2n+1} \quad (0<\theta<1).$$

如果在展开式中分别取前 2 项、前 3 项作为近似公式，则得

$$\sin x \approx x - \frac{x^3}{3!}、\quad \sin x \approx x - \frac{x^3}{3!} + \frac{x^5}{5!},$$

其误差分别满足

$$|R_4(x)| \leqslant \frac{1}{5!}|x|^5、\quad |R_6(x)| \leqslant \frac{1}{7!}|x|^7.$$

类似地，可以得到其他常用的带有拉格朗日型余项的马克劳林公式：

$$\cos x = 1 - \frac{x^2}{2!} + \frac{x^4}{4!} + \cdots + (-1)^n\frac{x^{2n}}{(2n)!} + R_{2n+1}(x),$$

其中　$R_{2n+1}(x) = \frac{\cos[\theta x+(n+1)\pi]}{(2n+2)!}x^{2n+2} \quad (0<\theta<1)$；

$$\ln(1+x) = x - \frac{1}{2}x^2 + \frac{1}{3}x^3 - \cdots + (-1)^{n-1}\frac{1}{n}x^n + R_n(x),$$

其中 $R_n(x)=(-1)^n\dfrac{1}{(n+1)(1+\theta x)^{n+1}}x^{n+1}\quad(0<\theta<1)$；

$$\frac{1}{1+x}=1-x+x^2-\cdots+(-1)^n x^n+R_n(x),$$

其中 $R_n(x)=(-1)^{n-1}\dfrac{1}{(1+\theta x)^{n+2}}x^{n+1}\quad(0<\theta<1)$.

## 习 题 3.3

1. 将多项式 $f(x)=x^4-5x^3+2x+4$ 展开成 $x-3$ 的多项式.
2. 应用马克劳林公式，按 $x$ 的幂展开函数 $f(x)=(x^2-3x+1)^3$.
3. 求函数 $f(x)=xe^x$ 的带有拉格朗日型余项的 $n$ 阶马克劳林公式.
4. 求函数 $f(x)=\sin^2 x$ 的带有皮尔诺型余项的 5 阶马克劳林公式.

## 3.4 函数的单调性和极值



### 3.4.1 函数的单调性判定

我们已经知道，函数在 $(a,b)$ 内单调递增，它表示的曲线在 $(a,b)$ 内就会随着 $x$ 的增大而上升；函数在 $(a,b)$ 内单调递减，曲线在 $(a,b)$ 内就会随着 $x$ 的增大而下降．下面利用导数来对函数的单调性进行判别．

从图形上看，如果函数 $y=f(x)$ 在 $(a,b)$ 内单调递增，那么相应曲线上每一点处切线的斜率都非负，即 $f'(x)\geqslant 0$，如图 3-4 所示；同样，如果函数 $f(x)$ 在 $(a,b)$ 内单调递减，那么相应曲线上每一点处切线的斜率都非正，即 $f'(x)\leqslant 0$，如图 3-5 所示．由此可见，函数的单调性与导数的符号密切相关．这样就可以用导数来判别函数 $f(x)$ 的单调性．

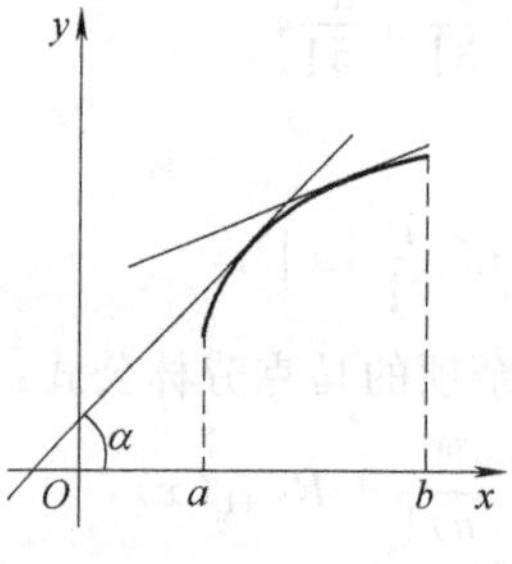


图 3-4

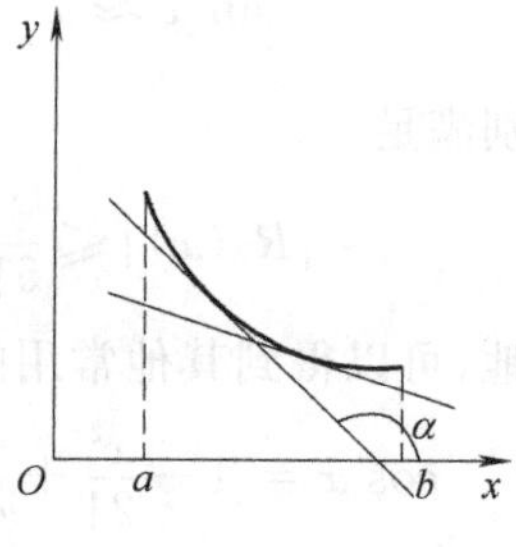


图 3-5

**定理 3-3** 设函数 $y=f(x)$ 在 $[a,b]$ 上连续，在 $(a,b)$ 内可导．

(1) 如果在 $(a,b)$ 内 $f'(x)>0$，则函数 $y=f(x)$ 在 $[a,b]$ 上单调增加；

(2) 如果在$(a,b)$内 $f'(x)<0$,则函数 $y=f(x)$在$[a,b]$上单调减少．

**证**　在$[a,b]$内任取两点 $x_1,x_2$,且 $x_1<x_2$. 对函数 $f(x)$在区间$[x_1,x_2]$上应用拉格朗日中值定理,得

$$f(x_2)-f(x_1)=f'(\xi)(x_2-x_1)\quad (x_1<\xi<x_2).$$

如果在$(a,b)$内 $f'(x)>0$,则 $f'(\xi)>0$,而 $x_2-x_1>0$,故

$$f(x_2)-f(x_1)=f'(\xi)(x_2-x_1)>0,\text{即 } f(x_2)>f(x_1),$$

所以函数 $f(x)$在$[a,b]$上单调增加．

如果在$(a,b)$内 $f'(x)<0$,则 $f'(\xi)<0$,而 $x_2-x_1>0$,故

$$f(x_2)-f(x_1)=f'(\xi)(x_2-x_1)<0,\text{即 } f(x_2)<f(x_1),$$

所以函数 $f(x)$在$[a,b]$上单调减少．

如果把此判别法中的闭区间换成其他各种区间(包括无穷区间),其结论仍然成立．

应当注意,$f'(x)>0$(或$<0$)只是函数 $f(x)$在$[a,b]$上单调增加(或减少)的充分条件,而非必要条件．函数在某一区间上单调增加(或减少),也可能在单调区间的个别点处,函数的导数为零．例如,$f(x)=x^3$ 在区间$(-\infty,+\infty)$内是单调增加的,但它的一阶导数 $f'(x)=3x^2$ 在此区间内并非都大于零(在 $x=0$ 处,$f'(0)=0$).



**【例 3-19】**　讨论函数 $f(x)=2x^3-9x^2+12x-3$ 的单调性．

**解**　函数 $f(x)$的定义域为$(-\infty,+\infty)$,该函数的导数为

$$f'(x)=6x^2-18x+12=6(x-1)(x-2),$$

令 $f'(x)=0$,得驻点 $x_1=1,x_2=2$. 以 $x_1,x_2$ 为分界点,将定义域$(-\infty,+\infty)$分成三个子区间$(-\infty,1)$,$(1,2)$,$(2,+\infty)$,在这些子区间中分别考察 $f'(x)$的符号,从而确定 $f(x)$的单调增减性．为清楚起见,列表讨论如下：

| $x$ | $(-\infty,1)$ | 1 | $(1,2)$ | 2 | $(2,+\infty)$ |
|---|---|---|---|---|---|
| $f'(x)$ | + | 0 | − | 0 | + |
| $f(x)$ | ↗ | | ↘ | | ↗ |

(上表中符号“↗”表示函数单调增加,符号“↘”表示函数单调减少)

由此可见：函数 $f(x)$在区间$(-\infty,1]$以及$[2,+\infty)$上单调增加,在$[1,2]$上单调减少．$f(x)$的图形如图 3-6 所示．

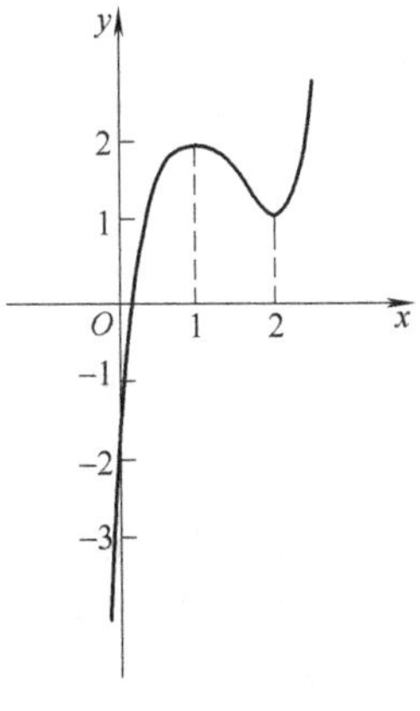

图　3-6

**【例 3-20】**　求函数 $f(x)=\sqrt[3]{x^2}$的单调区间．

**解**　函数 $f(x)=\sqrt[3]{x^2}$的定义域为$(-\infty,+\infty)$,该函数的导数为

$$f'(x)=\frac{2}{3}x^{-\frac{1}{3}}=\frac{2}{3}\cdot\frac{1}{\sqrt[3]{x}},$$

在定义域内没有导数为零的点，但点 $x=0$ 处的导数不存在．以 $x=0$ 为分界点，将定义域$(-\infty,+\infty)$分成两个子区间$(-\infty,0)$、$(0,+\infty)$，在这两个子区间中分别考察$f'(x)$的符号，从而确定 $f(x)$的单调增减性．列表讨论如下：

| $x$ | $(-\infty,0)$ | $0$ | $(0,+\infty)$ |
| --- | --- | --- | --- |
| $f'(x)$ | $-$ | 不存在 | $+$ |
| $f(x)$ | ↘ | | ↗ |

于是，函数 $f(x)$在区间$(-\infty,0]$上为单调减少，在$[0,+\infty)$上为单调增加．如图 3-7 所示．

从上面的例子看出，确定函数 $f(x)$的单调区间的步骤如下：

(1) 确定 $f(x)$的定义域；

(2) 求导数 $f'(x)$；

(3) 求出 $f(x)$在定义域内的全部驻点与不可导点，用这些点将定义域分成若干个子区间；

(4) 列表判断在各个子区间内导数的正负符号，并由此确定函数的单调区间．

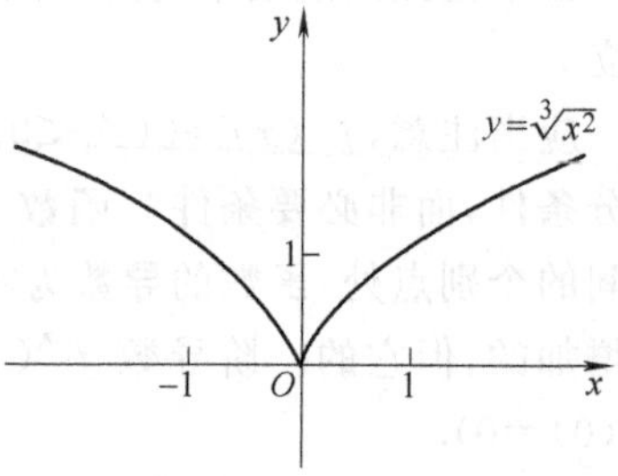

图 3-7

利用函数的单调性，可证明一些不等式．

**【例 3-21】** 证明：$x>0$ 时，$x>\ln(1+x)$．

**证** 设 $f(x)=x-\ln(1+x)$，则

$$f'(x)=1-\frac{1}{1+x}=\frac{x}{1+x}.$$

由于 $f(x)$在$[0,+\infty)$上连续，在$(0,+\infty)$内 $f'(x)>0$，所以函数 $f(x)$在$[0,+\infty)$上单调递增，从而当 $x>0$ 时，有 $f(x)>f(0)=0$，即 $x-\ln(1+x)>0$，也即

$$\ln(1+x)<x\quad(x>0).$$

### 3.4.2 函数的极值及其求法

在例 3-19 中，点 $x_1=1$ 及 $x_2=2$ 是函数 $f(x)=2x^3-9x^2+12x-3$ 单调区间的分界点，也就是函数增减的转折点．从点 $x_1=1$ 的左侧邻域到右侧邻域，曲线 $y=f(x)$先上升，后下降．因此存在点 $x_1=1$ 的某一去心邻域，对该邻域内的任意一点 $x$，都有 $f(x)<f(1)$．类似地，存在点 $x_2=2$ 的某一去心邻域，对该邻域内的任意一点 $x$，都有 $f(x)>f(2)$．具有这种性质的点及其函数值在应用上有着重要

的意义．下面给出一般定义．

**定义 3-1**　设函数 $f(x)$ 在点 $x_0$ 的某邻域 $U(x_0)$ 内有定义，若对该邻域内任一异于 $x_0$ 的点 $x$，有

$$f(x) < f(x_0) \quad (\text{或 } f(x) > f(x_0)),$$

则称 $x_0$ 为函数 $f(x)$ 的**极大值点**（或**极小值点**），而 $f(x_0)$ 称为函数 $f(x)$ 的一个**极大值**（或**极小值**）．

极大值点和极小值点统称为**极值点**．极大值与极小值统称为**极值**．

例如，例 3-19 中 $x_1=1$ 和 $x_2=2$ 是函数 $f(x)=2x^3-9x^2+12x-3$ 的极大值点和极小值点，$f(1)=2$ 和 $f(2)=1$ 为函数的极大值和极小值．

在图 3-8 中，$x_1$、$x_4$、$x_6$ 为极小值点，$x_2$、$x_5$ 为极大值点．

值得注意的是，函数极值的概念是局部性的．如果 $f(x_0)$ 是函数 $f(x)$ 的一个极大值，那只是就 $x_0$ 的某一邻域这个局部范围而言，$f(x_0)$ 是 $f(x)$ 的最大值；如果就 $f(x)$ 的整个定义域而言，$f(x_0)$ 不见得是最大值．关于极小值也类似．

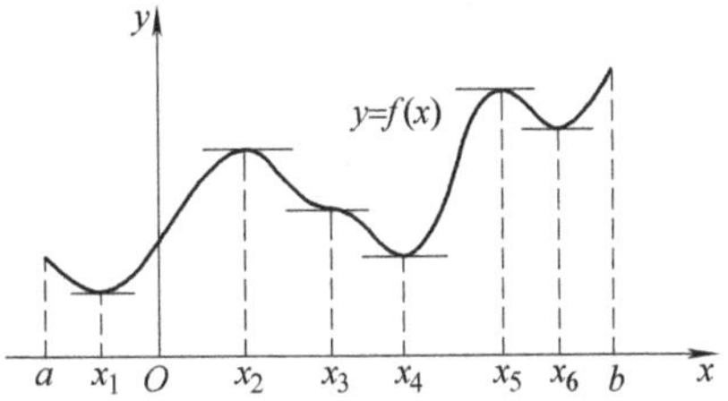


图　3-8

由本章 3.1.1 中的费马引理可知，如果函数 $f(x)$ 在点 $x_0$ 处可导，且在 $x_0$ 处取得极值，那么 $f'(x_0)=0$．于是，我们可得下面的定理．

**定理 3-4（函数取得极值的必要条件）**　设函数 $f(x)$ 在 $x_0$ 处取得极值，则必有 $f'(x_0)=0$ 或 $f'(x_0)$ 不存在．

定理 3-4 表明：函数的极值点只需在函数的驻点或不可导点中寻找．但必须注意，函数的驻点与不可导点不一定就是极值点．例如，函数 $f(x)=x^3$ 的导数为 $f'(x)=3x^2$，$f'(0)=0$，尽管 $x=0$ 为该函数的驻点，但 $x=0$ 并不是这个函数的极值点．再如，函数 $f(x)=\sqrt[3]{x}$ 在点 $x=0$ 处不可导，但该函数在 $x=0$ 处也不取得极值．

怎样判定函数在驻点或不可导点处究竟是否取得极值？如果是的话，是取得极大值还是极小值？下面给出两个判定极值的充分条件．

**定理 3-5（函数取得极值的第一充分条件）**　设函数 $f(x)$ 在点 $x_0$ 处连续，且在 $x_0$ 的某去心邻域 $\mathring{U}(x_0,\delta)$ 内可导．

(1) 如果当 $x\in(x_0-\delta,x_0)$ 时，$f'(x)>0$，而当 $x\in(x_0,x_0+\delta)$ 时，$f'(x)<0$，则 $f(x)$ 在点 $x_0$ 处取得极大值；

(2) 如果当 $x\in(x_0-\delta,x_0)$ 时，$f'(x)<0$，而当 $x\in(x_0,x_0+\delta)$ 时，$f'(x)>0$，则 $f(x)$ 在点 $x_0$ 处取得极小值；

(3) 如果当 $x\in(x_0-\delta,x_0)\cup(x_0,x_0+\delta)$ 时，$f'(x)$的符号不发生变化，则 $f(x)$在点 $x_0$ 处不取得极值．

**证** (1) 因为当 $x\in(x_0-\delta,x_0)$时，$f'(x)>0$，而当 $x\in(x_0,x_0+\delta)$时，$f'(x)<0$，又函数 $f(x)$在点 $x_0$ 处连续，故根据函数单调性的判定定理，函数$f(x)$在区间$(x_0-\delta,x_0]$上单调增加，在区间$[x_0,x_0+\delta)$内单调减少．故当 $x\in\mathring{U}(x_0,\delta)$时，总有 $f(x)<f(x_0)$．所以 $f(x)$在点 $x_0$ 处取得极大值(图 3-9a)．

(2) 证法与情形(1)类似，如图 3-9b 所示．

(3) 因为当 $x\in(x_0-\delta,x_0)\cup(x_0,x_0+\delta)$时，$f'(x)$不变号，即 $f'(x)>0$(或 $f'(x)<0$)，则函数 $f(x)$在区间$(x_0-\delta,x_0+\delta)$内是单调增加的(或单调减少的)，因此 $f(x)$在点 $x_0$ 处不取得极值，如图 3-9c、d.

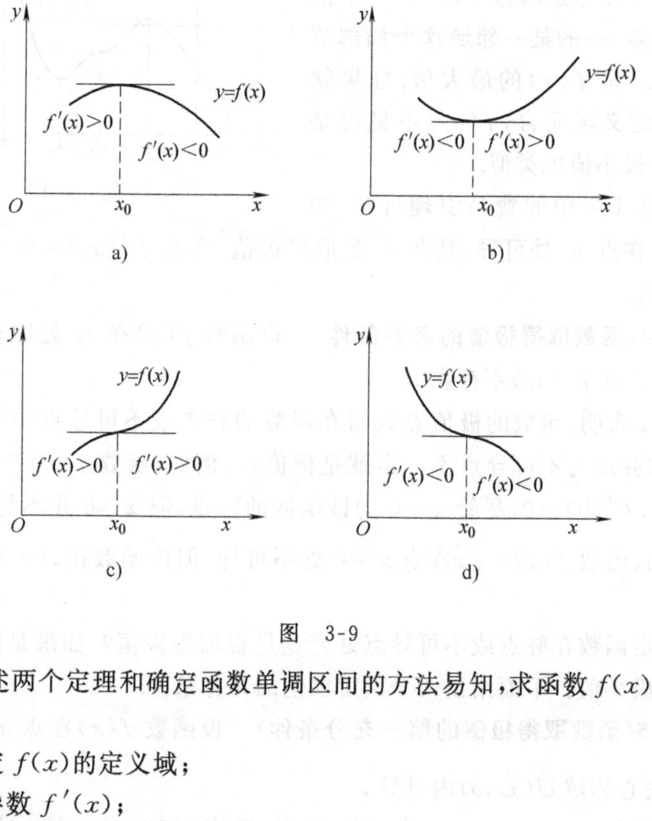


图 3-9

根据上述两个定理和确定函数单调区间的方法易知，求函数 $f(x)$的极值的一般步骤为：

(1) 确定 $f(x)$的定义域；

(2) 求导数 $f'(x)$；

(3) 求出 $f(x)$在定义域内的全部驻点与不可导点，用这些点将定义域分成若干个子区间；

(4) 列表讨论在各个子区间内导数的正负号，并由此确定各驻点与不可导点是否为函数的极值点，求出各极值点处的函数值.

【例 3-22】 求函数 $f(x)=x^3-3x^2-9x+5$ 的极值.

**解** 函数 $f(x)$ 的定义域为 $(-\infty,+\infty)$,

$$f'(x)=3x^2-6x-9=3(x+1)(x-3),$$

令 $f'(x)=0$,得驻点 $x_1=-1$,$x_2=3$,列表讨论如下:

| $x$ | $(-\infty,-1)$ | $-1$ | $(-1,3)$ | $3$ | $(3,+\infty)$ |
|---|---|---|---|---|---|
| $f'(x)$ | + | 0 | − | 0 | + |
| $f(x)$ | ↗ | 10 | ↘ | −22 | ↗ |

由表中可见,函数 $f(x)$ 在 $x=-1$ 处取得极大值,极大值为 $f(-1)=10$,在 $x=3$ 处取得极小值,极小值为 $f(3)=-22$.

【例 3-23】 求函数 $f(x)=2x-3x^{\frac{2}{3}}$ 的极值.

**解** 函数 $f(x)=2x-3x^{\frac{2}{3}}$ 的定义域为 $(-\infty,+\infty)$,

$$f'(x)=2-2x^{-\frac{1}{3}}=\frac{2(\sqrt[3]{x}-1)}{\sqrt[3]{x}},$$

令 $f'(x)=0$,得 $x_1=1$,在点 $x=0$ 处 $f'(x)$ 不存在.

列表讨论如下:

| $x$ | $(-\infty,0)$ | 0 | $(0,1)$ | 1 | $(1,+\infty)$ |
|---|---|---|---|---|---|
| $f'(x)$ | + | 不存在 | − | 0 | + |
| $f(x)$ | ↗ | 0 | ↘ | −1 | ↗ |

由上表可见,函数 $f(x)$ 在 $x=0$ 处取得极大值,极大值为 $f(0)=0$,在 $x=1$ 处取得极小值,极小值为 $f(1)=-1$.

利用极值的第一充分条件判定极值,需要考察 $f'(x)$ 在驻点或不可导点左、右两侧的符号,有时用起来不很方便.如果 $f(x)$ 在驻点处的二阶导数存在且不为零,也可利用二阶导数 $f''(x)$ 在驻点处的符号来判定极值,这就是极值的第二判定法.

**定理 3-6(函数取得极值的第二充分条件)** 设函数 $f(x)$ 在点 $x_0$ 处具有二阶导数,且 $f'(x_0)=0$,$f''(x_0)\neq 0$,则

(1) 当 $f''(x_0)<0$ 时,函数 $f(x)$ 在点 $x_0$ 处取得极大值;

(2) 当 $f''(x_0)>0$ 时,函数 $f(x)$ 在点 $x_0$ 处取得极小值.

**证** (1) 由于 $f''(x_0)<0$,根据二阶导数的定义有

$$f''(x_0)=\lim_{x\to x_0}\frac{f'(x)-f'(x_0)}{x-x_0}=\lim_{x\to x_0}\frac{f'(x)}{x-x_0}<0.$$

由极限的局部保号性,可知在点 $x_0$ 的某去心邻域 $\mathring{U}(x_0,\delta)$ 内,必有

$$\frac{f'(x)}{x-x_0}<0.$$

由此可见：当 $x\in(x_0-\delta,x_0)$ 时，$f'(x)>0$，而当 $x\in(x_0,x_0+\delta)$ 时，$f'(x)<0$，由极值的第一判定法知道，函数 $f(x)$ 在点 $x_0$ 处取得极大值.

(2) $f''(x_0)>0$ 的情形可类似地证明.

如果 $f'(x_0)=f''(x_0)=0$，那么极值的第二判定法就不能应用. 事实上，此时函数在点 $x_0$ 处可能取得极大值，也可能取得极小值，还有可能不取得极值. 例如，$f_1(x)=-x^4$，$f_2(x)=x^4$，$f_3(x)=x^3$ 这三个函数在 $x=0$ 处就分别属于这三种情况. 这时仍然需要利用第一充分条件判定极值.

**【例 3-24】** 求函数 $f(x)=x^4-\frac{4}{3}x^3+1$ 的极值.

**解** 函数 $f(x)=x^4-\frac{4}{3}x^3+1$ 的定义域为 $(-\infty,+\infty)$，

$$f'(x)=4x^3-4x^2=4x^2(x-1),\ f''(x)=12x^2-8x.$$



令 $f'(x)=0$，得驻点

$$x_1=0,x_2=1.$$

因为 $f''(1)=4>0$，所以函数 $f(x)$ 在 $x_2=1$ 处取得极小值，极小值为 $f(1)=\frac{2}{3}$；对驻点 $x_1=0$，因为 $f''(0)=0$，故用第二判定法无法判定. 下面列表考察 $f'(x)$ 在 $x_1=0$ 左、右邻域内的符号：

| $x$ | $(-\infty,0)$ | 0 | $(0,1)$ |
|---|---|---|---|
| $f'(x)$ | － | 0 | － |
| $f(x)$ | ↘ | 1 | ↘ |

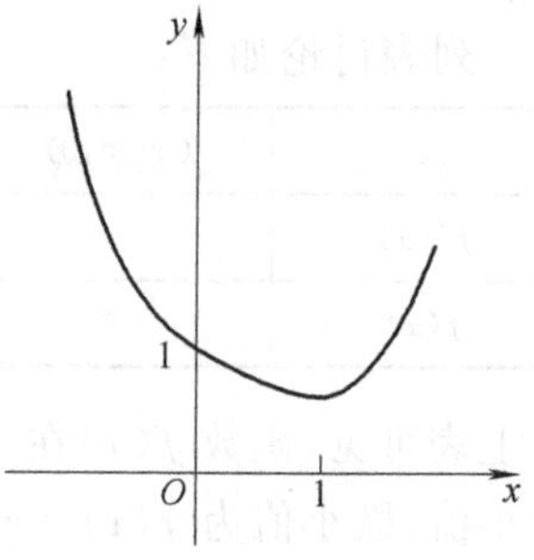


图 3-10

由上表可知，$f(x)$ 在 $x=0$ 处不取得极值(图 3-10).

### 3.4.3 最大值、最小值

在生产实际、工程技术及科学实践活动中，经常会碰到一类问题：在一定条件下，如何才能使“时间最少、效率最高、用料最省、成本最低”等问题. 这些问题反映在数学上就是求某一函数(通常称为目标函数)的最大值或最小值问题.

那么如何求函数在一个区间上的最大值和最小值呢？

假设函数 $f(x)$ 在闭区间 $[a,b]$ 上连续，根据闭区间上连续函数的性质，$f(x)$ 在 $[a,b]$ 上一定存在最大值和最小值. 如果最大值或最小值在区间 $(a,b)$ 内部某一点取得，则该点或者是函数的不可导点，或者由费马引理可知是函数的驻点. 又最大值或最小值也有可能在区间端点 $a$ 或 $b$ 取得. 因此求函数 $f(x)$ 在闭区间 $[a,b]$ 上的最大值和最小值的步骤如下：

(1)求导数 $f'(x)$；

(2)求出 $f(x)$ 在 $(a,b)$ 内的全部驻点与不可导点 $x_1,x_2,\cdots,x_n$；

(3)计算 $f(x_1)$，$f(x_2)$，…，$f(x_n)$ 及 $f(a)$，$f(b)$；

(4)比较(3)中各数值的大小，其中最大的就是函数 $f(x)$ 在 $[a,b]$ 上的最大值，最小的就是函数 $f(x)$ 在 $[a,b]$ 上的最小值.

**【例 3-25】** 求函数 $f(x)=2x^3-3x^2-12x+1$ 在 $[-2,3]$ 上的最大值与最小值.

**解** $f'(x)=6x^2-6x-12=6(x+1)(x-2)$.

令 $f'(x)=0$，得 $f(x)$ 在区间 $(-2,3)$ 内的驻点 $x_1=-1,x_2=2$. 因为

$$f(-1)=8,f(2)=-19,f(-2)=-3,f(3)=-8.$$

所以 $f(x)$ 在 $x=2$ 处取得最小值 $-19$，在 $x=-1$ 处取得最大值 8.

在下面两种情况下，求最大值与最小值还可以更方便.

(1) 若函数 $f(x)$ 在闭区间 $[a,b]$ 上单调增加，则 $f(a)$ 必然是最小值，$f(b)$ 是最大值；若函数 $f(x)$ 在闭区间 $[a,b]$ 上单调减少，则 $f(a)$ 是最大值，$f(b)$ 是最小值.

(2)如果连续函数在某区间(不限于闭区间)内只有唯一的极大值而没有极小值，那么该极大值就是函数在此区间上的最大值；同样，如果只有唯一的极小值而没有极大值，那么该极小值就是函数在此区间上的最小值.

**【例 3-26】** 某厂每批生产某种商品 $x$ 单位时的费用为 $C(x)=5x+200$ (元)，得到的收益为 $R(x)=10x-0.01x^2$ (元). 问每批生产多少个单位商品时，工厂获得的利润最大?

**解** 利润

$$L(x)=R(x)-C(x)=-0.01x^2+5x-200,$$

$$L'(x)=-0.02x+5,$$

令 $f'(x)=0$，得唯一驻点 $x=250$. 因为

$$L''(250)=-0.02<0,$$

所以函数 $L(x)$ 在 $x=250$ 处取得极大值，由极值的唯一性可知，此极大值也是 $L(x)$ 的最大值. 即每批生产 250 个单位商品，工厂获得的利润最大.

**【例 3-27】** 铁路线上 $AB$ 间的距离为 100km. 一工厂 $C$ 距 $A$ 处 20km，$AC$ 垂直于 $AB$. 为了运输，在 $AB$ 之间选定一点 $D$ 向工厂修筑一条公路. 已知铁路与公路每公里运费之比是 3∶5，问 $D$ 点选在何处，才能使货物从 $B$ 运到工厂 $C$ 的运费最省?(图 3-11)

**解** 设 $AD=x$(km)，则 $DB=100-x$，

$$CD=\sqrt{20^2+x^2}=\sqrt{400+x^2}.$$

由于铁路与公路每公里运费之比是 3∶5，所以可设铁路每公里运费为 $3k$，公

路每公里运费为 $5k$（$k$ 是大于零的比例系数），设货物从 $B$ 运到工厂 $C$ 的运费为 $y$，那么有

$$y=5k\cdot\sqrt{400+x^2}+3k\cdot(100-x)\quad(0\leqslant x\leqslant 100).$$

于是，问题归结为求上述目标函数在区间[0，100]内的最小值点．因为

$$y'=k\left(\frac{5x}{\sqrt{400+x^2}}-3\right).$$

令 $y'=0$，得唯一驻点 $x=15(\text{km})$．又

$$y''=k\frac{2000}{(400+x^2)\sqrt{400+x^2}},\quad y''(15)>0.$$

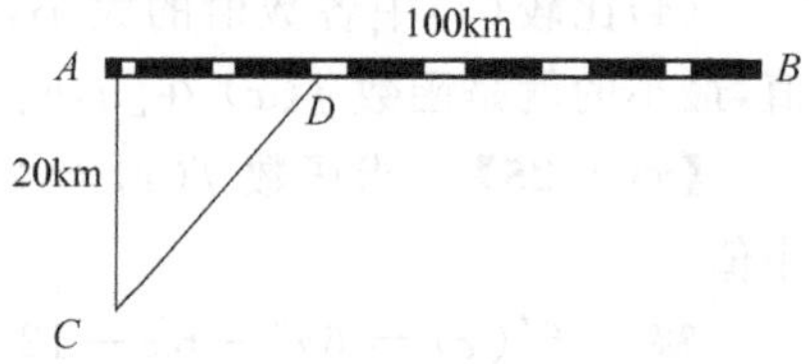

图 3-11

根据极值的第二判定法，当 $x=15$ 时，目标函数取得极小值，从而也使函数取得最小值．因此，当 $AD=15\text{km}$ 时，总运费最省．



## 习 题 3.4

1. 确定下列函数的单调区间：

(1) $y=3x-x^3$；　(2) $y=\dfrac{x}{1+x^2}$；

(3) $y=\dfrac{1}{3}x^3-8\ln x$；　(4) $y=\sqrt{2x-x^2}$；

(5) $y=x-2\sin x(0\leqslant x\leqslant 2\pi)$；　(6) $y=(x-1)x^{\frac{2}{3}}$.

2. 证明下列不等式：

(1) 当 $x>0$ 时，$e^x-x>1$；

(2) 当 $x>1$ 时，$2\sqrt{x}>3-\dfrac{1}{x}$；

(3) 当 $x>0$ 时，$\ln(1+x)>\dfrac{\arctan x}{1+x}$.

3. 求下列函数的极值：

(1) $y=2x^3-3x^2+7$；　(2) $y=2x^2-x^4$；

(3) $y=x-\ln(1+x)$；　(4) $y=2+(1-x)^{\frac{2}{3}}$；

(5) $y=(x-1)(x+1)^3$.

4. 问 $a$ 为何值时，函数 $f(x)=a\sin x+\dfrac{1}{3}\sin 2x$ 在 $x=\dfrac{\pi}{3}$ 处取得极值？它是极大值还是极小值？并求此极值．

5. 求下列函数的最大值或最小值，如果都存在，均求出：

(1) $y=2x^3+3x^2, x\in[-2,2]$；

(2) $y=x^3-6x^2+5, x\in[-1,2]$;

(3) $y=2x+\sqrt{1-x}, x\in[-5,1]$;

(4) $y=\dfrac{x}{x^2+1}, x\in(0,+\infty)$;

(5) $y=x^2-\dfrac{16}{x}, x\in(-\infty,0)$.

6. 将 6 分为两数之和，使其立方和为最小.

7. 一个无盖的圆柱形容器，当给定体积为 $V$ 时，要使容器的表面积为最小，问底的半径与容器的高的比例应该怎样?

8. 已知某厂生产 $x$ 件产品的成本为 $C(x)=25000+200x+0.025x^2$（元），问：

(1)要使平均成本最小，应生产多少件产品?

(2)若产品以每件 500 元出售，要使利润最大，应生产多少件产品?

9. 用一块半径为 $R$ 的圆形铁皮，剪去一圆心角为 $\alpha$ 的扇形后，做成一个漏斗形容器，问 $\alpha$ 为何值时，容器的容积最大?

10. 用三块相同的木板做成一个断面为梯形的水槽(如图 3-12)，问倾斜角 $\theta$ 为多大时，水槽的流量最大? 最大流量是多少? (设流速为 $v$)

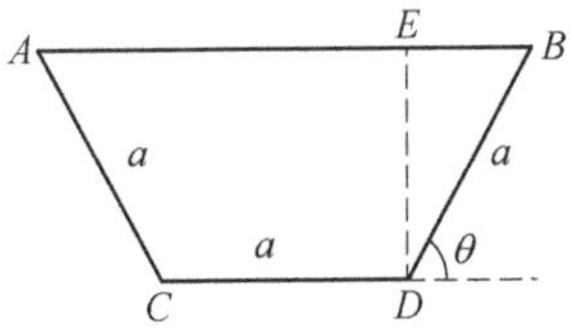


图 3-12

11. 一房地产公司有 50 套公寓要出租. 当月租金定为 1000 元时，公寓能全部租出去；当月租金每增加 50 元时，就会多一套公寓租不出去，而租出去的公寓每月需花费 100 元的维修费，问房租定为多少元时可获得最大收入?



## 3.5 曲线的凹凸性与拐点

在 3.4 节中，我们利用函数一阶导数的符号研究了函数的单调性. 函数的单调性反映在图形上就是曲线的上升或下降. 但是，仅根据上升或下降还不足于反映曲线的准确形态. 例如图 3-13 中的两条曲线弧，虽然都是上升的，但图形却显著不同，$\overset{\frown}{ACB}$弧是凸的，而$\overset{\frown}{ADB}$弧是凹的. 由此可知，需要讨论曲线的凹凸情况，以便进一步了解函数图形的性态.

**定义 3-2** 设 $y=f(x)$在区间 $I$ 上连续，在除端点外的区间内部每一点处的切线都存在. 如果曲线 $y=f(x)$ 总是位于任一切线的上方，则称曲线 $y=f(x)$在区间 $I$ 上是凹的(图 3-14a)；如果曲线总是位于任一切线的下方，则称曲线 $y=f(x)$ 在区间 $I$ 上是凸的(图 3-14b).

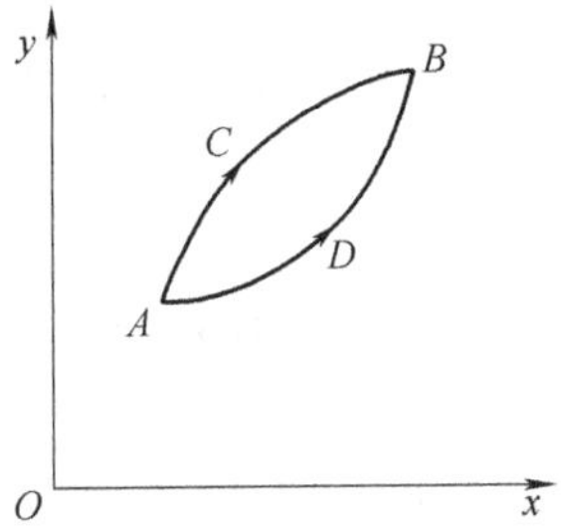


图 3-13

从图 3-14 可以看到：如果曲线 $y=f(x)$在区间

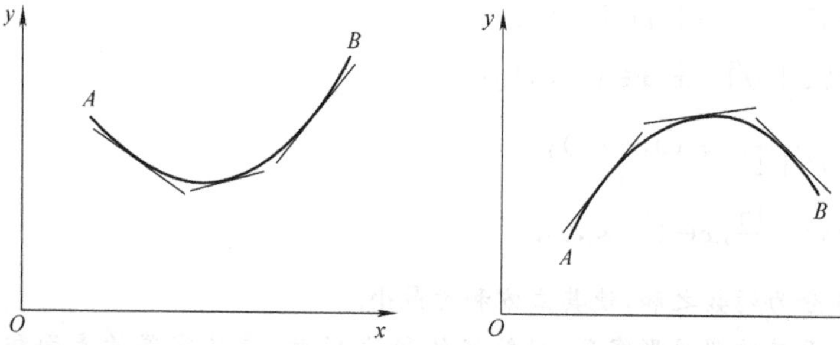


a)　　　　b)

图 3-14

上是凹的，则曲线上各点处的切线斜率随着 $x$ 的增加而增加；如果曲线 $y=f(x)$ 在区间上是凸的，则曲线上各点处的切线斜率随着 $x$ 的增加反而减少. 这启发我们通过函数 $f(x)$ 的二阶导数的正负来判定曲线的凹凸性.



**定理 3-7** 设函数 $y=f(x)$ 在闭区间 $[a,b]$ 上连续，在开区间 $(a,b)$ 内具有二阶导数，

(1) 如果在 $(a,b)$ 内 $f''(x)>0$，那么曲线 $y=f(x)$ 在 $[a,b]$ 上是凹的；

(2) 如果在 $(a,b)$ 内 $f''(x)<0$，那么曲线 $y=f(x)$ 在 $[a,b]$ 上是凸的.

**证** (1) 如图 3-15 所示，任取 $x_0\in(a,b)$，曲线 $y=f(x)$ 在点 $M_0(x_0,f(x_0))$ 处的切线的方程为

$$Y=f(x_0)+f'(x_0)(X-x_0),$$

这里 $X,Y$ 表示切线上任意一点的横坐标与纵坐标.

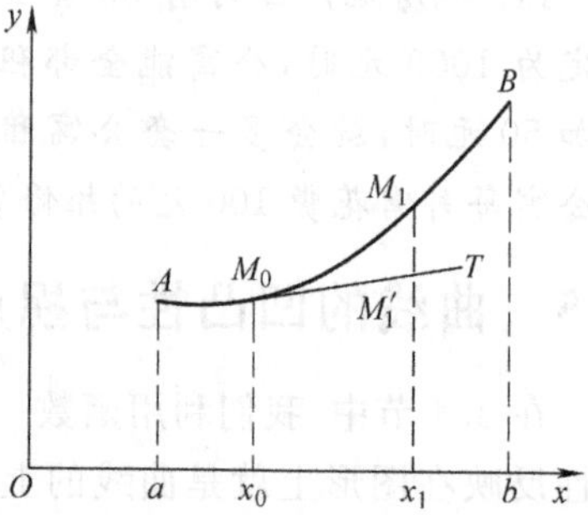


图 3-15

对任意 $x_1\in(x_0,b)$，对应于同一个横坐标 $x_1$，曲线 $y=f(x)$ 上的点 $M_1$ 的纵坐标为 $y_1=f(x_1)$，切线 $M_0T$ 上的点 $M'_1$ 的纵坐标为 $Y_1=f(x_0)+f'(x_0)(x_1-x_0)$，它们的差为

$$y_1-Y_1=f(x_1)-f(x_0)-f'(x_0)(x_1-x_0). \tag{3-16}$$

由拉格朗日中值定理知 $f(x_1)-f(x_0)=f'(\xi)(x_1-x_0)$，其中 $x_0<\xi<x_1$. 将此式代入式(3-16)，得

$$y_1-Y_1=[f'(\xi)-f'(x_0)](x_1-x_0).$$

对 $f'(x)$ 在区间 $[x_0,\xi]$ 上再一次使用拉格朗日中值定理，上式变为

$$y_1-Y_1=f''(\eta)(\xi-x_0)(x_1-x_0) \quad (x_0<\eta<\xi).$$

由 $(a,b)$ 内 $f''(x)>0$，得 $f''(\eta)>0$，而显然 $\xi-x_0>0$，$x_1-x_0>0$，因此

$$y_1-Y_1>0.$$

同理可证，对任意 $x_1\in(a,x_0)$，曲线 $y=f(x)$ 上的点的纵坐标大于切线 $M_0T$ 上的点的纵坐标.

综上所述，曲线 $y=f(x)$ 总是位于它上面任一切线的上方，故该曲线是凹的.

(2)证法与情形(1)类似，这里从略.

如果把此判别法中的闭区间换成其他各种区间(包括无穷区间)，其结论仍然成立.

**【例 3-28】** 判断曲线 $y=x^3$ 的凹凸性.

**解** 函数 $y=x^3$ 的定义域为$(-\infty,+\infty)$.

$$y'=3x^2,y''=6x.$$

令 $y''=0$，得 $x=0$.

为清楚起见，列表讨论如下：

| $x$ | $(-\infty,0)$ | 0 | $(0,+\infty)$ |
|---|---|---|---|
| $y''$ | $-$ | 0 | $+$ |
| $y$ | ⌒ | | ◡ |

(上表中符号⌒表示图形是凸的，符号◡表示图形是凹的.)

由表可见：该曲线在区间$(-\infty,0]$上是凸的，在区间$[0,+\infty)$上是凹的.

例 3-28 中，把函数 $f(x)$ 的定义域分成了几个子区间，函数的图形在这些子区间上是凹的或凸的. 我们称这些子区间为曲线的**凹凸区间**.

设函数 $f(x)$ 在点 $x_0$ 处连续，如果曲线 $y=f(x)$ 在经过点$(x_0,f(x_0))$时，曲线的凹凸性发生了改变，那么就称点$(x_0,f(x_0))$为该曲线的**拐点**. 易见点$(0,0)$是曲线 $y=x^3$ 的拐点.

显然，如果 $f(x)$ 在区间$(a,b)$内具有连续的二阶导数，那么在拐点处，其横坐标 $x_0$ 必然满足 $f''(x_0)=0$，除此以外，$f(x)$ 的二阶导数不存在的点，也有可能是使 $f''(x)$ 的符号发生改变的分界点.

综合以上分析，我们可以按下列步骤来求连续曲线 $y=f(x)$ 的凹凸区间与拐点：

(1)确定 $y=f(x)$ 的定义域；

(2)求二阶导数 $f''(x)$；

(3)求出定义域内所有使 $f''(x)=0$ 的点与 $f''(x)$ 不存在的点；

(4)用(3)中求出的点将定义域分为若干个子区间，列表讨论 $f''(x)$ 在各子区间内的符号，并由此确定曲线的凹凸区间；

(5)求出曲线的拐点.

**【例 3-29】** 判断曲线 $y=x^4-4x^3+3x+5$ 的凹凸性并求该曲线的拐点.

**解** 函数 $y=x^4-4x^3+3x+5$ 的定义域为$(-\infty,+\infty)$.

$$y'=4x^3-12x^2+3,\quad y''=12x^2-24x=12x(x-2).$$

令 $y''=0$，得 $x_1=0$，$x_2=2$. 列表讨论如下：

| $x$ | $(-\infty,0)$ | 0 | $(0,2)$ | 2 | $(2,+\infty)$ |
|---|---|---|---|---|---|
| $y''$ | + | 0 | − | 0 | + |
| $y$ | ◡ | 5 | ◠ | −5 | ◡ |

由此可见：曲线 $y=x^4-4x^3+3x+5$ 在区间 $(-\infty,0]$ 及 $[2,+\infty)$ 上是凹的，在区间 $[0,2]$ 上是凸的. 点 $(0,5)$ 及 $(2,-5)$ 为曲线的拐点.

**【例 3-30】** 求曲线 $y=x^{\frac{5}{3}}-5x^{\frac{2}{3}}+2$ 的凹凸区间与拐点.

**解** 函数定义域为 $(-\infty,+\infty)$.

$$y'=\frac{5}{3}x^{\frac{2}{3}}-\frac{10}{3}x^{-\frac{1}{3}},$$

$$y''=\frac{10}{9}x^{-\frac{1}{3}}+\frac{10}{9}x^{-\frac{4}{3}}=\frac{10(x+1)}{9x\sqrt[3]{x}}.$$

令 $y''=0$，得 $x=-1$；当 $x=0$ 时，$y''$ 不存在. 列表讨论如下：

| $x$ | $(-\infty,-1)$ | −1 | $(-1,0)$ | 0 | $(0,+\infty)$ |
|---|---|---|---|---|---|
| $y''$ | − | 0 | + | 不存在 | + |
| $y$ | ◠ | −4 | ◡ | 2 | ◡ |

由此可见：该曲线在区间 $(-\infty,-1]$ 上是凸的，在区间 $[-1,0]$ 以及 $[0,+\infty)$ 上是凹的. 点 $(-1,-4)$ 为拐点.

## 习　题　3.5

1. 求下列曲线的凹凸区间与拐点：

(1) $y=2x^3-3x^2-36x+20$；　　(2) $y=\ln(x^2+1)$；

(3) $y=\sqrt[3]{x}$；　　(4) $y=\frac{x}{(x+1)^2}$.

2. 问常数 $a$ 和 $b$ 为何值时，点 $(1,3)$ 是曲线 $y=ax^3+bx^2$ 的拐点？

## 3.6　函数图形的描绘

在研究函数时经常需要作出它的图形. 关于函数的作图，以前主要靠描点法. 但是，对于较复杂的函数，用描点法就很难准确地作出它的图形. 为了能够比较准确地作出函数的图形，除了可以利用已经知道的函数定义域、对称性、周期性之外，本节将根据函数的单调性与极值，曲线的凹凸性与拐点以及渐近线等性态来研究函数的作图问题.

### 3.6.1　曲线的渐近线

有些函数的图形只是局限于某一范围内，而有些函数的图形却远离原点无限地延伸出去. 当曲线上的动点无限远离原点时，有时曲线会与一直线无限地接近（即与直线之间的距离趋向于零），这条直线就称为曲线的**渐近线**.

如果$\lim\limits_{x\to\infty}f(x)=b$（或$\lim\limits_{x\to-\infty}f(x)=b$或$\lim\limits_{x\to+\infty}f(x)=b$），那么称直线 $y=b$ 为曲线 $y=f(x)$的一条**水平渐近线**；

如果$\lim\limits_{x\to c}f(x)=\infty$（或$\lim\limits_{x\to c^+}f(x)=\infty$或$\lim\limits_{x\to c^-}f(x)=\infty$），那么称直线 $x=c$ 为曲线 $y=f(x)$的一条**铅直渐近线**.

**【例 3-31】** 求曲线 $y=\dfrac{2}{x-1}$的渐近线.

**解** 因为$\lim\limits_{x\to\infty}\dfrac{2}{x-1}=0$，所以直线 $y=0$ 是曲线的一条水平渐近线；

因为$\lim\limits_{x\to1}\dfrac{2}{x-1}=\infty$，所以直线 $x=1$ 是曲线的一条铅直渐近线.

**【例 3-32】** 求曲线 $y=e^{\frac{x+1}{x}}$的渐近线.

**解** 因为$\lim\limits_{x\to\infty}e^{\frac{x+1}{x}}=e^1=e$，所以 $y=e$ 是曲线的一条水平渐近线；又因为 $\lim\limits_{x\to0^+}e^{\frac{x+1}{x}}=+\infty$，所以 $x=0$ 是曲线的一条铅直渐近线.

### 3.6.2　函数图形的描绘

随着计算机技术的飞速发展，借助于计算机和许多数学软件，可以比较方便地画出各种函数的图形. 但是，机器作图中的误差，图形上的一些关键点以及选择作图的范围等等，仍然需要进行人工干预. 因此，描绘函数图形的基本知识我们仍然需要掌握.

将本章所讨论的函数的性态综合起来，就得到函数作图的一般步骤：

(1)确定函数 $y=f(x)$的定义域以及函数所具有的某些特性（如奇偶性、周期性等）；

(2)求出一阶导数 $f'(x)$和二阶导数 $f''(x)$；

(3)求出 $f'(x)$与 $f''(x)$在函数定义域内的全部零点，同时求出 $f'(x)$与 $f''(x)$不存在的点，将这些点由小到大排列，把函数的定义域分成若干个子区间；

(4)列表考察在每个子区间内 $f'(x)$与 $f''(x)$的符号，并由此确定函数的单调性与极值以及函数图形的凹凸性与拐点；

(5)讨论曲线的渐近线以及其他变化趋势；

(6)算出 $f'(x)$、$f''(x)$的全部零点，$f'(x)$、$f''(x)$不存在的点所对应的函数值，定出极值点、拐点等特殊点在图形上的位置（如果曲线与坐标轴有交点，则这些交点也应作为特殊点）；为了把图形描绘得精确些，有时还需要补充一些点；最后结合(4)、(5)的结果并连接这些点画出函数 $y=f(x)$的图形.

【例 3-33】 作函数 $y=e^{-\frac{x^2}{2}}$ 的图形.

解 (1)函数 $f(x)=e^{-\frac{x^2}{2}}$ 的定义域为 $(-\infty,+\infty)$. 显然，$f(x)$ 是偶函数，其图形关于 $y$ 轴对称. 因此只需要讨论 $[0,+\infty)$ 上该函数的图形.

(2) $f'(x)=-xe^{-\frac{x^2}{2}}$，$f''(x)=(x^2-1)e^{-\frac{x^2}{2}}$.

(3)在 $[0,+\infty)$ 上，$f'(x)$ 的零点为 $x=0$；$f''(x)$ 的零点为 $x=1$. 用点 $x=1$ 把 $[0,+\infty)$ 划分成两个子区间 $[0,1]$ 和 $(1,+\infty)$.

(4)列表讨论如下：

| $x$ | 0 | (0,1) | 1 | $(1,+\infty)$ |
|---|---|---|---|---|
| $f'(x)$ | 0 | − | − | − |
| $f''(x)$ | − | − | 0 | + |
| $f(x)$ | 极大 | ↘ | 拐点 | ↘ |



(5)因为 $\lim\limits_{x\to+\infty} y=0$，所以图形有一条水平渐近线 $y=0$.

(6)计算出在 $x=0,1$ 处的函数值：

$$f(0)=1, f(1)=\frac{1}{\sqrt{e}}.$$

从而得到 $=e^{-\frac{x^2}{2}}$ 图形上的两个点：$(0,1)$，$\left(1,\frac{1}{\sqrt{e}}\right)$；

适当补充一些点. 例如，计算出 $f(2)=\frac{1}{e^2}$，描出点 $\left(2,\frac{1}{e^2}\right)$，结合(4)、(5)的结果并连接这些点画出函数 $y=e^{-\frac{x^2}{2}}$ 在 $[0,+\infty)$ 上的图形. 最后，利用图形的对称性，便可得到函数在 $(-\infty,0]$ 上的图形(图 3-16).

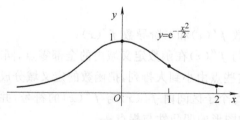

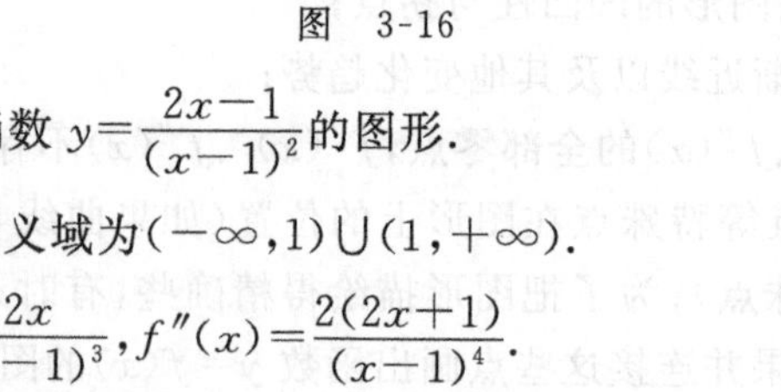


图 3-16

【例 3-34】 作函数 $y=\frac{2x-1}{(x-1)^2}$ 的图形.

解 (1)函数的定义域为 $(-\infty,1)\cup(1,+\infty)$.

(2) $f'(x)=-\frac{2x}{(x-1)^3}$，$f''(x)=\frac{2(2x+1)}{(x-1)^4}$.

(3) $f'(x)$ 的零点为 $x=0$，$f''(x)$ 的零点为 $x=-\frac{1}{2}$.

(4) 列表讨论如下：

| $x$ | $(-\infty,-\frac{1}{2})$ | $-\frac{1}{2}$ | $(-\frac{1}{2},0)$ | $0$ | $(0,1)$ | $(1,+\infty)$ |
|---|---|---|---|---|---|---|
| $f'(x)$ | $-$ | $-$ | $-$ | $0$ | $+$ | $-$ |
| $f''(x)$ | $-$ | $0$ | $+$ | $+$ | $+$ | $+$ |
| $f(x)$ | ↘ | 拐点 | ↘ | 极小 | ↗ | ↘ |

(5) 因为 $\lim\limits_{x\to\infty}\frac{2x-1}{(x-1)^2}=0$，所以 $y=0$ 是曲线的一条水平渐近线；又因为 $\lim\limits_{x\to1}\frac{2x-1}{(x-1)^2}=\infty$，所以 $x=1$ 是曲线的一条铅直渐近线.

(6) 计算出在 $x=-\frac{1}{2}$，$0$ 处的函数值：$f(-\frac{1}{2})=-\frac{8}{9}$，$f(0)=-1$. 从而得到 $y=\frac{x^3}{3}-x^3+\frac{4}{3}$ 图形上的两个点：

$$(-\frac{1}{2},-\frac{8}{9}),(0,-1).$$

适当补充一些点. 例如，计算出

$$f(\frac{1}{2})=0,\ f(2)=3,\ f(4)=\frac{7}{9}$$

描出点 $(\frac{1}{2},0)$、$(2,3)$ 和点 $(4,\frac{7}{9})$. 最后结合 (4)、(5) 的结果并连接这些点画出函数 $y=\frac{2x-1}{(x-1)^2}$ 的图形（图 3-17）.

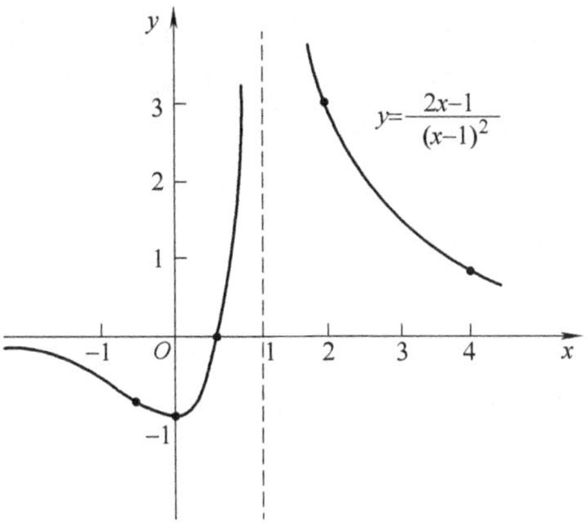


图　3-17

# 习 题 3.6

1. 求下列曲线的渐近线：

(1) $y=\frac{x}{(x+2)^2}$；　　(2) $y=x^2e^{-x}$；

(3) $y=\ln(x^2-1)$；　　(4) $y=\frac{\sqrt{x^2+1}}{x}$.

2. 作出下列函数的图形：

(1) $y=x^3-x^2-x+1$；　　(2) $y=\frac{1-2x}{x^2}+1$；

(3) $y=\frac{x}{1+x^2}$；　　(4) $y=e^{-(x-1)^2}$.

## *3.7 曲率



考察和研究曲线的弯曲程度具有很重要的实际意义. 例如设计铁路、公路等的弯道时，就必须考虑其弯曲程度. 如果弯曲得太厉害，那么车辆在高速行驶至弯道处，就容易造成出轨翻车事故. 又如车床的主轴由于自重而会产生弯曲变形，如果弯曲过多，将影响车床的精度和正常运转，这也是设计中应考虑的因素之一. 本节我们应用导数来研究平面曲线的弯曲程度，即曲率问题. 作为曲率的预备知识，先介绍弧微分的概念.

### 3.7.1 弧微分

设函数 $f(x)$ 在区间 $(a,b)$ 内具有连续导数. 在曲线 $C$：$y=f(x)$ 上取定一点 $M_0(x_0,y_0)$ 作为度量弧长的基点(图 3-18)，并规定依 $x$ 增大的方向作为曲线弧的正向. 对曲线 $C$ 上任意一点 $M(x,y)$，规定有向弧段 $\overset{\frown}{M_0M}$ 的值 $s$ 如下：$s$ 的绝对值为弧段 $\overset{\frown}{M_0M}$ 的长度；当 $x>x_0$ 时，$s>0$，当 $x<x_0$ 时，$s<0$. 于是 $s$ 是 $x$ 的单调增加函数，记为 $s=s(x)$. 下面求 $s=s(x)$ 的导数与微分.

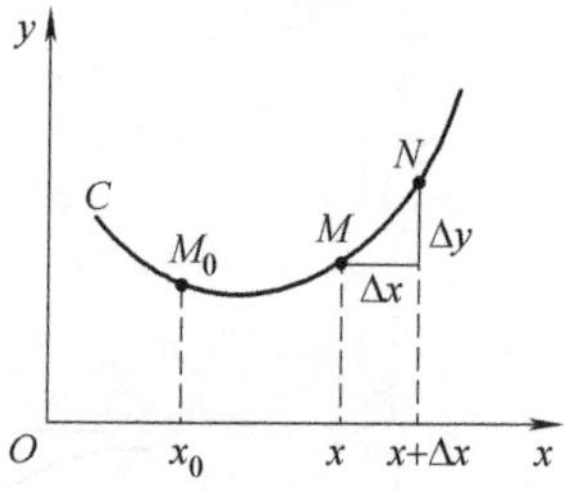


图 3-18

设点 $N(x+\Delta x,f(x+\Delta x))$ 为曲线 $C$ 上异于 $M(x,y)$ 的另外一点，$M$、$N$ 两点对应的弦的长度记为 $MN$. 对应于 $x$ 的增量 $\Delta x$，函数 $s=s(x)$ 的增量记为 $\Delta s$.

因为

$$(MN)^2=(\Delta x)^2+(\Delta y)^2,$$

于是

$$\frac{(MN)^2}{(\Delta s)^2}\cdot\frac{(\Delta s)^2}{(\Delta x)^2}=1+\frac{(\Delta y)^2}{(\Delta x)^2},$$

令 $\Delta x\to 0$ 取极限,并注意到

$$\lim_{\Delta x\to 0}\frac{(MN)^2}{(\Delta s)^2}=1,\ \lim_{\Delta x\to 0}\frac{(\Delta y)^2}{(\Delta x)^2}=\left(\frac{\mathrm{d}y}{\mathrm{d}x}\right)^2$$

得

$$\left(\frac{\mathrm{d}s}{\mathrm{d}x}\right)^2=1+\left(\frac{\mathrm{d}y}{\mathrm{d}x}\right)^2,$$

即

$$(\mathrm{d}s)^2=(\mathrm{d}x)^2+(\mathrm{d}y)^2.$$

由于 $s=s(x)$ 为单调增加函数,故

$$\frac{\mathrm{d}s}{\mathrm{d}x}=\sqrt{1+\left(\frac{\mathrm{d}y}{\mathrm{d}x}\right)^2}=\sqrt{1+y'^2},$$

或

$$\mathrm{d}s=\sqrt{1+y'^2}\mathrm{d}x, \tag{3-17}$$

式(3-17)即为弧微分公式.

### 3.7.2　曲率的定义及计算

曲率是表示曲线弯曲程度的一个量,那么如何定量地描述曲线的弯曲程度呢? 在图 3-19 中,弧段 $\widehat{MN}$ 比较平直,当动点沿弧段 $\widehat{MN}$ 从 $M$ 移动到 $N$ 时,切线转过的角度 $\varphi_1$ 不大,而弧段 $\widehat{NP}$ 弯曲得比较厉害,切线转过的角度 $\varphi_2$ 就比较大. 因此对长度相等的两曲线弧段来说,如在两端点的切线之间的转角较大,那么对应曲线弧的弯曲程度也较大. 这就说明曲线弯曲程度与端点切线之间的转角 $\varphi$ 成正比. 另一方面,在图 3-20 中,虽然两个曲线弧段 $\widehat{M_1M_2}$ 与 $\widehat{N_1N_2}$ 的切线转角 $\varphi$ 相同,但是弯曲的程度并不一致,较短的曲线弧 $\widehat{N_1N_2}$ 比较长的曲线弧 $\widehat{M_1M_2}$ 要弯曲得厉害. 这说明曲线弯曲程度还与曲线弧段的长度有关.

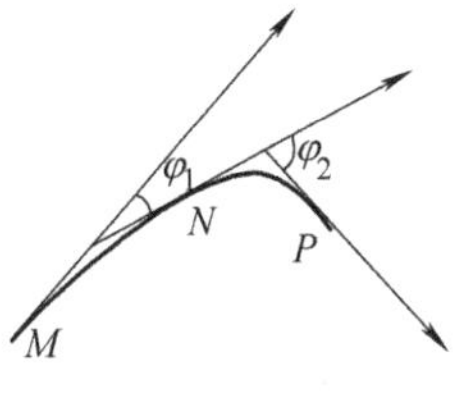


图　3-19

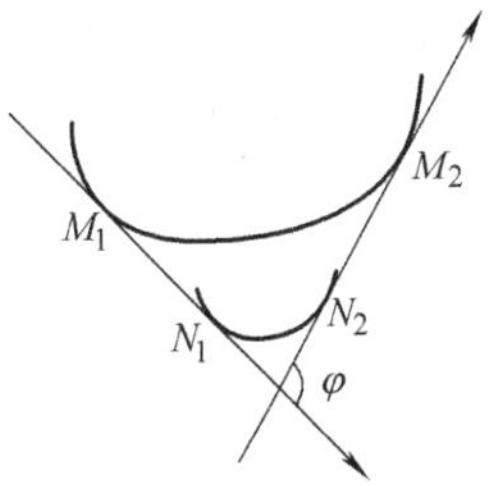


图　3-20

由以上分析，我们引入描述曲线弯曲程度的曲率概念如下.

设曲线 $C: y=f(x)$ 是光滑的[⊖]，点 $M_0$、$M$、$N$ 以及 $\Delta s$ 的意义同前，曲线 $C$ 在 $M$ 点的切线的倾角记为 $\alpha$，在 $N$ 点的切线的倾角记为 $\alpha+\Delta\alpha$（图 3-21），则当动点从 $M$ 移动到 $N$ 时切线转过的角度为 $|\Delta\alpha|$. 通常用比值 $\left|\frac{\Delta\alpha}{\Delta s}\right|$，即单位弧段上切线转角的大小来表示弧段 $\overset{\frown}{MN}$ 的平均弯曲程度，称这个比值为弧段 $\overset{\frown}{MN}$ 的**平均曲率**，记作 $\overline{K}$，即

$$\overline{K}=\left|\frac{\Delta\alpha}{\Delta s}\right|.$$

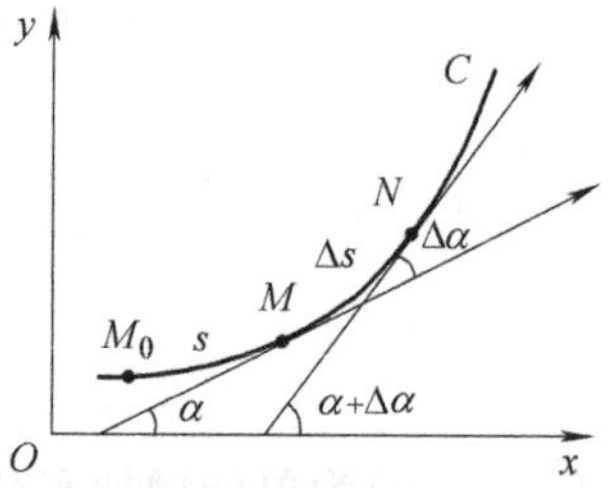

图 3-21

曲线弧段在各点处的弯曲程度一般是不同的，平均曲率只表示了曲线弧段的平均弯曲程度. 如果要精确地反映曲线的弯曲情况，必须考虑曲线弧段上每一点的弯曲程度. 类似于从平均速度引进瞬时速度的方法，当 $\Delta s\to 0$（即 $N\to M$）时，上述平均曲率的极限称为曲线 $C$ 在点 $M$ 处的**曲率**，记为 $K$，即

$$K=\lim_{\Delta s\to 0}\left|\frac{\Delta\alpha}{\Delta s}\right|.$$

在 $\lim\limits_{\Delta s\to 0}\frac{\Delta\alpha}{\Delta s}=\frac{d\alpha}{ds}$ 存在的条件下，点 $M$ 处的曲率可表示为

$$K=\left|\frac{d\alpha}{ds}\right|. \tag{3-18}$$

**【例 3-35】** 求直线上任意一点处的曲率.

**解** 对于直线来说，其上任意一点的切线与直线本身重合，因此任何一长度为 $\Delta s$ 的直线段，两端点切线的转角 $\Delta\alpha=0$，于是

$$\frac{\Delta\alpha}{\Delta s}=\frac{0}{\Delta s}=0\text{，从而 }K=\left|\frac{d\alpha}{ds}\right|.$$

上述结果与我们的直觉“直线不弯曲”是一致的.

**【例 3-36】** 求半径为 $R$ 的圆上任一点处的曲率.

**解** 如图 3-22 所示，$M$ 为圆上任一点，$N$ 为圆上另一点，过这两点的切线的转角为 $\Delta\alpha$，由于 $OM\perp MP$，$ON\perp NP$，所以中心角 $\angle MON=\Delta\alpha$，而 $\Delta s=R\cdot\angle MON=R\cdot\Delta\alpha$. 于是

$$\frac{\Delta\alpha}{\Delta s}=\frac{\Delta\alpha}{R\cdot\Delta\alpha}=\frac{1}{R},$$

从而

$$K=\lim_{\Delta s\to 0}\left|\frac{\Delta\alpha}{\Delta s}\right|=\frac{1}{R}.$$

⊖ 当曲线上每一点处都具有切线，且切线随着切点的移动而连续转动，这种曲线称为光滑曲线.

所得结果表明，圆的半径越小，圆的弯曲程度就越大；半径越大，弯曲程度就越小，这与实际情况是完全吻合的.

下面我们来推导在一般情况下计算曲率的公式.

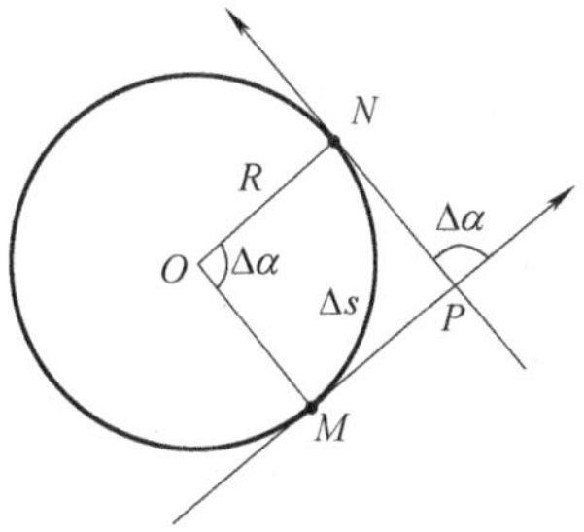


图　3-22

设曲线方程为 $y=f(x)$，且 $f(x)$ 具有二阶导数. 由于曲线在点 $M(x,y)$ 处的切线斜率为 $\tan\alpha=y'$，所以 $\alpha=\arctan y'$，而 $y'$ 又为 $x$ 的函数，所以

$$\frac{\mathrm{d}\alpha}{\mathrm{d}x}=\frac{\mathrm{d}\alpha}{\mathrm{d}y'}\cdot\frac{\mathrm{d}y'}{\mathrm{d}x}=\frac{1}{1+y'^2}\cdot y'',$$

于是

$$\mathrm{d}\alpha=\frac{1}{1+y'^2}\cdot y''\mathrm{d}x. \tag{3-19}$$

又由式(3-17)知　$\mathrm{d}s=\sqrt{1+y'^2}\mathrm{d}x,$

从而　$\dfrac{\mathrm{d}\alpha}{\mathrm{d}s}=\dfrac{1}{(1+y'^2)^{3/2}}\cdot y'',$

故曲线 $y=f(x)$ 在点 $M(x,y)$ 处的曲率为

$$K=\left|\frac{\mathrm{d}\alpha}{\mathrm{d}s}\right|=\frac{|y''|}{(1+y'^2)^{3/2}}. \tag{3-20}$$

**【例 3-37】** 问抛物线 $y=ax^2+bx+c(a\neq0)$ 上哪一点处的曲率最大？并求出最大的曲率.

**解**　因为 $y'=2ax+b,y''=2a$，由公式(3-20)知

$$K=\frac{|2a|}{[1+(2ax+b)^2]^{3/2}}.$$

上式中分子 $|2a|$ 为常数，所以要使得 $K$ 最大，必须使分母取得最小，即使 $2ax+b=0$，也就是 $x=-\dfrac{b}{2a}$. 而 $x=-\dfrac{b}{2a}$ 所对应的点为抛物线的顶点，因此抛物线在顶点 $\left(-\dfrac{b}{2a},\dfrac{4ac-b^2}{4a}\right)$ 处的曲率最大，最大的曲率等于 $|2a|$.

**【例 3-38】** 铁路由直道进入圆弧弯道时，需要在直线和圆弧之间接入一段缓冲曲线，以使得列车运行线的曲率由零逐步地过渡到 $\dfrac{1}{R}$（$R$ 为圆弧弯道的半径），这样不易发生事故. 我国铁路常用立方抛物线 $y=\dfrac{1}{6Rl}x^3$ 作为缓冲曲线，其中 $l$ 是缓冲曲线的长度($l\ll R$). 试验证缓冲曲线弧段 $\overset{\frown}{OA}$（图 3-23）在端点 $O$ 处的曲率为零，并且在 $A$ 端的曲率近似为 $\dfrac{1}{R}$.

**解**　图 3-23 中，负 $x$ 轴为直线轨道，$\overset{\frown}{OA}$ 是缓冲曲线弧段，$\overset{\frown}{AB}$ 表示圆弧轨道.

那么对$\overset{\frown}{OA}$来说，有

$$y'=\frac{1}{2Rl}x^2,\ y''=\frac{1}{Rl}x.$$

在端点$O(x=0)$处，$y'=0$，$y''=0$，故$O$点处的曲率$K_0=0$.

设$A$点的横坐标为$x_A$，因为$l\ll R$，所以$l\approx x_A$，于是

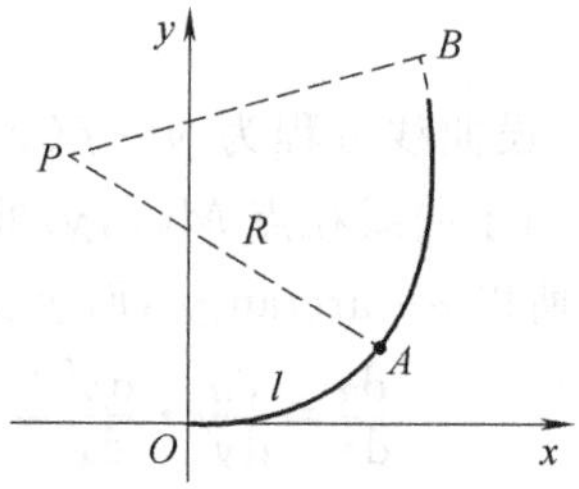

图 3-23

$$y'|_{x=x_A}=\frac{1}{2Rl}x_A^2\approx\frac{1}{2Rl}l^2=\frac{l}{2R},$$

$$y''|_{x=x_A}=\frac{1}{Rl}x_A\approx\frac{1}{Rl}\cdot l=\frac{1}{R}.$$

故$A$点处的曲率

$$K_A=\left.\frac{|y''|}{(1+y'^2)^{3/2}}\right|_{x=x_A}\approx\frac{\frac{1}{R}}{\left(1+\frac{l^2}{4R^2}\right)^{3/2}}\approx\frac{1}{R}.$$



### 3.7.3 曲率圆与曲率中心

由例 3-36 知道，圆的曲率等于它的半径的倒数. 一般地，曲线$y=f(x)$在点$M(x,y)$处的曲率$K(K\neq0)$的倒数称为曲线在点$M$处的**曲率半径**，记作$\rho$，即

$$\rho=\frac{1}{K}=\frac{(1+y'^2)^{3/2}}{|y''|}.$$

在点$M$处作曲线$y=f(x)$的法线，在凹的一侧的法线上取一点$N$，使$|MN|=\rho=\frac{1}{K}$，以$N$为圆心，$\rho$为半径作圆（图 3-24），这个圆称为曲线在点$M$处的**曲率圆**，曲率圆的圆心$N$叫做曲线在点$M$处的**曲率中心**.

由于曲率圆与曲线不但在点$M$相切，而且具有相同的曲率和凹向（即相同的弯曲方向），因此，在实际问题中，常常用曲率圆在点$M$邻近的一段圆弧代替该点邻近的曲线弧，以使问题得到简化.

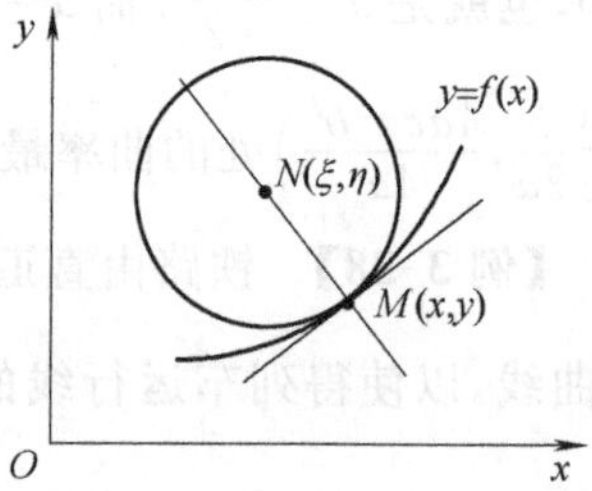

图 3-24

**【例 3-39】** 设某工件的内表面截线为抛物线$y=0.4x^2$（单位：厘米）. 现在要用砂轮磨削其内表面，问选用直径多大的砂轮才比较合适？（图 3-25）

**解** 为了在磨削时不使砂轮与工件相接触处附近的部分工件磨去太多，砂轮的半径应不大于工件抛物线上各点处曲率半径的最小值. 由本节例 3-37 可知，抛物线在它的顶点处的曲率最大，也就是抛物线在其顶点处的曲率半径最小. 由于

$$y'=0.8x, y''=0.8,$$

在顶点(0,0)处 $y'|_{x=0}=0, y''|_{x=0}=0.8$,

所以在抛物线顶点处的曲率半径为

$$\rho=\frac{(1+y'^2)^{3/2}}{|y''|}\bigg|_{x=0}=1.25.$$

这说明选用砂轮的半径应不超过 1.25cm,即砂轮的直径不超过 2.5cm.

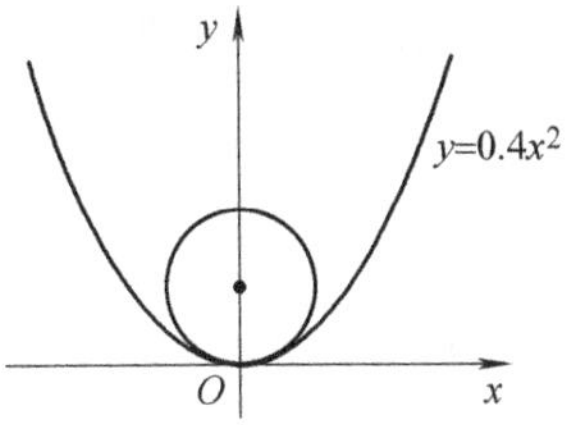

图 3-25

## 习　题　3.7

1. 求下列曲线在指定点处的曲率及曲率半径:

(1) $y=x^2-2x+3$,在点(1,2)处;

(2) $y=\ln\sec x$,在任意点$(x,y)$处及点(0,0)处;

(3) $\frac{x^2}{4}+y^2=1$,在点(0,1)处.

2. 曲线 $y=\ln x$ 上哪一点处的曲率半径最小?求出该点处的曲率半径.



## *3.8　方程的近似解

在实际应用中,常常需要求方程的实根.但除了一些简单的方程外,方程的精确解一般是不容易求得的.本节将介绍两种求方程近似解的方法——二分法与牛顿(Newton)切线法.

方程求根问题,通常分两步解决:

(1)确定根的大致范围,即确定根所在的区间$[a,b]$,使方程在该区间内有且仅有一个实根.这一过程称为根的隔离,区间$[a,b]$称为根的**隔离区间**.解决好根的隔离工作,就可以获得方程各个实根的近似值.

(2)将根精确细化.在知道一个实根的近似值后,采用某一方法把此近似值精确化,直至求得满足精确度要求的近似解.

按照上述两步,只要编写出计算机程序,就可以在计算机上方便地求出方程足够精确的近似解.

### 3.8.1　二分法

在方程求近似解的诸多方法中,二分法是最直观、最简单的方法.

设函数 $f(x)$在$[a,b]$上连续,$f(a)\cdot f(b)<0$,并且方程 $f(x)=0$ 在$(a,b)$内有且仅有一个实根 $\xi$,于是$[a,b]$就是根的一个隔离区间.

二分法的基本思想是:对半划分根的隔离区间后,判别在区间端点处函数值的符号,根据零点定理逐步将根的隔离区间缩小,直至求得满足精确度要求的近似解.二分法的具体步骤为：

取$[a,b]$的中点$\xi_1=\frac{a+b}{2}$，计算$f(\xi_1)$，根据$f(\xi_1)$的值，分以下两种情况讨论.

(1) 当$f(\xi_1)=0$，则$\xi_1$就是所求的解，计算停止.

(2) 当$f(\xi_1)\neq 0$，由$f(\xi_1)$的符号构造一个新的根的隔离区间$[a_1,b_1]$.

如果$f(\xi_1)$与$f(a)$同号，那么取$a_1=\xi_1,b_1=b$；如果$f(\xi_1)$与$f(b)$同号，那么取$a_1=a,b_1=\xi_1$.不管对于哪一种情形，这时总有$[a,b]\supset[a_1,b_1]$，且$b_1-a_1=\frac{1}{2}(b-a)$.

以$[a_1,b_1]$作为新的隔离区间，重复上述作法.取$\xi_2=\frac{a_1+b_1}{2}$，计算$f(\xi_2)$，当$f(\xi_2)=0$时，计算停止；当$f(\xi_2)\neq 0$时，又可以构造根的隔离区间$[a_2,b_2]$，并且$b_2-a_2=\frac{1}{2^2}(b-a)$.



如此重复$n$次，可得到一系列根的隔离区间

$$[a,b]\supset[a_1,b_1]\supset[a_2,b_2]\supset\cdots\supset[a_n,b_n],$$

其中每一个区间长度都是前一个区间长度的一半，并且$a_n<\xi<b_n$.显然有$f(a_n)\cdot f(b_n)<0$，以及$b_n-a_n=\frac{1}{2^n}(b-a)$.如果取$a_n$或$b_n$作为方程$f(x)=0$的实根的近似值，那么其误差小于$\frac{1}{2^n}(b-a)$.

**【例 3-40】** 用二分法求方程$x^3-x^2-2x+1=0$在$(0,1)$内的实根的近似值，使误差不超过$10^{-3}$.

**解** 设$f(x)=x^3-x^2-2x+1$，显然$f(x)$在$[0,1]$内连续.又因为$f(0)=1>0,f(1)=-1<0$，且$f'(x)=3x^2-2x-2=3\left(x-\frac{1}{3}\right)^2-\frac{7}{3}$在区间$[0,1]$内小于零，故方程$f(x)=0$在$(0,1)$内有唯一实根.$[0,1]$就是一个根的隔离区间.

计算得：

$$\xi_1=0.5,f(\xi_1)=-0.125,$$

$$故\ a_1=0,b_1=0.5;$$

$$\xi_2=0.25,f(\xi_1)=0.453,$$

$$故\ a_2=0.25,b_1=0.5;$$

$$\xi_3=0.375,f(\xi_3)=0.162,$$

$$故\ a_3=0.375,b_3=0.5;$$

$$\xi_4=0.438,f(\xi_4)=0.016,$$

$$故\ a_4=0.438,b_4=0.5;$$

$$\xi_5=0.469,f(\xi_5)=-0.055,$$

$$\text{故 } a_5=0.438, b_5=0.469;$$
$$\xi_6=0.454, f(\xi_6)=-0.021,$$
$$\text{故 } a_6=0.438, b_6=0.454;$$
$$\xi_7=0.446, f(\xi_7)=-2.119\times 10^{-3},$$
$$\text{故 } a_7=0.438, b_7=0.446;$$
$$\xi_8=0.442, f(\xi_8)=6.987\times 10^{-3},$$
$$\text{故 } a_8=0.442, b_8=0.446;$$
$$\xi_9=0.444, f(\xi_9)=2.392\times 10^{-3},$$
$$\text{故 } a_9=0.444, b_9=0.446;$$
$$\xi_{10}=0.445, f(\xi_{10})=9.613\times 10\ -5,$$
$$\text{故 } a_{10}=0.445, b_{10}=0.446;$$

于是

$$0.445<\xi<0.446.$$

即取 0.445 作为根的不足近似值，取 0.446 作为根的过剩近似值，其误差都小于 $10^{-3}$.



二分法的优点是计算简单，方法可靠，一般只要求 $f(x)$ 连续. 其缺点是不能求偶数重根，也不能求复数根，收敛速度不是太快. 因此，在方程求近似根时，往往不单独使用，经常用来为其它方法求方程近似根时提供一个初值. 求方程的近似根的最常用的方法是迭代法.

### 3.8.2 牛顿切线法

牛顿切线法是迭代法的一种，是方程求近似解的主要方法.

设函数 $f(x)$ 在 $[a,b]$ 上具有二阶导数，$f(a)\cdot f(b)<0$，并且 $f'(x)$、$f''(x)$ 在 $[a,b]$ 上保持一定的正负号，那么在满足上述条件下，方程 $f(x)=0$ 在 $(a,b)$ 内有且仅有一个实根 $\xi$，于是 $[a,b]$ 就是根的一个隔离区间.

满足上述条件的函数共有如图 3-26 所示的四种不同情况.

下面以图 3-26a：$f(a)<0, f(b)>0, f'(x)<0, f''(x)>0$ 的情形为例来讨论. 在 $B$ 点处作曲线 $y=f(x)$ 的切线，那么切线与 $x$ 轴交点的横坐标 $x_1$ 作为方程 $f(x)=0$ 的根 $\xi$ 的近似值，就比 $B$ 点的横坐标 $b$ 更接近于 $\xi$；接着再在直线 $x=x_1$ 与曲线交点 $B_1$ 处作切线，它与 $x$ 轴交点的横坐标为 $x_2$，以 $x_2$ 作为方程根的第二次近似值，易见 $x_2$ 比 $x_1$ 更接近于 $\xi$. 如此重复下去，近似程度会越来越好，最终就可以得到方程 $f(x)=0$ 的根 $\xi$ 的足够精确的近似值.

点 $B$ 处的切线方程为

$$y-f(b)=f'(b)(x-b).$$

令 $y=0$，得到 $x_1=b-\dfrac{f(b)}{f'(b)}$，$x_1$ 为 $\xi$ 的第一次近似值.

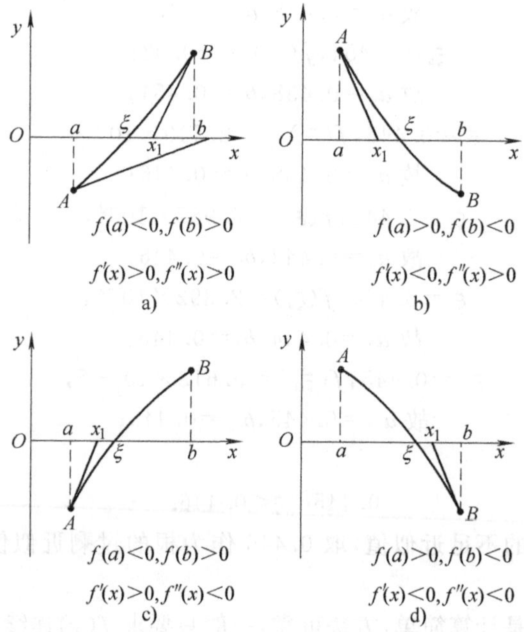


图 3-26

在 $B_1$ 处作切线，其方程为

$$y-f(x_1)=f'(x_1)(x-x_1).$$

令 $y=0$，得到 $x_2=x_1-\dfrac{f(x_1)}{f'(x_1)}$，$x_2$ 就为 $\xi$ 的第二次近似值.

如此继续下去，在点$(x_{n-1},f(x_{n-1}))$处作切线，就推断出第 $n$ 次的近似值

$$x_n=x_{n-1}-\frac{f(x_{n-1})}{f'(x_{n-1})}. \tag{3-21}$$

在图 3-26a 中，如果在 $A$ 点作曲线的切线，可以看到切线与 $x$ 轴的交点不但不会接近于 $\xi$，反而远离 $\xi$. 因此，选择曲线哪一端作切线是非常关键的.

从图 3-26 中的四种不同情况可以看出，如果 $f(a)$ 与 $f''(x)$ 同号，就在 $A$ 点作曲线的切线；如果 $f(b)$ 与 $f''(x)$ 同号，就在 $B$ 点作切线.

**【例 3-41】** 用牛顿切线法求方程 $x=\sin x=0.5$ 的实根的近似值，使误差不超过 $10^{-4}$.

**解** 设 $f(x)=x-\sin x-0.5$，显然 $f(x)$在$(-\infty,+\infty)$内连续. 因为 $f(1)=-0.341<0$，$f(2)=0.591>0$，所以$[1,2]$就是一个根的隔离区间，且在区间$[1,2]$上 $f'(x)=1-\cos x>0$，$f''(x)=\sin x>0$. 由于 $f''(x)$与 $f(2)$同号，故取 $x=2$ 的弧端作切线. 应用公式(3-21)，得

$$x_1=2-\frac{f(2)}{f'(2)}\approx 1.5827;$$

$$x_2=1.5827-\frac{f(1.5827)}{f'(1.5827)}\approx 1.5007;$$

$$x_3=1.5007-\frac{f(1.5007)}{f'(1.5007)}\approx 1.4973;$$

$$x_4=1.4973-\frac{f(1.4973)}{f'(1.4973)}\approx 1.4973.$$

上述计算到此不能再继续，$x_3$ 与 $x_4$ 相等，说明迭代已经趋于稳定，并且

$f(1.4973)=-3.6052\times 10^{-7}<0, f(1.4974)=9.2301\times 10^{-5}>0$，于是

$$1.4973<\xi<1.4974.$$

因此，以 1.4973 或 1.4974 作为根的近似值，其误差都不超过 $10^{-4}$.

牛顿切线法的优点是方法可靠，收敛速度很快. 其缺点是收敛是局部性的（对初始值的选取有要求），再一个就是 $f''(x)$ 不能变号. 当然如果我们处理得当，这一方法就能获得快捷、高效的结果.



## 习　题　3.8

1. 证明方程 $x^3-3x^2+6x-1=0$ 在区间 $(0,1)$ 内有唯一的实根，并用二分法求这个根的近似值，使误差不超过 $10^{-2}$.

2. 证明方程 $x^3-x-1=0$ 在区间 $(1,2)$ 内有唯一的实根，并用牛顿切线法求这个根的近似值，使误差不超过 $10^{-2}$.

3. 求方程 $x^3+x-4=0$ 的近似根，使误差不超过 $10^{-3}$.

## 总 习 题 3

1. 选择题

(1) 设 $f(x)$ 在 $x=x_0$ 可导，则 $f'(x_0)=0$ 是 $f(x)$ 在 $x=x_0$ 取得极值的（　　）.

A. 充分条件　　B. 必要条件

C. 充要条件　　D. 既非充分又非必要条件

(2) 设函数 $f(x)$ 可导，且 $\lim\limits_{x\to\infty}f'(x)=1$，则对任意常数 $a$，必有 $\lim\limits_{x\to\infty}[f(x+a)-f(x)]=$（　　）.

A. $a$　　B. 0　　C. $-a$　　D. $\infty$

(3) 设 $y=f(x)$ 满足方程 $y''-2y'-4y=0$，且 $f(x_0)<0, f'(x_0)=0$，则函数 $f(x)$ 在点 $x_0$ 处（　　）.

A. 取得极大值　　B. 某个邻域内单调增加

C. 取得极小值　　D. 某个邻域内单调减少

(4)下列四个结论中，正确的是(　　).

A. 若函数 $f(x)$在区间 $I$ 内可导且单调增加，则对任意 $x\in I$，都有 $f'(x)>0$；

B. 若函数 $f(x)$和 $g(x)$都在区间 $I$ 内可导且 $f'(x)>g'(x)$，则 $f(x)>g(x)$；

C. 若函数 $f(x)$在 $x=x_0$ 处取极大值，则 $|f(x)|$也在 $x=x_0$ 处取极大值；

D. 若函数 $f(x)$和 $g(x)$都在 $x=x_0$ 处取极小值，则 $f(x)+g(x)$也在 $x=x_0$ 处取极小值.

(5)曲线 $y=\dfrac{x^2+2x-3}{(x^3-x)(x^2+1)}$的铅直渐近线的条数是(　　).

A. 0　　B. 1　　C. 2　　D. 3

2. 填空题

(1)函数 $f(x)=1-\ln x$ 在区间$[1,e]$上使拉格朗日中值定理成立的 $\xi=$______.

(2)设函数 $f(x)$有二阶连续导数，且 $f''(0)=1$，根据罗必达法则可得，$\lim\limits_{x\to 0}\dfrac{f(x)+f(-x)-2f(0)}{x^2}=$________.



(3)函数 $y=x+\ln(1-x)$的单调减少区间为______.

(4)函数 $f(x)=2x^3-9x^2+12x-3$ 在区间$[0,2]$上的最大值与最小值依次为______.

3. 求下列极限

(1)$\lim\limits_{x\to 0}\dfrac{1-x^2-e^{-x^2}}{\sin^4 x}$；　　(2)$\lim\limits_{x\to 0}\left[\dfrac{1}{\ln(1+x)}-\dfrac{1}{x}\right]$；

(3)$\lim\limits_{x\to +\infty}(3^x+5^x)^{\frac{2}{x}}$.

4. 已知函数 $f(x)=x^3+ax^2+bx+c$ 在点 $x=3$ 处取得极值，且点$(2,4)$是曲线 $y=f(x)$的拐点，求常数 $a,b,c$ 的值.

5. 求椭圆 $x^2-xy+y^2=3$ 上纵坐标最大和最小的点.

6. 证明下列不等式：

(1)当 $x_2>x_1>e$ 时，$x_2\ln x_1>x_1\ln x_2$；

(2)当 $x>0$ 时，$1+x\ln(x+\sqrt{1+x^2})>\sqrt{1+x^2}$；

(3)当 $x>-1,0<\alpha<1$ 时，$(1+x)^\alpha\leqslant 1+\alpha x$.

7. 设函数 $f(x)$、$g(x)$均在闭区间$[a,b]$上连续，在开区间$(a,b)$内可导，且 $f(a)=g(b)=0$，证明：至少存在一点 $\xi\in(a,b)$，使得 $f'(\xi)g(\xi)+f(\xi)g'(\xi)=0$.

8. 若函数 $f(x)$在区间$(a,b)$内具有二阶导数，且 $f(x_1)=f(x_2)=f(x_3)$，其中 $a<x_1<x_2<x_3<b$，证明：至少存在一点 $\xi\in(x_1,x_3)$，使得 $f''(\xi)=0$.

9. 设实数 $a_0,a_1,\cdots,a_n$ 满足 $a_0+\dfrac{a_1}{2}+\dfrac{a_2}{3}+\cdots+\dfrac{a_n}{n+1}=0$，证明方程 $a_0+a_1x+$

$a_2x^2+\cdots+a_nx^n=0$ 在$(0,1)$内至少有一个实根.

10. 将长为 $a$ 的铁丝切成两段，一段围成正方形，另一段围成圆，问两段铁丝各为多长时，正方形与圆的面积之和最小.

11. 甲、乙两地相距 $s$km，汽车从甲地匀速地行驶到乙地，已知汽车每小时的运输成本(单位：元)由固定成本与可变成本组成，其中固定成本为 $a$ 元，可变成本与速度 $v$(单位：km/h)的平方成正比，比例系数为 $k$. 试问汽车应以多大的速度行驶，才能使全程运输成本最小？

# 第4章　不定积分

在第2章中，我们讨论了如何求一个函数的导函数的问题，本章将讨论它的反问题，即已知一个函数 $f(x)$，要寻求一个可导函数 $F(x)$，使它的导函数等于已知函数 $f(x)$，即 $F'(x)=f(x)$. 这是积分学的基本问题之一.

数字技术的世界

## 4.1　不定积分的概念与性质

### 4.1.1　原函数与不定积分的概念

**定义 4-1**　如果在区间 $I$ 上，可导函数 $F(x)$ 的导函数为 $f(x)$，即对任一个 $x\in I$，都有

$$F'(x)=f(x) \quad 或 \quad \mathrm{d}F(x)=f(x)\mathrm{d}x,$$

则称函数 $F(x)$ 为 $f(x)$（或 $f(x)\mathrm{d}x$）在区间 $I$ 上的一个**原函数**.

例如，因为 $(\sin x)'=\cos x$，所以 $\sin x$ 是 $\cos x$ 的一个原函数.

又如，因为

$$\left[\frac{1}{2}\ln(1+x^2)\right]'=\frac{1}{2}\frac{1}{1+x^2}\cdot 2x=\frac{x}{1+x^2},$$

所以 $\frac{1}{2}\ln(1+x^2)$ 是 $\frac{x}{1+x^2}$ 的一个原函数.

关于原函数，有待讨论以下三个问题.

(1)函数 $f(x)$ 满足什么条件时，能保证它的原函数一定存在？对这个问题给出结论如下，具体证明将在下一章中完成.

**定理 4-1(原函数存在定理)**　如果函数 $f(x)$ 在区间 $I$ 上连续，则在区间 $I$ 上存在可导函数 $F(x)$，使对任一个 $x\in I$，都有

$$F'(x)=f(x).$$

简单地说就是：连续函数一定存在原函数.

(2)如果函数 $f(x)$ 在区间 $I$ 上有原函数，则原函数有多少个？

设函数 $F(x)$ 是 $f(x)$ 在区间 $I$ 上的一个原函数，即对任一个 $x\in I$，都有 $F'(x)=f(x)$，由于

$$[F(x)+C]'=F'(x)=f(x) \quad (C\text{为任意常数}),$$

因此函数族 $\{F(x)+C\}$ 中的任何一个函数都是 $f(x)$ 的原函数. 这说明：如果函数 $f(x)$ 有一个原函数，则 $f(x)$ 就有无限多个原函数.

(3)如果函数 $F(x)$是 $f(x)$在区间 $I$ 上的一个原函数，则 $f(x)$的其他原函数与 $F(x)$有什么关系？

设 $\Phi(x)$是 $f(x)$的任一个原函数，即对任一个 $x\in I$，有

$$\Phi'(x)=f(x),$$

因为

$$[\Phi(x)-F(x)]'=\Phi'(x)-F'(x)=f(x)-f(x)\equiv 0,$$

由 3.1 中拉格朗日中值定理的推论可知，在一个区间上导数恒为零的函数必为常数，所以

$$\Phi(x)-F(x)=C_0\quad(C_0\text{ 为某个常数}),$$

即

$$\Phi(x)=F(x)+C_0.$$

上式表明：$f(x)$的任何一个原函数 $\Phi(x)$都可以表示为它的一个原函数 $F(x)$与某个常数 $C_0$ 的和．由此可知，函数族

$$\{F(x)+C\mid-\infty<C<+\infty\}$$

表示了 $f(x)$的全体原函数．

综上所述，引入不定积分的概念．

**定义 4-2**　在区间 $I$ 上，函数 $f(x)$的全体原函数称为 $f(x)$(或 $f(x)\mathrm{d}x$)在区间 $I$ 上的**不定积分**，记作

$$\int f(x)\mathrm{d}x,$$

其中符号 $\int$ 称为**积分号**，$f(x)$称为**被积函数**，$f(x)\mathrm{d}x$ 称为**被积表达式**，$x$ 称为**积分变量**．

由不定积分的定义及前面的讨论可知，如果函数 $F(x)$是 $f(x)$在区间 $I$ 上的一个原函数，则

$$\int f(x)\mathrm{d}x=\{F(x)+C\mid-\infty<C<+\infty\};$$

为了表达方便，上式简写为

$$\int f(x)\mathrm{d}x=F(x)+C.$$

这样一来，求不定积分 $\int f(x)\mathrm{d}x$ 时，只需先求出 $f(x)$的一个原函数 $F(x)$，然后再加上任意常数 $C$ 就行了．

**【例 4-1】**　求 $\int\cos x\mathrm{d}x$．

**解**　因为$(\sin x)'=\cos x$，所以 $\sin x$ 是 $\cos x$ 的一个原函数，故

$$\int\cos x\mathrm{d}x=\sin x+C.$$

【例 4-2】 求$\int x^3 dx$.

**解** 因为$\left(\frac{1}{4}x^4\right)'=x^3$，所以$\frac{1}{4}x^4$ 是 $x^3$ 的一个原函数，故

$$\int x^3 dx = \frac{1}{4}x^4 + C.$$

【例 4-3】 求$\int \frac{1}{x}dx$.

**解** 当$x>0$时，因为$(\ln x)'=\frac{1}{x}$，所以 $\ln x$ 是$\frac{1}{x}$在$(0,+\infty)$内的一个原函数，即在$(0,+\infty)$内

$$\int \frac{1}{x}dx = \ln x + C;$$

当$x<0$时，因为$[\ln(-x)]'=\frac{1}{-x}(-1)=\frac{1}{x}$，所以 $\ln(-x)$是$\frac{1}{x}$在$(-\infty,0)$内的一个原函数，即在$(-\infty,0)$内

$$\int \frac{1}{x}dx = \ln(-x) + C;$$

综合上述结果，得

$$\int \frac{1}{x}dx = \ln|x| + C.$$



【例 4-4】 求通过点(2,3)，且曲线上任一点处的切线斜率等于该点横坐标的两倍，求该曲线的方程.

**解** 设所求的曲线方程为$y=f(x)$，由导数的几何意义，得

$$f'(x) = 2x,$$

于是
$$f(x) = \int 2x dx = x^2 + C.$$

因为所求曲线通过点(2,3)，即 $f(2)=3$，故$C=-1$；因此，所求曲线方程为

$$y = x^2 - 1.$$

其图形如图 4-1 所示.

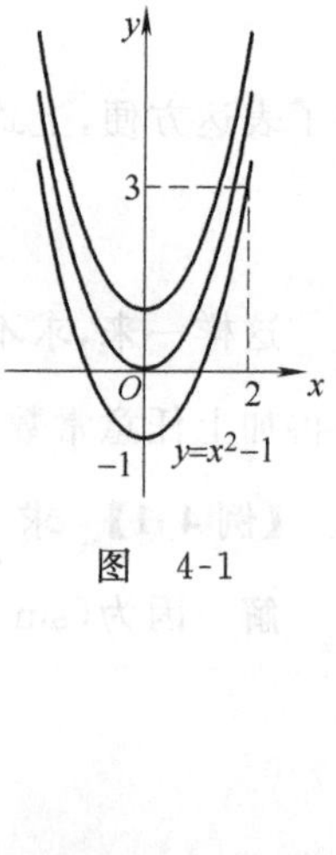

图 4-1

函数 $f(x)$的原函数 $y=F(x)$的图形称为 $f(x)$的**积分曲线**，全体原函数的图形称为 $f(x)$的**积分曲线族**，它是由某条积分曲线沿 $y$ 轴方向平移而得到. 本例即是求函数 $2x$ 通过点(2,3)的那条积分曲线(图 4-1).

### 4.1.2 不定积分的性质

**性质 1** $\left[\int f(x)\mathrm{d}x\right]' = f(x)$ 或 $\mathrm{d}\int f(x)\mathrm{d}x = f(x)\mathrm{d}x$；

$$\int F'(x)\mathrm{d}x = F(x) + C \quad 或 \quad \int \mathrm{d}F(x) = F(x) + C.$$

性质 1 可以由原函数和不定积分的定义直接导出．它表明不定积分运算(简称积分运算)与导数(或微分)运算(简称微分运算)是互逆运算，当相继作这两种运算时，或者相互抵消，或者抵消后差一个常数．

**性质 2** 设函数 $f(x)$及 $g(x)$的原函数存在，则

$$\int[f(x) \pm g(x)]\mathrm{d}x = \int f(x)\mathrm{d}x \pm \int g(x)\mathrm{d}x.$$

**证** 因为

$$\left[\int f(x)\mathrm{d}x \pm \int g(x)\mathrm{d}x\right]' = \left[\int f(x)\mathrm{d}x\right]' \pm \left[\int g(x)\mathrm{d}x\right]' = f(x) \pm g(x),$$

所以 $\int f(x)\mathrm{d}x \pm \int g(x)\mathrm{d}x$ 是 $f(x) \pm g(x)$ 的原函数，又因为它含有两个积分号，形式上含有两个任意常数，而任意常数的代数和仍为任意常数，故实际上含有一个任意常数，所以它是 $f(x) \pm g(x)$的不定积分．

性质 2 对于有限多个函数都是成立的．

**性质 3** 设函数 $f(x)$的原函数存在，$k$ 为非零常数，则

$$\int kf(x)\mathrm{d}x = k\int f(x)\mathrm{d}x.$$

性质 3 的证明留给读者自己完成．

**【例 4-5】** 已知 $\int \dfrac{f(x)}{\sqrt{1-x^2}}\mathrm{d}x = x\arcsin x + C$，求 $f(x)$.

**解** 因为$\dfrac{f(x)}{\sqrt{1-x^2}} = (x\arcsin x + C)' = \arcsin x + \dfrac{x}{\sqrt{1-x^2}}$，所以

$$f(x) = \sqrt{1-x^2}\arcsin x + x.$$

### 4.1.3 基本积分公式

既然积分运算是微分运算的逆运算，那么很自然地可以由基本初等函数的导数公式得到下列基本积分公式：

(1) $\int k\mathrm{d}x = kx + C$ （$k$ 是常数）；

(2) $\int x^\mu \mathrm{d}x = \dfrac{1}{\mu+1}x^{\mu+1} + C$ （$\mu \neq -1$）；

(3) $\int \frac{1}{x}dx = \ln|x| + C$;

(4) $\int a^x dx = \frac{a^x}{\ln a} + C \quad (a > 0, a \neq 1)$;

(5) $\int e^x dx = e^x + C$

(6) $\int \sin x dx = -\cos x + C$;

(7) $\int \cos x dx = \sin x + C$;

(8) $\int \sec^2 x dx = \tan x + C$;

(9) $\int \csc^2 x dx = -\cot x + C$;

(10) $\int \sec x \tan x dx = \sec x + C$;

(11) $\int \csc x \cot x dx = -\csc x + C$;

(12) $\int \frac{1}{\sqrt{1-x^2}}dx = \arcsin x + C$;

(13) $\int \frac{1}{1+x^2}dx = \arctan x + C$.



以上公式是计算不定积分的基础,必须熟记.

利用不定积分的性质和基本积分公式,可以求出一些简单函数的不定积分,这称为**直接积分法**.

**【例 4-6】** 求 $\int \frac{1}{x^2}dx$.

**解** $\int \frac{1}{x^2}dx = \int x^{-2}dx = \frac{1}{-2+1}x^{-2+1} + C = -\frac{1}{x} + C$.

**【例 4-7】** 求 $\int x^3\sqrt{x}dx$.

**解** $\int x^3\sqrt{x}dx = \int x^{\frac{7}{2}}dx = \frac{2}{9}x^{\frac{9}{2}} + C$.

以上例题表明,用分式或根式表示的幂函数,往往应先化为 $x^\mu$ 的形式,然后再用幂函数的积分公式来求不定积分.

**【例 4-8】** 求 $\int \frac{(x-1)^2}{\sqrt{x}}dx$.

**解** $\int \frac{(x-1)^2}{\sqrt{x}}dx = \int (x^{\frac{3}{2}} - 2x^{\frac{1}{2}} + x^{-\frac{1}{2}})dx$

$$=\int x^{\frac{3}{2}}\mathrm{d}x-2\int x^{\frac{1}{2}}\mathrm{d}x+\int x^{-\frac{1}{2}}\mathrm{d}x$$

$$=\frac{2}{5}x^{\frac{5}{2}}-\frac{4}{3}x^{\frac{3}{2}}+2x^{\frac{1}{2}}+C.$$

**【例 4-9】** 求 $\int\frac{2^x+4\cdot 3^{x+1}}{5^x}\mathrm{d}x$.

**解** $\int\frac{2^x+4\cdot 3^{x+1}}{5^x}\mathrm{d}x=\int\left(\frac{2^x}{5^x}+\frac{12\cdot 3^x}{5^x}\right)\mathrm{d}x=\int\left[\left(\frac{2}{5}\right)^x+12\cdot\left(\frac{3}{4}\right)^x\right]\mathrm{d}x$

$$=\frac{\left(\frac{2}{5}\right)^x}{\ln 2-\ln 5}+\frac{12\cdot\left(\frac{3}{5}\right)^x}{\ln 3-\ln 5}+C$$

$$=\frac{2^x}{5^x(\ln 2-\ln 5)}+\frac{12\cdot 3^x}{5^x(\ln 3-\ln 5)}+C.$$

**【例 4-10】** 求 $\int\frac{1}{x^2(1+x^2)}\mathrm{d}x$ .

**解** $\int\frac{1}{x^2(1+x^2)}\mathrm{d}x=\int\frac{1+x^2-x^2}{x^2(1+x^2)}\mathrm{d}x=\int\left(\frac{1}{x^2}-\frac{1}{1+x^2}\right)\mathrm{d}x$

$$=-\frac{1}{x}-\arctan x+C.$$

**【例 4-11】** 求 $\int\frac{x^4}{1+x^2}\mathrm{d}x$ .

**解** $\int\frac{x^4}{1+x^2}\mathrm{d}x=\int\frac{x^4-1+1}{1+x^2}\mathrm{d}x=\int\left(x^2-1+\frac{1}{1+x^2}\right)\mathrm{d}x$

$$=\frac{1}{3}x^3-x+\arctan x+C.$$

**【例 4-12】** 求 $\int\tan^2 x\mathrm{d}x$.

**解** $\int\tan^2 x\mathrm{d}x=\int(\sec^2 x-1)\mathrm{d}x=\tan x-x+C.$

**【例 4-13】** 求 $\int\frac{1}{\sin^2 x\cos^2 x}\mathrm{d}x$.

**解** $\int\frac{1}{\sin^2 x\cos^2 x}\mathrm{d}x=\int\frac{\sin^2 x+\cos^2 x}{\sin^2 x\cos^2 x}\mathrm{d}x=\int\left(\frac{1}{\cos^2 x}+\frac{1}{\sin^2 x}\right)\mathrm{d}x$

$$=\int(\sec^2 x+\csc^2 x)\mathrm{d}x=\tan x-\cot x+C.$$

**【例 4-14】** 求 $\int\frac{1}{\sin^2\frac{x}{2}\cos^2\frac{x}{2}}\mathrm{d}x$.

**解** $\int\frac{1}{\sin^2\frac{x}{2}\cos^2\frac{x}{2}}\mathrm{d}x=\int\frac{4}{4\sin^2\frac{x}{2}\cos^2\frac{x}{2}}\mathrm{d}x=\int\frac{4}{\sin^2 x}\mathrm{d}x$

$$= 4\int \csc^2 x\mathrm{d}x = -4\cot x + C.$$

在例 4-8 到例 4-14 中，先利用代数或三角公式对被积函数进行恒等变形，将所求积分化为基本积分公式中已有的形式，然后再求积分．

## 习　题　4.1

1. 求下列不定积分：

(1) $\int \frac{2}{x^3}\mathrm{d}x$；　(2) $\int x^2 \sqrt[3]{x}\mathrm{d}x$；

(3) $\int (1+x^2)^2 \mathrm{d}x$；　(4) $\int \frac{x^2-3x+2}{\sqrt{x}}\mathrm{d}x$；

(5) $\int \frac{\mathrm{d}h}{\sqrt{2gh}}$；　(6) $\int (\sqrt{x}+1)(\sqrt{x^3}-1)\mathrm{d}x$；

(7) $\int \left(2\mathrm{e}^x + \frac{3}{x}\right)\mathrm{d}x$；　(8) $\int \mathrm{e}^x\left(1-\frac{\mathrm{e}^{-x}}{\cos^2 x}\right)\mathrm{d}x$；

(9) $\int 2^x \mathrm{e}^x \mathrm{d}x$；　(10) $\int \frac{2\cdot 3^x - 5\cdot 2^x}{3^x}\mathrm{d}x$；

(11) $\int \cot^2 x\mathrm{d}x$；　(12) $\int \sec x(\sec x - \tan x)\mathrm{d}x$；

(13) $\int \cos^2 \frac{x}{2}\mathrm{d}x$；　(14) $\int \frac{1}{1+\cos 2x}\mathrm{d}x$；

(15) $\int \frac{\cos 2x}{\cos x - \sin x}\mathrm{d}x$；　(16) $\int \frac{\cos 2x}{\sin^2 x\cos^2 x}\mathrm{d}x$；

(17) $\int \left(\frac{3}{1+x^2} - \frac{2}{\sqrt{1-x^2}}\right)\mathrm{d}x$；　(18) $\int \frac{\sqrt{1+x^2}}{\sqrt{1-x^4}}\mathrm{d}x$；

(19) $\int \frac{x^2}{1+x^2}\mathrm{d}x$；　(20) $\int \frac{1+x+x^2}{x(1+x^2)}\mathrm{d}x$；

(21) $\int \frac{1+2x^2}{x^2(1+x^2)}\mathrm{d}x$.

3. 已知函数 $f(x)$ 的一个原函数是 $2^x$，求 $f(x)$.

4. 已知一曲线通过点 $(1,-1)$，且曲线上任一点处的切线斜率等于该点横坐标的倒数，求该曲线的方程．

5. 一物体由静止开始运动，经 $t$ 秒后的速度为 $v=3(1+t^2)$（米/秒），求物体运动的路程 $s$ 与时间 $t$ 的函数关系．

6. 证明函数 $\frac{1}{3}\sin^2 3x$，$-\frac{1}{3}\cos^2 3x$ 和 $1-\frac{1}{6}\cos 6x$ 都是同一函数 $\sin 6x$ 的原函数．

## 4.2 换元积分法

利用不定积分的性质和基本积分公式，所能计算的积分是很有限的．因此，有必要进一步研究不定积分的求法．本节中将复合函数的求导法则反过来用于求不定积分，得到非常有效的换元积分法．

### 4.2.1 第一类换元法

**定理 4-2** 设函数 $F(u)$是 $f(u)$的一个原函数，$u=\varphi(x)$可导，则有换元积分公式

$$\int f[\varphi(x)]\varphi'(x)\mathrm{d}x = \left[\int f(u)\mathrm{d}u\right]_{u=\varphi(x)} = F[\varphi(x)] + C. \tag{4-1}$$

**证** 由复合函数求导法则，得

$$[F[\varphi(x)]]' = F'[\varphi(x)]\varphi'(x) = f[\varphi(x)]\varphi'(x),$$

即 $F[\varphi(x)]$是 $f[\varphi(x)]\varphi'(x)$的原函数，所以换元积分公式(4-1)成立．证毕．

运用第一类换元积分公式(4-1)的关键在于将被积函数表示成这样两部分的乘积，一部分是某个已知函数 $\varphi(x)$的复合函数 $f[\varphi(x)]$，另一部分是函数 $\varphi(x)$的导数 $\varphi'(x)$. 如要计算积分 $\int g(x)\mathrm{d}x$，则第一类换元法的基本方法为：

$$\int g(x)\mathrm{d}x \xlongequal{\text{分解 } g(x)} \int f[\varphi(x)]\varphi'(x)\mathrm{d}x$$

$$\xlongequal{\text{凑微分}} \int f[\underbrace{\varphi(x)}_{\text{相同}}]\mathrm{d}[\underbrace{\varphi(x)}_{\text{相同}}]$$

$$\xlongequal{u=\varphi(x)} \int f(u)\mathrm{d}u \quad \text{（成为基本积分公式中的形式）}$$

$$= F(u) + C$$

$$= F[\varphi(x)] + C.$$

**【例 4-15】** 求 $\int \frac{1}{4+3x}\mathrm{d}x$.

**解** $\int \frac{1}{4+3x}\mathrm{d}x = \frac{1}{3}\int \frac{1}{4+3x}\mathrm{d}(4+3x) \quad \boxed{u=4+3x}$

$$= \frac{1}{3}\int \frac{1}{u}\mathrm{d}u = \frac{1}{3}\ln|u| + C = \frac{1}{3}\ln|4+3x| + C.$$

**【例 4-16】** 求 $\int \frac{x}{1+x^2}\mathrm{d}x$.

**解** $\int \frac{x}{1+x^2}\mathrm{d}x = \frac{1}{2}\int \frac{1}{1+x^2}\mathrm{d}(x^2) = \frac{1}{2}\int \frac{1}{1+x^2}\mathrm{d}(1+x^2) \quad \boxed{u=1+x^2}$

$$= \frac{1}{2}\int \frac{1}{u}\mathrm{d}u = \frac{1}{2}\ln|u| + C = \frac{1}{2}\ln(1+x^2) + C.$$

【例 4-17】 求$\int \tan x \mathrm{d}x$.

解 $\int \tan x \mathrm{d}x = \int \frac{\sin x}{\cos x}\mathrm{d}x = -\int \frac{1}{\cos x}\mathrm{d}(\cos x)$ $\boxed{u=\cos x}$

$$= -\int \frac{1}{u}\mathrm{d}u = -\ln|u| + C = -\ln|\cos x| + C.$$

同理可得： $\int \cot x \mathrm{d}x = \ln|\sin x| + C.$

在例 4-15 到例 4-17 的积分中，虽然被积函数不同，但选取恰当的函数 $u = \varphi(x)$ 后，可应用同一个积分公式求得结果，这就扩大了基本积分公式使用的范围. 由于本方法在积分过程中，关键是要从被积表达式中凑出一个微分因子 $\mathrm{d}\varphi(x) = \varphi'(x)\mathrm{d}x$，故第一类换元积分法也称为**凑微分法**.

在第一类换元积分法比较熟悉后，就不必再明显写出变量代换 $u = \varphi(x)$.

【例 4-18】 求$\int \cos(2+3x)\mathrm{d}x$.

解 $\int \cos(2+3x)\mathrm{d}x = \frac{1}{3}\int \cos(2+3x)\mathrm{d}(2+3x) = \frac{1}{3}\sin(2+3x) + C.$

【例 4-19】 求$\int x\sqrt{1-x^2}\mathrm{d}x$.

解 $\int x\sqrt{1-x^2}\mathrm{d}x = \frac{1}{2}\int \sqrt{1-x^2}\mathrm{d}(x^2) = -\frac{1}{2}\int (1-x^2)^{\frac{1}{2}}\mathrm{d}(1-x^2)$

$$= -\frac{1}{2}\cdot\frac{2}{3}(1-x^2)^{\frac{3}{2}} + C = -\frac{1}{3}(1-x^2)^{\frac{3}{2}} + C.$$

【例 4-20】 求$\int \frac{x}{1+x^4}\mathrm{d}x$.

解 $\int \frac{x}{1+x^4}\mathrm{d}x = \frac{1}{2}\int \frac{1}{1+x^4}\mathrm{d}(x^2) = \frac{1}{2}\int \frac{1}{1+(x^2)^2}\mathrm{d}(x^2)$

$$= \frac{1}{2}\arctan x^2 + C.$$

【例 4-21】 求$\int x^2 \mathrm{e}^{2x^3}\mathrm{d}x$.

解 $\int x^2 \mathrm{e}^{2x^3}\mathrm{d}x = \frac{1}{3}\int \mathrm{e}^{2x^3}\mathrm{d}(x^3) = \frac{1}{6}\int \mathrm{e}^{2x^3}\mathrm{d}(2x^3) = \frac{1}{6}\mathrm{e}^{2x^3} + C.$

【例 4-22】 求$\int \frac{1}{x^2}\sin\frac{1}{x}\mathrm{d}x$.

解 $\int \frac{1}{x^2}\sin\frac{1}{x}\mathrm{d}x = -\int \sin\frac{1}{x}\mathrm{d}\left(\frac{1}{x}\right) = \cos\frac{1}{x} + C.$

【例 4-23】 求$\int \frac{1}{\sqrt{x-x^2}}\mathrm{d}x$.

解 $\int \frac{1}{\sqrt{x-x^2}}dx = \int \frac{1}{\sqrt{x}\cdot\sqrt{1-x}}dx = 2\int \frac{1}{\sqrt{1-x}}d(\sqrt{x})$

$= 2\int \frac{1}{\sqrt{1-(\sqrt{x})^2}}d(\sqrt{x}) = 2\arcsin\sqrt{x} + C.$

**【例 4-24】** 求$\int \frac{1}{x\ln x}dx$.

解 $\int \frac{1}{x\ln x}dx = \int \frac{1}{\ln x}d(\ln x) = \ln|\ln x| + C.$

**【例 4-25】** 求$\int \sec^4 x dx$.

解 $\int \sec^4 x dx = \int \sec^2 x d(\tan x) = \int (1+\tan^2 x)d(\tan x)$

$= \tan x + \frac{1}{3}\tan^3 x + C.$

**【例 4-26】** 求$\int \frac{x+\arctan x}{1+x^2}dx$.

解 $\int \frac{x+\arctan x}{1+x^2}dx = \int \frac{x}{1+x^2}dx + \int \frac{\arctan x}{1+x^2}dx$

$= \frac{1}{2}\int \frac{1}{1+x^2}d(1+x^2) + \int \arctan x d(\arctan x)$

$= \frac{1}{2}\ln(1+x^2) + \frac{1}{2}(\arctan x)^2 + C.$

**【例 4-27】** 求$\int \frac{1}{a^2+x^2}dx$.

解 $\int \frac{1}{a^2+x^2}dx = \int \frac{1}{a^2}\cdot\frac{1}{1+\frac{x^2}{a^2}}dx = \frac{1}{a}\int \frac{1}{1+\left(\frac{x}{a}\right)^2}d\left(\frac{x}{a}\right)$

$= \frac{1}{a}\arctan\frac{x}{a} + C.$

**【例 4-28】** 求$\int \frac{1}{\sqrt{a^2-x^2}}dx \quad (a>0)$.

解 $\int \frac{1}{\sqrt{a^2-x^2}}dx = \int \frac{1}{a}\cdot\frac{1}{\sqrt{1-\frac{x^2}{a^2}}}dx = \int \frac{1}{\sqrt{1-\left(\frac{x}{a}\right)^2}}d\left(\frac{x}{a}\right)$

$= \arcsin\frac{x}{a} + C.$

**【例 4-29】** 求$\int \frac{1}{a^2-x^2}dx$.

解 $\int \frac{1}{a^2-x^2}dx = \frac{1}{2a}\int \frac{(a-x)+(a+x)}{(a-x)(a+x)}dx = \frac{1}{2a}\int \left[\frac{1}{a+x} + \frac{1}{a-x}\right]dx$

$$=\frac{1}{2a}[\ln|a+x|-\ln|a-x|]+C=\frac{1}{2a}\ln\left|\frac{a+x}{a-x}\right|+C.$$

**【例 4-30】** 求$\int\frac{\mathrm{d}x}{\mathrm{e}^x+\mathrm{e}^{-x}}$.

**解** $\int\frac{\mathrm{d}x}{\mathrm{e}^x+\mathrm{e}^{-x}}=\int\frac{\mathrm{e}^x}{\mathrm{e}^{2x}+1}\mathrm{d}x=\int\frac{1}{(\mathrm{e}^x)^2+1}\mathrm{d}(\mathrm{e}^x)=\arctan\mathrm{e}^x+C.$

**【例 4-31】** 求$\int\cos^3x\mathrm{d}x$.

**解**
$$\int\cos^3x\mathrm{d}x=\int\cos^2x\mathrm{d}(\sin x)=\int(1-\sin^2x)\mathrm{d}(\sin x)$$
$$=\sin x-\frac{1}{3}\sin^3x+C.$$

**【例 4-32】** 求$\int\sin^3x\cos^2x\mathrm{d}x$.

**解**
$$\int\sin^3x\cos^2x\mathrm{d}x=-\int\sin^2x\cos^2x\mathrm{d}(\cos x)$$
$$=-\int(1-\cos^2x)\cos^2x\mathrm{d}(\cos x)$$
$$=-\int(\cos^2x-\cos^4x)\mathrm{d}(\cos x)$$
$$=-\frac{1}{3}\cos^3x+\frac{1}{5}\cos^5x+C.$$

一般地，通过凑微分并运用公式 $\sin^2x+\cos^2x=1$，可得：

$$\int\sin^{2k+1}x\cos^nx\,\mathrm{d}x=-\int(1-\cos^2x)^k\cos^nx\,\mathrm{d}(\cos x);$$
$$\int\sin^nx\cos^{2k+1}x\,\mathrm{d}x=\int\sin^nx(1-\sin^2x)^k\mathrm{d}(\sin x),$$

其中 $k,n\in\mathbf{N}$.

**【例 4-33】** 求$\int\cos^2x\mathrm{d}x$.

**解**
$$\int\cos^2x\mathrm{d}x=\int\frac{1+\cos2x}{2}\mathrm{d}x=\frac{1}{2}\int\mathrm{d}x+\frac{1}{2}\int\cos2x\mathrm{d}x$$
$$=\frac{1}{2}x+\frac{1}{4}\sin2x+C.$$

**【例 4-34】** 求$\int\sin^25x\cos^25x\mathrm{d}x$.

**解**
$$\int\sin^25x\cos^25x\mathrm{d}x=\frac{1}{4}\int\sin^210x\mathrm{d}x$$
$$=\frac{1}{8}\int(1-\cos20x)\mathrm{d}x$$

$$=\frac{1}{8}\left(x-\frac{1}{20}\sin 20x\right)+C.$$

一般地，通过运用公式

$$\sin^2\alpha=\frac{1-\cos 2\alpha}{2},\ \cos^2\alpha=\frac{1+\cos 2\alpha}{2}$$

可得

$$\int\sin^{2k}x\cos^{2n}x\,\mathrm{d}x=\frac{1}{2^{k+n}}\int(1-\cos 2x)^k(1+\cos 2x)^2\,\mathrm{d}x\ (k,n\in\mathbf{N}).$$

上式右端可化为关于 $\cos 2x$ 的多项式的积分来计算．怎样求积分

$$\int\cos^m 2x\,\mathrm{d}x\ (m\in\mathbf{N}),$$

请读者思考．

**【例 4-35】** 求 $\int\cos 2x\cos 5x\,\mathrm{d}x$.

**解** $\int\cos 2x\cos 5x\,\mathrm{d}x=\frac{1}{2}\int(\cos 3x+\cos 7x)\,\mathrm{d}x$

$$=\frac{1}{6}\sin 3x+\frac{1}{14}\sin 7x+C.$$

一般地，通过运用三角函数的积化和差公式

$$\sin\alpha\cos\beta=\frac{1}{2}[\sin(\alpha+\beta)+\sin(\alpha-\beta)],$$

$$\cos\alpha\cos\beta=\frac{1}{2}[\cos(\alpha+\beta)+\cos(\alpha-\beta)],$$

$$\sin\alpha\sin\beta=-\frac{1}{2}[\cos(\alpha+\beta)-\cos(\alpha-\beta)],$$

可求得 $\int\sin kx\cos nx\,\mathrm{d}x$、$\int\cos kx\cos nx\,\mathrm{d}x$ 及 $\int\sin kx\sin nx\,\mathrm{d}x$ $(k,n\in\mathbf{N})$ 的积分．

通过上述例题可以看到，利用公式 4-1 求不定积分，需要一定的技巧，读者必须熟悉下列基本题型与凑微分的方法：

(1) $\int f(ax+b)\,\mathrm{d}x=\frac{1}{a}\int f(ax+b)\,\mathrm{d}(ax+b)\ (a\neq 0)$；

(2) $\int f(x^\mu)x^{\mu-1}\,\mathrm{d}x=\frac{1}{\mu}\int f(x^\mu)\,\mathrm{d}(x^\mu)\ (\mu\neq 0)$；

(3) $\int f(\ln x)\,\frac{1}{x}\mathrm{d}x=\int f(\ln x)\,\mathrm{d}(\ln x)$；

(4) $\int f(a^x)a^x\,\mathrm{d}x=\frac{1}{\ln a}\int f(a^x)\,\mathrm{d}(a^x)\ (a>0,a\neq 1)$，

特别地，$\int f(\mathrm{e}^x)\mathrm{e}^x\,\mathrm{d}x=\int f(\mathrm{e}^x)\,\mathrm{d}(\mathrm{e}^x)$；

(5) $\int f(\sin x)\cos x\mathrm{d}x=\int f(\sin x)\mathrm{d}(\sin x)$；

(6) $\int f(\cos x)\sin x\mathrm{d}x=-\int f(\cos x)\mathrm{d}(\cos x)$；

(7) $\int f(\tan x)\sec^2 x\mathrm{d}x=\int f(\tan x)\mathrm{d}(\tan x)$；

(8) $\int f(\arctan x)\dfrac{1}{1+x^2}\mathrm{d}x=\int f(\arctan x)\mathrm{d}(\arctan x)$；

(9) $\int f(\arctan x)\dfrac{1}{\sqrt{1-x^2}}\mathrm{d}x=\int f(\arcsin x)\mathrm{d}(\arcsin x)$；

(10) $\int f[g(x)]g'(x)\mathrm{d}x=\int f[g(x)]\mathrm{d}[g(x)]$.

**【例 4-36】** 求$\int \sec x\mathrm{d}x$.

**解** 
$$\begin{aligned}\int \sec x\mathrm{d}x&=\int\frac{1}{\cos x}\mathrm{d}x=\int\frac{\cos x}{\cos^2 x}\mathrm{d}x=\int\frac{1}{1-\sin^2 x}\mathrm{d}(\sin x)\\&=\frac{1}{2}\ln\left|\frac{1+\sin x}{1-\sin x}\right|+C=\frac{1}{2}\ln\left|\frac{(1+\sin x)^2}{\cos^2 x}\right|+C\\&=\ln\left|\frac{1+\sin x}{\cos x}\right|+C=\ln|\sec x+\tan x|+C.\end{aligned}$$

同理，得
$$\int \csc x\mathrm{d}x=\ln|\csc x-\cot x|+C.$$

**【例 4-37】** 求$\int\dfrac{2^{\arctan\sqrt{x}}}{\sqrt{x}(1+x)}\mathrm{d}x$.

**解** 
$$\begin{aligned}\int\frac{2^{\arctan\sqrt{x}}}{\sqrt{x}(1+x)}\mathrm{d}x&=2\int\frac{2^{\arctan\sqrt{x}}}{1+x}\mathrm{d}(\sqrt{x})=2\int\frac{2^{\arctan\sqrt{x}}}{1+(\sqrt{x})^2}\mathrm{d}(\sqrt{x})\\&=2\int 2^{\arctan\sqrt{x}}\mathrm{d}(\arctan\sqrt{x})=\frac{2}{\ln 2}2^{\arctan\sqrt{x}}+C.\end{aligned}$$

我们特别指出，例 4-37 的积分，需要进行两次凑微分，才能转化为基本积分公式中的形式 .

## 4.2.2 第二类换元法

**定理 4-3** 设 $x=\psi(t)$ 是单调、可导的函数，且 $\psi'(t)\neq 0$，$x=\psi(t)$ 的反函数记为 $t=\psi^{-1}(x)$；又设 $f[\psi(t)]\psi'(t)$ 具有原函数 $F(t)$，则 $F[\psi^{-1}(x)]$ 是 $f(x)$ 的原函数，即有换元积分公式
$$\begin{aligned}\int f(x)\mathrm{d}x&\xlongequal[\mathrm{d}x=\psi'(t)\mathrm{d}t]{x=\psi(t)}\int f[\psi(t)]\psi'(t)\mathrm{d}t=[F(t)+C]_{t=\psi^{-1}(x)}\\&=F[\psi^{-1}(x)]+C.\end{aligned}\tag{4-2}$$

**证** 由复合函数及反函数求导法则,得

$$[F[\psi^{-1}(x)]]' = \frac{\mathrm{d}F(t)}{\mathrm{d}t}\cdot\frac{\mathrm{d}t}{\mathrm{d}x} = \frac{\mathrm{d}F(t)}{\mathrm{d}t}\cdot\frac{1}{\frac{\mathrm{d}x}{\mathrm{d}t}}$$

$$= f[\psi(t)]\psi'(t)\cdot\frac{1}{\psi'(t)} = f(x),$$

即 $F[\psi^{-1}(x)]$ 是 $f(x)$ 的原函数,所以换元积分公式(4-2)成立．证毕．

定理4-3中的换元是 $x=\psi(t)$,为了区别于第一类换元 $\varphi(x)=u$,称形如 $x=\psi(t)$ 的换元为**第二类换元**．第二类换元主要包括三角代换和根式代换．

**1. 三角代换**

三角代换是以三角函数作换元的代换,一般规律如下:

(1) 被积函数中含有 $\sqrt{a^2-x^2}$,可作代换 $x=a\sin t$ 或 $x=a\cos t$;

(2) 被积函数中含有 $\sqrt{a^2+x^2}$,可作代换 $x=a\tan t$ 或 $x=a\cot t$;

(3) 被积函数中含有 $\sqrt{x^2-a^2}$,可作代换 $x=a\sec t$ 或 $x=a\csc t$;.

**【例 4-38】** 求 $\int\sqrt{a^2-x^2}\mathrm{d}x\quad(a>0)$.

**解** 令 $x=a\sin t,-\frac{\pi}{2}<t<\frac{\pi}{2}$,则 $\mathrm{d}x=a\cos t\mathrm{d}t,t=\arcsin\frac{x}{a},\sqrt{a^2-x^2}=\sqrt{a^2-a^2\sin^2 t}=a\cos t$. 于是,

$$\int\sqrt{a^2-x^2}\mathrm{d}x=\int a\cos t\cdot a\cos t\mathrm{d}t=a^2\int\frac{1+\cos 2t}{2}\mathrm{d}t=a^2\left(\frac{1}{2}t+\frac{1}{4}\sin 2t\right)+C.$$

为了把 $\sin 2t$ 变回 $x$ 的函数,我们可以根据变换 $x=a\sin t$ 作辅助三角形(图 4-2),从而有

$$\sin 2t=2\sin t\cos t=2\cdot\frac{x}{a}\cdot\frac{\sqrt{a^2-x^2}}{a},$$

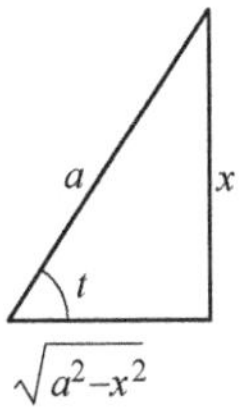

图 4-2

因此

$$\int\sqrt{a^2-x^2}\mathrm{d}x=\frac{x}{2}\sqrt{a^2-x^2}+\frac{a^2}{2}\arcsin\frac{x}{a}+C.$$

**【例 4-39】** 求 $\int\frac{\mathrm{d}x}{\sqrt{x^2+a^2}}\quad(a>0)$.

**解** 令 $x=a\tan t,-\frac{\pi}{2}<t<\frac{\pi}{2}$,则 $\mathrm{d}x=a\sec^2 t\mathrm{d}t,\sqrt{x^2+a^2}=\sqrt{a^2\tan^2 t+a^2}=a\sec t$. 于是,

$$\int\frac{\mathrm{d}x}{\sqrt{x^2+a^2}}=\int\frac{a\sec^2 t}{a\sec t}\mathrm{d}t=\int\sec t\mathrm{d}t=\ln|\sec t+\tan t|+C_1.$$

作辅助三角形(图 4-3),有

$$\sec t=\frac{\sqrt{x^2+a^2}}{a},\ \tan t=\frac{x}{a},$$

代入，得

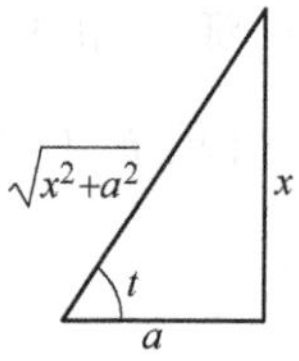


图 4-3

$$\int\frac{dx}{\sqrt{x^2+a^2}}=\ln\left|\frac{\sqrt{x^2+a^2}}{a}+\frac{x}{a}\right|+C_1$$
$$=\ln(x+\sqrt{x^2+a^2})+C,$$

其中 $C=C_1-\ln a$.

**【例 4-40】** 求 $\int\frac{dx}{\sqrt{x^2-a^2}}\quad(a>0)$.

**解** 被积函数的定义域是 $x>a$ 及 $x<-a$，我们先在 $x>a$ 时求不定积分．

当 $x>a$ 时，令 $x=a\sec t,0<t<\frac{\pi}{2}$，则 $dx=a\sec t\tan t dt$，$\sqrt{x^2-a^2}=\sqrt{a^2\sec^2 t-a^2}=a\tan t$．于是，

$$\int\frac{dx}{\sqrt{x^2-a^2}}=\int\frac{a\sec t\tan t}{a\tan t}dt=\int\sec t dt$$
$$=\ln|\sec t+\tan t|+C_1.$$

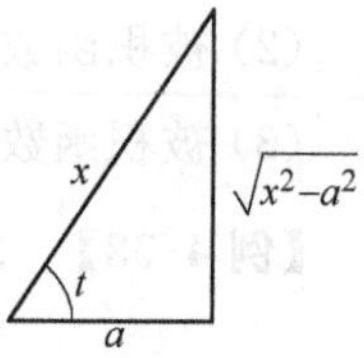


图 4-4

作辅助三角形（图 4-4），有

$$\sec t=\frac{x}{a},\quad\tan t=\frac{\sqrt{x^2-a^2}}{a}$$



代入，得

$$\int\frac{dx}{\sqrt{x^2-a^2}}=\ln\left|\frac{x}{a}+\frac{\sqrt{x^2-a^2}}{a}\right|+C_1=\ln|x+\sqrt{x^2-a^2}|+C,$$

其中 $C=C_1-\ln a$.

容易验证，上述结论在 $x<-a$ 时仍然成立．即当 $x>a$ 或 $x<-a$ 时，总有

$$\int\frac{dx}{\sqrt{x^2-a^2}}=\ln|x+\sqrt{x^2-a^2}|+C.$$

在例 4-38 至例 4-40 中，通过所选用的代换，虽然可以消除被积函数中的根式，但具体解题时要分析被积函数的具体情况，选择尽可能简捷的积分方法，不要拘泥于上述的变量代换，如例 4-19、例 4-28 等．

**2. 根式代换**

根式代换是指将被积函数中的根式令为新变量 $t$ 的代换，一般适用于从代换中便于解出 $x$ 的根式．

**【例 4-41】** 求 $\int\frac{dx}{1+\sqrt{x-1}}$.

**解** 令 $\sqrt{x-1}=t,x=t^2+1$，则 $dx=2tdt$. 于是，

$$\int\frac{dx}{1+\sqrt{x-1}}=\int\frac{2t}{1+t}dt=2\int\left(1-\frac{1}{1+t}\right)dt$$

$$=2[t-\ln(1+t)]+C$$
$$=2[\sqrt{x-1}-\ln(1+\sqrt{x-1})]+C.$$

**【例 4-42】** 求 $\int \frac{1}{x}\sqrt{\frac{1-x}{x}}dx$ .

**解** 令 $\sqrt{\frac{1-x}{x}}=t, x=\frac{1}{1+t^2}$ ,则 $dx=\frac{-2t}{(1+t^2)^2}dt$ . 于是,

$$\int \frac{1}{x}\sqrt{\frac{1-x}{x}}dx=\int (1+t^2)t\frac{-2t}{(1+t^2)^2}dt=-2\int \frac{t^2}{1+t^2}dt$$
$$=-2\int (1-\frac{1}{1+t^2})dt=-2t+2\arctan t+C$$
$$=-2\sqrt{\frac{1-x}{x}}+2\arctan\sqrt{\frac{1-x}{x}}+C.$$

**【例 4-43】** 求 $\int \frac{dx}{\sqrt{e^x+1}}$.

**解** 令 $\sqrt{e^x+1}=t, x=\ln(t^2-1)$ ,则 $dx=\frac{2t}{t^2-1}dt$. 于是,

$$\int \frac{dx}{\sqrt{e^x+1}}=\int \frac{1}{t}\cdot\frac{2t}{t^2-1}dt=\int \frac{2}{t^2-1}dt=\int \left[\frac{1}{t-1}-\frac{1}{t+1}\right]dt$$
$$=\ln|t-1|-\ln|t+1|+C=\ln\left|\frac{\sqrt{e^x+1}-1}{\sqrt{e^x+1}+1}\right|+C.$$

为计算积分的方便,本节中几个例题的结果特别列出,以后也作为积分公式使用(其中常数 $a>0$).

(14) $\int \tan x dx=-\ln|\cos x|+C$;

(15) $\int \cot x dx=\ln|\sin x|+C$;

(16) $\int \sec x dx=\ln|\sec x+\tan x|+C$;

(17) $\int \csc x dx=\ln|\csc x-\cot x|+C$;

(18) $\int \frac{dx}{a^2+x^2}=\frac{1}{a}\arctan\frac{x}{a}+C$;

(19) $\int \frac{dx}{a^2-x^2}=\frac{1}{2a}\ln\left|\frac{a+x}{a-x}\right|+C$;

(20) $\int \frac{dx}{\sqrt{a^2-x^2}}=\arcsin\frac{x}{a}+C$;

(21) $\int \frac{dx}{\sqrt{x^2\pm a^2}}=\ln|x+\sqrt{x^2\pm a^2}|+C$.

【例 4-44】 求 $\int \frac{dx}{\sqrt{1-x-x^2}}$.

解 $\int \frac{dx}{\sqrt{1-x-x^2}}=\int \frac{d(x+\frac{1}{2})}{\sqrt{\frac{5}{4}-(x+\frac{1}{2})^2}}=\arcsin \frac{2x+1}{\sqrt{5}}+C$.

## 习 题 4.2

1. 在下列各式等号右端的空白处填入适当的系数，使等式成立：

(1) $dx=\quad d(ax)$；
(2) $dx=\quad d(7x-1)$；
(3) $xdx=\quad d(x^2)$；
(4) $xdx=\quad d(1-4x^2)$；
(5) $e^{-2x}dx=\quad d(e^{-2x})$；
(6) $\sin 3xdx=\quad d(\cos 3x)$；
(7) $\frac{1}{x}dx=\quad d(5-3\ln x)$；
(8) $\frac{1}{1+4x^2}dx=\quad d(\arctan 2x)$.

2. 利用第一类换元法求下列不定积分：

(1) $\int e^{3x}dx$；
(2) $\int \cos 2xdx$；
(3) $\int (1-5x)^9 dx$；
(4) $\int \sqrt{2x+1}dx$；
(5) $\int \frac{dx}{\sqrt[3]{1-3x}}$；
(6) $\int x\sin x^2 dx$；
(7) $\int \frac{x}{4+9x^2}dx$；
(8) $\int \frac{x}{\sqrt{x^2-6}}dx$；
(9) $\int x^2\sqrt{1+2x^3}dx$；
(10) $\int \frac{1}{x^2}\cos\frac{1}{x}dx$；
(11) $\int \frac{1}{\sqrt{x}}e^{-\sqrt{x}}dx$；
(12) $\int \frac{dx}{\sqrt{x}(1+x)}$；
(13) $\int \frac{dx}{x(2\ln x+1)}$；
(14) $\int \frac{dx}{x\sqrt{1-\ln^2 x}}$；
(15) $\int \frac{e^{2x}}{1+e^{2x}}dx$；
(16) $\int \frac{dx}{1+e^x}$；
(17) $\int \frac{dx}{(\arcsin x)^2\sqrt{1-x^2}}$；
(18) $\int \frac{2^{\arctan x}}{1+x^2}dx$；
(19) $\int \frac{dx}{\sin x\cos x}$；
(20) $\int \frac{\sin x+\cos x}{\sqrt{\sin x-\cos x}}dx$；

(21) $\int \sin^3 x \mathrm{d}x$ (22) $\int \sin^2 x \cos^3 x \mathrm{d}x$；

(23) $\int \tan^5 x \sec^3 x \mathrm{d}x$ ； (24) $\int \sin x \sin 3x \mathrm{d}x$；

(25) $\int \sin^2 4x \mathrm{d}x$ ； (26) $\int \dfrac{\sin x \cos x}{1+\sin^4 x}\mathrm{d}x$ .

3. 利用第二类换元法求下列不定积分：

(1) $\int \dfrac{x^2}{\sqrt{a^2-x^2}}\mathrm{d}x(a>0)$； (2) $\int \dfrac{\mathrm{d}x}{\sqrt{(1-x^2)^3}}$ ；

(3) $\int \dfrac{\mathrm{d}x}{x\sqrt{4-x^2}}$ ； (4) $\int \dfrac{\mathrm{d}x}{x^2\sqrt{1+x^2}}$ ；

(5) $\int \dfrac{\mathrm{d}x}{x^2\sqrt{x^2-4}}$ ； (6) $\int \dfrac{\sqrt{x^2-9}}{x}\mathrm{d}x$ ；

(7) $\int \dfrac{x}{\sqrt{2x-3}}\mathrm{d}x$ ； (8) $\int \dfrac{\mathrm{d}x}{\sqrt{x}+\sqrt[4]{x}}$ ；

(9) $\int \dfrac{\mathrm{d}x}{(x+1)\sqrt{x+2}}$ ； (10) $\int \dfrac{\mathrm{d}x}{\sqrt{e^{2x}-9}}$；

(11) $\int \dfrac{\mathrm{d}x}{\sqrt{x^2-2x-3}}$ ； (12) $\int \dfrac{\mathrm{d}x}{\sqrt{5+4x-x^2}}$ .



## 4.3 分部积分法

换元积分法是建立在复合函数求导法则基础上的积分方法．现在我们将以乘积的求导法则为基础，建立新的积分方法——分部积分法，分部积分法主要解决两种不同类型函数乘积的积分问题．

设函数 $u=u(x)$ 及 $v=v(x)$ 具有连续导数，则有

$$(uv)'=u'v+uv'$$

移项得

$$uv'=(uv)'-u'v,$$

上式两边求不定积分，得

$$\int uv'\mathrm{d}x = uv-\int u'v\mathrm{d}x .$$

由于 $u'\mathrm{d}x=\mathrm{d}u, v'\mathrm{d}x=\mathrm{d}v$，所以上式又可写为

$$\int u\mathrm{d}v = uv-\int v\mathrm{d}u \quad . \tag{4-3}$$

称公式(4-3)为**分部积分公式**．该公式的意义在于：当求积分 $\int u\mathrm{d}v$ 困难，而求积

分$\int v\mathrm{d}u$容易时，可以通过分部积分公式实现转化．以下通过例题说明公式的运用．

**【例 4-45】** 求$\int x\cos x\mathrm{d}x$．

**解** 被积函数是幂函数与三角函数的乘积，如果将幂函数取作$u$，则

$$\begin{aligned}\int x\cos x\mathrm{d}x &= \int x\mathrm{d}(\sin x)\\ &= x\sin x - \int \sin x\mathrm{d}x\\ &= x\sin x + \cos x + C.\end{aligned}$$

取 $u=x, \mathrm{d}v=\mathrm{d}(\sin x)$，
则 $\mathrm{d}u=\mathrm{d}x, v=\sin x$

如果将三角函数取作$u$，则

$$\begin{aligned}\int x\cos x\mathrm{d}x &= \int \cos x\mathrm{d}\left(\frac{1}{2}x^2\right)\\ &= \frac{1}{2}x^2\cos x + \frac{1}{2}\int x^2\sin x\mathrm{d}x,\end{aligned}$$

取 $u=\cos x, \mathrm{d}v=\mathrm{d}\left(\frac{1}{2}x^2\right)$，
则 $\mathrm{d}u=-\sin x\mathrm{d}x, v=\frac{1}{2}x^2$

由于幂函数幂次升高，导致等式右端的积分比等式左端的积分更困难．

由此可见，正确选取$u$和$\mathrm{d}v$是能够成功运用分部积分公式的关键．选取$u$和$\mathrm{d}v$的一般原则为：

(1)选作$\mathrm{d}v$的部分应容易求得$v$；

(2)$\int v\mathrm{d}u$要比$\int u\mathrm{d}v$容易积出．

**【例 4-46】** 求$\int x^2\mathrm{e}^x\mathrm{d}x$．

**解**
$$\begin{aligned}\int x^2\mathrm{e}^x\mathrm{d}x &= \int x^2\mathrm{d}(\mathrm{e}^x)\\ &= x^2\mathrm{e}^x - \int 2x\mathrm{e}^x\mathrm{d}x\\ &= x^2\mathrm{e}^x - 2\int x\mathrm{d}(\mathrm{e}^x)\\ &= x^2\mathrm{e}^x - 2x\mathrm{e}^x + 2\int \mathrm{e}^x\mathrm{d}x\\ &= (x^2-2x+2)\mathrm{e}^x + C.\end{aligned}$$

取 $u=x^2, \mathrm{d}v=\mathrm{d}(\mathrm{e}^x)$
则 $\mathrm{d}u=2x\mathrm{d}x, v=\mathrm{e}^x$

取 $u=x, \mathrm{d}v=\mathrm{d}(\mathrm{e}^x)$
则 $\mathrm{d}u=\mathrm{d}x, v=\mathrm{e}^x$

由前述两例可知，当被积函数是幂函数与正(余)弦函数或幂函数与指数函数的乘积时，可考虑使用分部积分法，且可将幂函数取作$u$. 这里假定幂指数是正整数．

分部积分法运用熟练后，就只要把被积表达式凑成$u\mathrm{d}v$的形式，而不必再把$u$、$\mathrm{d}v$具体写出来．

**【例 4-47】** 求$\int x^2\ln x\mathrm{d}x$．

**解** $\int x^2 \ln x dx = \frac{1}{3}\int \ln x d(x^3) = \frac{1}{3}x^3 \cdot \ln x - \frac{1}{3}\int x^3 \cdot \frac{1}{x} dx$

$= \frac{1}{3}x^3 \ln x - \frac{1}{9}x^3 + C.$

**【例 4-48】** 求 $\int \arcsin x dx$.

**解** $\int \arcsin x dx = x\arcsin x - \int x \frac{1}{\sqrt{1-x^2}} dx$

$= x\arcsin x + \sqrt{1-x^2} + C.$

**【例 4-49】** 求 $\int x\arctan x dx$.

**解** $\int x\arctan x dx = \frac{1}{2}\int \arctan x d(x^2) = \frac{1}{2}\int \arctan x d(1+x^2)$

$= \frac{1}{2}(1+x^2)\arctan x - \frac{1}{2}\int (1+x^2) \frac{1}{1+x^2} dx$

$= \frac{1}{2}(1+x^2)\arctan x - \frac{1}{2}x + C.$

由上述三例可知，当被积函数是幂函数与对数函数或幂函数与反三角函数的乘积时，可考虑使用分部积分法，且可将对数函数或反三角函数取作 $u$.

**【例 4-50】** 求 $\int e^x \cos x dx$.

**解** $\int e^x \cos x dx = \int e^x d(\sin x) = e^x \sin x - \int e^x \sin x dx$

$= e^x \sin x + \int e^x d(\cos x)$

$= e^x \sin x + e^x \cos x - \int e^x \cos x dx$

所以
$$\int e^x \cos x dx = \frac{1}{2}e^x(\sin x + \cos x) + C.$$

我们指出，当被积函数是指数函数与正(余)弦函数的乘积时，指数函数或正(余)弦函数都可取作 $u$. 经过两次分部积分，一定使得所求的积分重新出现. 此时，将它移到等式左边合并，象解代数方程一样即可解出积分的结果. 但必须注意，两次分部积分时，应将相同类型的函数取作 $u$.

经过分部积分后，又出现原来所求的积分，这在积分计算中是经常遇见的，下面再看一例.

**【例 4-51】** 求 $\int \sec^3 x dx$.

**解** $\int \sec^3 x dx = \int \sec x d(\tan x) = \sec x \tan x - \int \tan^2 x \sec x dx$

$$= \sec x \tan x - \int (\sec^2 x - 1)\sec x \mathrm{d}x$$

$$= \sec x \tan x - \int \sec^3 x \mathrm{d}x + \int \sec x \mathrm{d}x$$

$$= \sec x \tan x + \ln|\sec x + \tan x| - \int \sec^3 x \mathrm{d}x,$$

所以 $$\int \sec^3 x \mathrm{d}x = \frac{1}{2}\sec x \tan x + \frac{1}{2}\ln|\sec x + \tan x| + C.$$

在积分过程中，有时需要兼用几种不同方法，如下面的例子，我们首先想到用根式代换消去根号的第二类换元法，然后可看出再用分部积分法．

**【例 4-52】** 求 $\int \mathrm{e}^{\sqrt{x}} \mathrm{d}x$．

**解** 令 $\sqrt{x}=t$，则 $x=t^2$，$\mathrm{d}x=2t\mathrm{d}t$．于是，

$$\int \mathrm{e}^{\sqrt{x}} \mathrm{d}x = \int \mathrm{e}^t \cdot 2t\mathrm{d}t = 2\int t\mathrm{e}^t \mathrm{d}t = 2\int t\mathrm{d}(\mathrm{e}^t)$$

$$= 2(t\mathrm{e}^t - \int \mathrm{e}^t \mathrm{d}t) = 2(t-1)\mathrm{e}^t + C$$

$$= 2(\sqrt{x}-1)\mathrm{e}^{\sqrt{x}} + C.$$

如果被积函数中含有抽象函数的导数因子，则往往将这样的因子凑微分，再用第一类换元积分法或分部积分法计算．



**【例 4-53】** 求 $\int x f''(x) \mathrm{d}x$，其中 $f(x)$ 为二阶连续可导函数．

**解** $$\int x f''(x)\mathrm{d}x = \int x \mathrm{d}(f'(x)) = x f'(x) - \int f'(x)\mathrm{d}x$$

$$= x f'(x) - f(x) + C.$$

## 习 题 4.3

1. 求下列不定积分：

(1) $\int x\mathrm{e}^{2x} \mathrm{d}x$； (2) $\int x\sin(1-3x)\mathrm{d}x$；

(3) $\int x^2 \cos x \mathrm{d}x$； (4) $\int \ln x \mathrm{d}x$；

(5) $\int x\ln(x-1)\mathrm{d}x$； (6) $\int \frac{\ln x}{\sqrt{x}}\mathrm{d}x$；

(7) $\int x\ln(1+x^2)\mathrm{d}x$； (8) $\int \ln(x^2+4)\mathrm{d}x$；

(9) $\int x\sin^2 x \mathrm{d}x$； (10) $\int \arctan x \mathrm{d}x$；

(11) $\int x^2\arctan x\mathrm{d}x$；　　(12) $\int \frac{\ln^2 x}{x^2}\mathrm{d}x$；

(13) $\int \mathrm{e}^{-x}\sin 2x\mathrm{d}x$；　　(14) $\int x\sin x\cos x\mathrm{d}x$；

(15) $\int x\tan^2 x\mathrm{d}x$；　　(16) $\int \sin(\ln x)\mathrm{d}x$；

(17) $\int \mathrm{e}^{\sqrt{3x+9}}\mathrm{d}x$.

2. 已知 $f(x)$ 的一个原函数为 $\frac{\sin x}{x}$，求 $\int xf'(x)\mathrm{d}x$.

## 4.4 有理函数与三角有理式的积分

从前面的学习可以体会到，求积分远比求导数困难．一些看似简单的初等函数，其不定积分甚至不能用初等函数来表示．例如

$$\int \frac{\sin x}{x}\mathrm{d}x,\int \mathrm{e}^{-x^2}\mathrm{d}x,\int \frac{1}{\ln x}\mathrm{d}x,\int \frac{1}{\sqrt{1+x^4}}\mathrm{d}x$$

等等，我们称这些积分是积不出来的．

下面所介绍的有理函数与三角有理式的积分，其结果一定能够用初等函数来表示．



### 4.4.1 有理函数的积分

**1. 有理函数的分解**

两个多项式的商

$$R(x)=\frac{P(x)}{Q(x)}=\frac{a_0x^m+a_1x^{m-1}+\cdots+a_m}{b_0x^n+b_1x^{n-1}+\cdots+b_n}$$

称为**有理函数**，其中多项式 $P(x)$ 与 $Q(x)$ 之间没有公因式，$m$、$n$ 为非负整数，$a_0$，$a_1,\cdots,a_m,b_0,b_1,\cdots,b_n$ 都是常数，且 $a_0\neq 0,b_0\neq 0$.

当 $m<n$ 时，称 $R(x)=\frac{P(x)}{Q(x)}$ 为有理**真分式**；

当 $m\geqslant n$ 时，称 $R(x)=\frac{P(x)}{Q(x)}$ 为有理**假分式**.

形如

$$\frac{A}{x-a}、\frac{A}{(x-a)^k}、\frac{Ax+B}{x^2+px+q}、\frac{Ax+B}{(x^2+px+q)^k}$$

的真分式统称为**部分分式**（或**简单分式**），其中 $A,B,a,p,q$ 均为实常数，$k>1$ 的正整数，且 $p^2-4q<0$.

对于假分式，总可以通过多项式的除法将它化为一个整式（多项式）与一个真分式之和的形式．例如

$$\frac{x^4-x^3+2}{x^2+1}=x^2-x-1+\frac{x+3}{x^2+1}.$$

对于真分式$\frac{P(x)}{Q(x)}$，如果分母 $Q(x)$可以分解成两个多项式的乘积

$$Q(x)=Q_1(x)Q_2(x),$$

且 $Q_1(x)$与 $Q_2(x)$之间没有公因式，则可以通过待定系数法将$\frac{P(x)}{Q(x)}$拆分成两个真分式之和

$$\frac{P(x)}{Q(x)}=\frac{P_1(x)}{Q_1(x)}+\frac{P_2(x)}{Q_2(x)}.$$

如果 $Q_1(x)$或 $Q_2(x)$又可以分解成两个没有公因式的多项式的乘积，则重复上面的过程，又可以将$\frac{P_1(x)}{Q_1(x)}$或$\frac{P_2(x)}{Q_2(x)}$拆分成两个更简单的真分式之和．最后，真分式$\frac{P(x)}{Q(x)}$的分解式中只出现形如

$$\frac{S_1(x)}{(x-a)^k} \text{ 或 } \frac{S_2(x)}{(x^2+px+q)^l}$$

两种类型的函数（这里 $p^2-4q<0$，$S_1(x)$为次数小于 $k$ 次的多项式，$S_2(x)$为次数小于 $2l$ 次的多项式），再设法将它们表示成部分分式的和.



**【例 4-54】** 将$\frac{x+1}{x^2-5x+6}$分解为部分分式之和．

**解** 因为分母可分解成$(x-3)(x-2)$，所以设

$$\frac{x+1}{x^2-5x+6}=\frac{x+1}{(x-3)(x-2)}=\frac{A}{x-3}+\frac{B}{x-2},$$

其中 $A$、$B$ 为待定系数（以下例题中不再强调）．上式两端去分母后，得

$$x+1=A(x-2)+B(x-3).$$

令 $x=3$，得 $A=4$；

令 $x=2$，得 $B=-3$.

所以

$$\frac{x+1}{x^2-5x+6}=\frac{4}{x-3}-\frac{3}{x-2}.$$

**【例 4-55】** 将$\frac{x-2}{x^2(x+1)}$分解为部分分式之和．

**解** 设

$$\frac{x-2}{x^2(x+1)}=\frac{Ax+B}{x^2}+\frac{C}{x+1},$$

则

$$x-2=(Ax+B)(x+1)+Cx^2.$$

令 $x=0$，得 $B=-2$；

令 $x=-1$，得 $C=-3$.

比较 $x^2$ 项的系数，得 $A+C=0$，

从而解得 $$A=3.$$

所以
$$\frac{x-2}{x^2(x+1)}=\frac{3x-2}{x^2}-\frac{3}{x+1},$$

即
$$\frac{x-2}{x^2(x+1)}=\frac{3}{x}-\frac{2}{x^2}-\frac{3}{x+1}.$$

**【例 4-56】** 将$\frac{x^2-3x+7}{(x-1)^2(x^2+2x+2)}$分解为部分分式之和.

**解** 设
$$\frac{x^2-3x+7}{(x-1)^2(x^2+2x+2)}=\frac{Ax+B}{(x-1)^2}+\frac{Cx+D}{x^2+2x+2},$$

则
$$x^2-3x+7=(Ax+B)(x^2+2x+2)+(Cx+D)(x-1)^2.$$

比较上式两端 $x$ 同次幂的系数,得
$$\begin{cases}A+C=0,\\2A+B-2C+D=1,\\2A+2B+C-2D=-3,\\2B+D=7,\end{cases}\qquad\begin{cases}A=-1,\\B=2,\\C=1,\\D=3.\end{cases}$$

所以
$$\frac{x^2-3x+7}{(x-1)^2(x^2+2x+2)}=\frac{-x+2}{(x-1)^2}+\frac{x+3}{x^2+2x+2},$$

由于$\frac{-x+2}{(x-1)^2}=\frac{-x+1+1}{(x-1)^2}=-\frac{1}{x-1}+\frac{1}{(x-1)^2}$,上式即为
$$\frac{x^2-3x+7}{(x-1)^2(x^2+2x+2)}=\frac{1}{(x-1)^2}-\frac{1}{x-1}+\frac{x+3}{x^2+2x+2}.$$

**2. 有理函数的积分**

先讨论有理真分式的积分.因为真分式可以分解为部分分式之和,所以真分式的积分就转化为四种类型的部分分式的积分,其中计算积分
$$\int\frac{Ax+B}{x^2+px+q}\mathrm{d}x\quad(p^2-4q<0)$$
的方法如下:

将被积函数的分子表示为分母的导数的线性函数,即
$$Ax+B=\frac{A}{2}(2x+p)+(B-\frac{Ap}{2}),$$

则
$$\int\frac{Ax+B}{x^2+px+q}\mathrm{d}x=\frac{A}{2}\int\frac{2x+p}{x^2+px+q}\mathrm{d}x+(B-\frac{Ap}{2})\int\frac{1}{x^2+px+q}\mathrm{d}x$$
$$=\frac{A}{2}\ln(x^2+px+q)+(B-\frac{Ap}{2})\int\frac{1}{(x+\frac{p}{2})^2+q-\frac{p^2}{4}}\mathrm{d}x$$

$$= \frac{A}{2}\ln(x^2 + px + q) + \frac{2B - Ap}{\sqrt{4q - p^2}}\arctan\frac{2x + p}{\sqrt{4q - p^2}} + C.$$

**【例 4-57】** 求 $\int \frac{x+1}{x^2 - 5x + 6}dx$.

**解** 由例 4-54,得

$$\int \frac{x+1}{x^2-5x+6}dx = \int\left[\frac{4}{x-3} - \frac{3}{x-2}\right]dx$$
$$= 4\ln|x-3| - 3\ln|x-2| + C.$$

**【例 4-58】** 求 $\int \frac{x^2 - 3x + 7}{(x-1)^2(x^2+2x+2)}dx$.

**解** 由例 4-56,得

$$\int \frac{x^2-3x+7}{(x-1)^2(x^2+2x+2)}dx$$
$$= \int\left[\frac{1}{(x-1)^2} - \frac{1}{x-1} + \frac{x+3}{x^2+2x+2}\right]dx$$
$$= -\frac{1}{x-1} - \ln|x-1| + \frac{1}{2}\int\frac{2x+2}{x^2+2x+2}dx + 2\int\frac{1}{x^2+2x+2}dx$$
$$= -\frac{1}{x-1} - \ln|x-1| + \frac{1}{2}\int\frac{d(x^2+2x+2)}{x^2+2x+2} + 2\int\frac{1}{(x+1)^2+1}d(x+1)$$
$$= -\frac{1}{x-1} - \ln|x-1| + \frac{1}{2}\ln(x^2+2x+2) + 2\arctan(x+1) + C.$$

下面再讨论有理假分式的积分．显然,只要先将假分式化为一个整式与一个真分式之和,再将这两部分分别积分即可．

**【例 4-59】** 求 $\int \frac{2x^4 - x^3 - x + 1}{x^3 + x}dx$.

**解** 因为

$$\frac{2x^4-x^3-x+1}{x^3+x} = 2x-1+\frac{-2x^2+1}{x^3+x} = 2x-1+\frac{-2x^2+1}{x(x^2+1)}$$
$$= 2x-1+\frac{1}{x}-\frac{3x}{x^2+1},$$

所以

$$\int\frac{2x^4-x^3-x+1}{x^3+x}dx = \int\left[2x-1+\frac{1}{x}-\frac{3x}{x^2+1}\right]dx$$
$$= x^2 - x + \ln|x| - \frac{3}{2}\int\frac{d(x^2+1)}{x^2+1}$$
$$= x^2 - x + \ln|x| - \frac{3}{2}\ln(x^2+1) + C.$$

以上所述的只是计算有理函数积分的一般方法,该方法的运算往往比较复杂,对于某些特殊的有理真分式的积分,应尽可能选择简单的方法计算．

【例 4-60】 求$\int \frac{x^2}{x^3-1}dx$.

**解** $\int \frac{x^2}{x^3-1}dx = \frac{1}{3}\int \frac{d(x^3-1)}{x^3-1} = \frac{1}{3}\ln|x^3-1|+C.$

## 4.4.2 三角有理式的积分

三角有理式是指由三角函数及常数经过有限次四则运算所构成的函数．由于 $\tan x$、$\cot x$、$\sec x$、$\csc x$ 都可以用 $\sin x$ 和 $\cos x$ 的有理式来表示，所以三角有理式可表示为以 $\sin x$ 和 $\cos x$ 为变量的有理函数 $R(\sin x,\cos x)$ 的形式．因为

$$\sin x=2\sin\frac{x}{2}\cos\frac{x}{2}=\frac{2\tan\frac{x}{2}}{\sec^2\frac{x}{2}}=\frac{2\tan\frac{x}{2}}{1+\tan^2\frac{x}{2}},$$

$$\cos x=\cos^2\frac{x}{2}-\sin^2\frac{x}{2}=\frac{1-\tan^2\frac{x}{2}}{\sec^2\frac{x}{2}}=\frac{1-\tan^2\frac{x}{2}}{1+\tan^2\frac{x}{2}},$$

所以三角有理式的积分，可用代换(称为“万能代换”)

$$\tan\frac{x}{2}=u,dx=\frac{2}{1+u^2}du$$

转化为有理函数的积分，即

$$\int R(\sin x,\cos x)dx=\int R\left(\frac{2u}{1+u^2},\frac{1-u^2}{1+u^2}\right)\cdot\frac{2}{1+u^2}du.$$

【例 4-61】 求$\int \frac{1+\sin x}{\sin x(1+\cos x)}dx$.

**解** 令 $u=\tan\frac{x}{2}$，则 $\sin x=\frac{2u}{1+u^2}$，$\cos x=\frac{1-u^2}{1+u^2}$，$dx=\frac{2}{1+u^2}du$. 于是，

$$\begin{aligned}\int \frac{1+\sin x}{\sin x(1+\cos x)}dx &= \int \frac{1+\frac{2u}{1+u^2}}{\frac{2u}{1+u^2}\left(1+\frac{1-u^2}{1+u^2}\right)}\frac{2}{1+u^2}dx \\ &= \frac{1}{2}\int(u+2+\frac{1}{u})du \\ &= \frac{1}{4}u^2+u+\frac{1}{2}\ln|u|+C \\ &= \frac{1}{4}\tan^2\frac{x}{2}+\tan\frac{x}{2}+\frac{1}{2}\ln\left|\tan\frac{x}{2}\right|+C.\end{aligned}$$

以上所述的只是计算三角有理式积分的一般方法，该方法的运算往往比较复杂，对于某些特殊的三角有理式的积分，应尽可能选择简单的方法计算．

【例 4-62】 求$\int \frac{dx}{(\sin x+\cos x)^2}$.

解 $$\int \frac{dx}{(\sin x+\cos x)^2}=\int \frac{dx}{\left[\sqrt{2}\sin\left(x+\frac{\pi}{4}\right)\right]^2}=\frac{1}{2}\int \csc^2\left(x+\frac{\pi}{4}\right)dx$$
$$=-\frac{1}{2}\cot\left(x+\frac{\pi}{4}\right)+C.$$

## 习 题 4.4

1. 求下列有理函数的不定积分：

(1) $\int \frac{2x+3}{x^2+3x-10}dx$；

(2) $\int \frac{x}{x^2+3x-4}dx$；

(3) $\int \frac{x^2+1}{(x+1)^2(x-1)}dx$；

(4) $\int \frac{dx}{x(x^2+1)}$；

(5) $\int \frac{x}{x^2+2x+2}dx$；

(6) $\int \frac{x-2}{x^2+2x+3}dx$；

(7) $\int \frac{dx}{(x^2+1)(x^2+x+1)}$；

(8) $\int \frac{x^2}{x-2}dx$；

(9) $\int \frac{x^3}{9+x^2}dx$.

2. 化被积函数为有理函数，求下列不定积分：

(1) $\int \frac{dx}{1+\sin x+\cos x}$；

(2) $\int \frac{dx}{\sin x+\tan x}$.

## 总 习 题 4

1. 选择题

(1) 函数 $f(x)=e^{2x}-e^{-2x}$ 的一个原函数是（ ）.

A. $(e^x-e^{-x})^2$

B. $\frac{1}{2}(e^x+e^{-x})^2$

C. $2(e^{2x}-e^{-2x})$

D. $2(e^{2x}+e^{-2x})$

(2) 下列等式中成立的是（ ）.

A. $d\int f(x)dx=f(x)$

B. $d\int f(x)dx=f(x)dx$

C. $\frac{d}{dx}\int f(x)dx=f(x)+C$

D. $\frac{d}{dx}\int f(x)dx=f(x)dx$

(3) 若 $F(x)$ 是 $f(x)$ 的一个原函数，则下列等式中成立的是（ ）.

A. $\int f'(x)\mathrm{d}x = F(x) + C$　　B. $\int F'(x)\mathrm{d}x = f(x) + C$

C. $\int f(x)\mathrm{d}x = F(x) + C$　　D. $\int F(x)\mathrm{d}x = f(x) + C$

(4)设 $f(x)=\mathrm{e}^{-x}$，则 $\int \frac{f'(\ln x)}{x}\mathrm{d}x = ($　　$)$.

A. $\frac{1}{x}+C$　　B. $\ln x + C$　　C. $-\frac{1}{x}+C$　　D. $-\ln x + C$

2. 填空题：

(1)如果 $\left[\int f(x)\mathrm{d}x\right]' = \sin x$，则 $f'(x) =$ ________.

(2) 设 $f'(\ln x) = 1 + x$，则 $f(x) =$ ________.

(3) 设 $\int xf(x)\mathrm{d}x = \sqrt{1-x^2} + C$，则 $\int \frac{x}{f(x)}\mathrm{d}x =$ ________.

(4) $\int\left(1-\frac{1}{\cos^2 x}\right)\mathrm{d}x =$ ________，$\int\left(1-\frac{1}{\cos^2 x}\right)\mathrm{d}(\cos x) =$ ________.

3. 求下列不定积分：

(1) $\int \frac{1+\cos x}{x+\sin x}\mathrm{d}x$；　　(2) $\int \frac{1-\ln x}{x(\ln x)^2}\mathrm{d}x$；

(3) $\int \frac{\mathrm{d}x}{1+\sin x}$；　　(4) $\int \frac{\sin 2x}{\sqrt{1-\sin^4 x}}\mathrm{d}x$；

(5) $\int \frac{\mathrm{d}x}{\sin^2 x + 4\cos^2 x}$；　　(6) $\int x^2\sqrt{4-x^2}\mathrm{d}x$；

(7) $\int \frac{1}{x^3\sqrt{x^2-9}}\mathrm{d}x$；　　(8) $\int \frac{1}{x^4\sqrt{1+x^2}}\mathrm{d}x$；

(9) $\int \frac{4-2x}{\sqrt{3-2x-x^2}}\mathrm{d}x$；　　(10) $\int \frac{\sqrt[3]{x}}{x(\sqrt{x}+\sqrt[3]{x})}\mathrm{d}x$；

(11) $\int \frac{\ln(\mathrm{e}^x+1)}{\mathrm{e}^x}\mathrm{d}x$；　　(12) $\int \frac{x\mathrm{e}^x}{(x+1)^2}\mathrm{d}x$；

(13) $\int \frac{\mathrm{d}x}{x^2(1-x^2)}$；　　(14) $\int \frac{x^{11}}{x^8+3x^4+2}\mathrm{d}x$；

(15) $\int \frac{x^2\arctan x}{1+x^2}\mathrm{d}x$；　　(16) $\int(\arcsin x)^2\mathrm{d}x$.

4. 已知 $f(x)$ 的一个原函数为 $\tan 2x$，求 $\int xf'(x)\mathrm{d}x$，$\int xf(x)\mathrm{d}x$.

5. 设 $I_n = \int \tan^n x\mathrm{d}x$，求 $I_2 + I_4$.

# 第5章　定　积　分

定积分是微积分学中又一个重要的基本概念．本章首先从实际问题中抽象出定积分的概念，然后讨论定积分的基本性质，揭示定积分与不定积分之间的联系，从而解决定积分的计算问题．

北斗：想象无限

## 5.1　定积分的概念与性质

### 5.1.1　定积分问题举例

**1. 曲边梯形的面积**

在平面直角坐标系 $xOy$ 中，由直线 $x=a$、$x=b$、$y=0$ 及连续曲线 $y=f(x)$（$f(x)\geqslant 0$）所围成的平面图形称为**曲边梯形**（图5-1），下面我们来求该曲边梯形的面积 $A$.

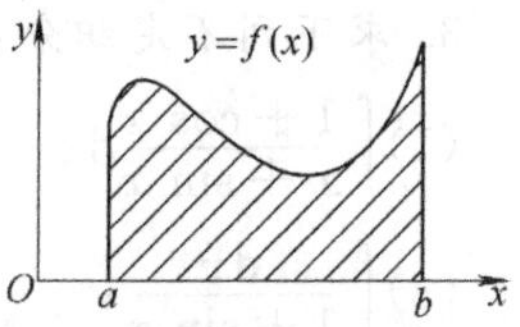


图　5-1

对于矩形，由于它的高是不变的，所以它的面积可按公式

$$矩形面积=高\times底$$

计算．而对于曲边梯形，由于在底边上各点处的高 $f(x)$ 随 $x$ 在区间$[a,b]$上变化而变化，所以它的面积不能直接按上述公式计算；注意到 $f(x)$ 是连续函数，即当 $x$ 变化不大时，$f(x)$ 的变化也不大，从而有理由将 $f(x)$ 在很小一段区间上近似地看成不变，间接利用上述公式来计算面积．因此，如果把区间$[a,b]$划分为许多小区间（等价于将曲边梯形分割成许多窄条形的小曲边梯形），在每个小区间上用其中某一点处的高来近似代替该小区间上小曲边梯形的变高，即用一个小矩形的面积近似代替小曲边梯形的面积，从而以所有这些小矩形面积之和作为原曲边梯形面积 $A$ 的近似值．对区间$[a,b]$分割越细密，其近似值的近似程度将越高，所以用小矩形面积之和的极限表示原曲边梯形的面积 $A$. 如图5-2所示，这一过程的数学表示如下：

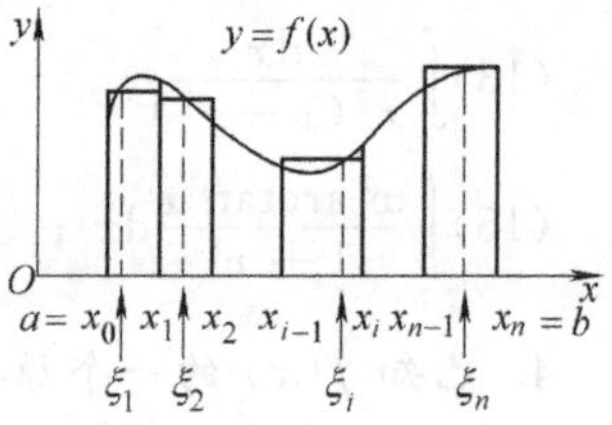


图　5-2

(1)分割

在区间$[a,b]$内任意插入 $n-1$ 个分点

$$a=x_0<x_1<x_2<\cdots<x_{n-1}<x_n=b,$$

把$[a,b]$分成 $n$ 个小区间

$$[x_0,x_1],[x_1,x_2],\cdots,[x_{n-1},x_n],$$

它们的长度依次为

$$\Delta x_1=x_1-x_0,\Delta x_2=x_2-x_1,\cdots,\Delta x_n=x_n-x_{n-1},$$

过每一个分点作垂直于 $x$ 轴的直线，把原曲边梯形分成 $n$ 个小曲边梯形，记第 $i$ 个小区间$[x_{i-1},x_i]$上小曲边梯形的面积为 $\Delta A_i(i=1,2,\cdots,n)$，则

$$A=\sum_{i=1}^{n}\Delta A_i$$

(2)取近似

在每个小区间$[x_{i-1},x_i]$上任取一点 $\xi_i$，以底边长为 $\Delta x_i$、高为 $f(\xi_i)$的小矩形面积 $f(\xi_i)\Delta x_i$ 近似代替小曲边梯形的面积 $\Delta A_i$，即

$$\Delta A_i\approx f(\xi_i)\Delta x_i\quad(i=1,2,\cdots,n).$$

(3)求和

把 $n$ 个小矩形的面积相加，得原曲边梯形面积 $A$ 的近似值，即

$$A\approx f(\xi_1)\Delta x_1+f(\xi_2)\Delta x_2+\cdots+f(\xi_n)\Delta x_n=\sum_{i=1}^{n}f(\xi_i)\Delta x_i.$$

(4)取极限

对区间$[a,b]$分割越细密，和式 $\sum\limits_{i=1}^{n}f(\xi_i)\Delta x_i$ 作为原曲边梯形面积$A$ 近似值的近似程度将越高，若每个小区间的长度 $\Delta x_i$ 都趋于零，则和式$\sum\limits_{i=1}^{n}f(\xi_i)\Delta x_i$ 的极限就是原曲边梯形面积$A$ 的精确值．

记 $\lambda=\max\{\Delta x_1,\Delta x_2,\cdots,\Delta x_n\}$，则

$$A=\lim_{\lambda\to 0}\sum_{i=1}^{n}f(\xi_i)\Delta x_i.$$

**2. 变速直线运动的路程**

设物体作直线运动，已知速度 $v=v(t)$是时间间隔$[T_1,T_2]$上的连续函数，且$v(t)\geqslant 0$，试求在这段时间内物体所经过的路程 $s$.

如果物体作匀速直线运动，则

$$路程=速度\times时间;$$

但现在考虑的物体作变速直线运动，其速度 $v$ 随时间 $t$ 的变化而连续地变化，因此所求路程 $s$ 不能再按匀速直线运动的路程公式来计算．但由于 $v(t)$是 $t$ 的连续函数，故当 $t$ 在一个很小的区间上变化时，速度 $v(t)$的变化也很小，从而近似地看作是匀速，可以按上述公式计算路程的近似值．基于以上分析，我们可用完全类似于求曲边梯形面积的方法来求变速直线运动的路程．

(1)分割

在时间间隔$[T_1,T_2]$内任意插入 $n-1$ 个分点

$$T_1=t_0<t_1<t_2<\cdots<t_{n-1}<t_n=T_2,$$

把$[T_1,T_2]$分成 $n$ 个小时段

$$[t_0,t_1],[t_1,t_2],\cdots,[t_{n-1},t_n],$$

各个小时段的时长依次为

$$\Delta t_1=t_1-t_0,\Delta t_2=t_2-t_1,\cdots,\Delta t_n=t_n-t_{n-1},$$

记第 $i$ 个小时段$[t_{i-1},t_i]$内物体经过的路程为 $\Delta s_i(i=1,2,\cdots,n)$，则

$$s=\sum_{i=1}^{n}\Delta s_i .$$

(2)取近似

在每个小时段$[t_{i-1},t_i]$内任取一个时刻 $\tau_i$，以 $\tau_i$ 时刻的速度 $v(\tau_i)$来代替该小时段$[t_{i-1},t_i]$上各个时刻的速度，得到物体在该小时段上所经过路程 $\Delta s_i$ 的近似值，即

$$\Delta s_i\approx v(\tau_i)\Delta t_i \quad (i=1,2,\cdots,n).$$

(3)求和

把 $n$ 个小时段上所经过路程 $\Delta s_i$ 的近似值加起来，得到$[T_1,T_2]$上所经过路程 $s$ 的近似值，即

$$s\approx v(\tau_1)\Delta t_1+v(\tau_2)\Delta t_2+\cdots+v(\tau_n)\Delta t_n=\sum_{i=1}^{n}v(\tau_i)\Delta t_i .$$

(4)取极限

记$\lambda=\max\{\Delta t_1,\Delta t_2,\cdots,\Delta t_n\}$，则当 $\lambda\to 0$ 时，上述和式的极限就是所求变速直线运动的路程

$$s=\lim_{\lambda\to 0}\sum_{i=1}^{n}v(\tau_i)\Delta t_i .$$

## 5.1.2 定积分的定义

上面讨论的两个实际问题，一个属于几何学，一个属于物理学．尽管它们各自的具体内容不同，但有着下列共同的特点：

(1)解决问题的方法与步骤相同；

(2)所求的整体量表示为相同结构的一种特定式(和式)的极限；

类似这样的实际问题还有很多，如果抛开它们的具体意义，抓住它们在数量关系上共同的本质与特性加以概括，可以抽象出下列定积分的定义．

**定义 5-1** 设函数 $f(x)$在$[a,b]$上有界，在$[a,b]$内任意插入 $n-1$ 个分点

$$a=x_0<x_1<\cdots<x_{n-1}<x_n=b,$$

把区间$[a,b]$分成 $n$ 个小区间

$$[x_0,x_1],[x_1,x_2],\cdots,[x_{n-1},x_n],$$

各个小区间的长度依次为

$$\Delta x_1=x_1-x_0,\Delta x_2=x_2-x_1,\cdots,\Delta x_n=x_n-x_{n-1};$$

在每个小区间$[x_{i-1},x_i]$上任取一点$\xi_i(x_{i-1}\leqslant\xi_i\leqslant x_i)$，作函数值$f(\xi_i)$与小区间长度$\Delta x_i$的乘积$f(\xi_i)\Delta x_i(i=1,2,\cdots,n)$，并求和

$$S=\sum_{i=1}^{n}f(\xi_i)\Delta x_i,$$

记$\lambda=\max\{\Delta x_1,\Delta x_2,\cdots,\Delta x_n\}$，如果不论对$[a,b]$怎样分法，也不论在小区间$[x_{i-1},x_i]$上点$\xi_i$怎样选取，只要当$\lambda\to 0$时，和式$S$总趋于确定的极限$I$，则称该极限$I$为函数$f(x)$在区间$[a,b]$上的**定积分**(简称积分)，记作

$$\int_a^b f(x)\mathrm{d}x,$$

即

$$\int_a^b f(x)\mathrm{d}x=I=\lim_{\lambda\to 0}\sum_{i=1}^{n}f(\xi_i)\Delta x_i,$$

其中$f(x)$称为**被积函数**，$f(x)\mathrm{d}x$称为**被积表达式**，$x$称为**积分变量**，$a$称为**积分下限**，$b$称为**积分上限**，$[a,b]$称为**积分区间**，$\sum_{i=1}^{n}f(\xi_i)\Delta x_i$称为**积分和**.

**注意** 定积分$\int_a^b f(x)\mathrm{d}x$表示了和式$\sum_{i=1}^{n}f(\xi_i)\Delta x_i$当$\lambda\to 0$时的极限值．由定积分的定义可知，它是一个确定的数值．这个数值仅与被积函数$f(x)$及积分区间$[a,b]$有关．如果既不改变被积函数$f$，也不改变积分区间$[a,b]$，只是把积分变量$x$改成其它字母，如$t$或$u$，这时和的极限$I$是不变的，也就是定积分的值不变．即

$$\int_a^b f(x)\mathrm{d}x=\int_a^b f(t)\mathrm{d}t=\int_a^b f(u)\mathrm{d}u.$$

这说明，定积分的值仅与被积函数及积分区间有关，而与积分变量的选取无关.

如果$f(x)$在$[a,b]$上的定积分存在，则称函数$f(x)$在$[a,b]$上**可积**．由定积分定义，一个在$[a,b]$上可积的函数$f(x)$，必定是$[a,b]$上的有界函数，即函数有界是函数可积的必要条件.

关于函数可积的充分条件，本书中不作深入讨论，只给出以下两个结论.

**定理5-1** 如果函数$f(x)$在区间$[a,b]$上连续，则$f(x)$在$[a,b]$上可积.

**定理5-2** 如果函数$f(x)$在区间$[a,b]$上有界，且只有有限个间断点，则$f(x)$在$[a,b]$上可积.

利用定积分的定义，前面所讨论的两个实际问题可以分别表述如下：

曲线$y=f(x)(f(x)\geqslant 0)$、$x$轴及两条直线$x=a$、$x=b$所围成的曲边梯形的面积$A$等于函数$f(x)$在区间$[a,b]$上的定积分，即

$$A=\int_a^b f(x)\mathrm{d}x.$$

物体以速度$v=v(t)(v(t)\geqslant 0)$作直线运动，从时刻$t=T_1$到时刻$t=T_2$，该物

体所经过的路程 $s$ 等于函数 $v(t)$ 在区间 $[T_1,T_2]$ 上的定积分，即

$$s=\int_{T_1}^{T_2} v(t)\mathrm{d}t .$$

## 5.1.3 定积分的几何意义

定积分的几何意义，可以用曲边梯形的面积来说明．

当 $f(x)\geqslant 0$ 时，定积分 $\int_a^b f(x)\mathrm{d}x$ 在几何上表示由曲线 $y=f(x)$、直线 $x=a$、$x=b$ 与 $x$ 轴所围成的曲边梯形的面积 $A$（图 5-3），即

$$\int_a^b f(x)\mathrm{d}x = A .$$

当 $f(x)\leqslant 0$ 时，由曲线 $y=f(x)$、直线 $x=a$、$x=b$ 与 $x$ 轴所围成的曲边梯形位于 $x$ 轴的下方（图 5-4），定积分 $\int_a^b f(x)\mathrm{d}x$ 在几何上表示了曲边梯形面积 $A$ 的负值，即

$$\int_a^b f(x)\mathrm{d}x = -A .$$

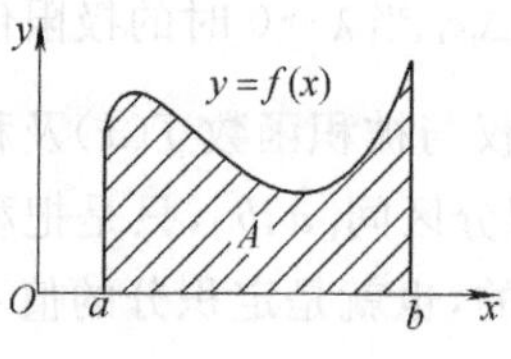


图 5-3

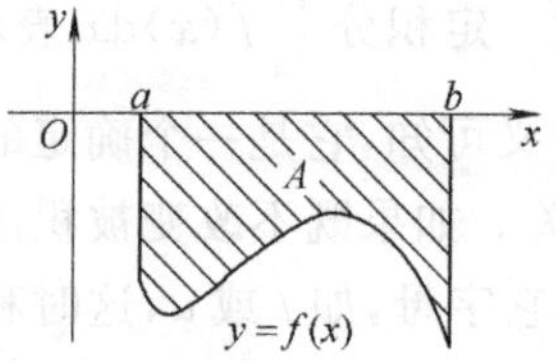


图 5-4



当 $f(x)$ 在区间 $[a,b]$ 上有时为正，有时为负时，则由曲线 $y=f(x)$、直线 $x=a$、$x=b$ 与 $x$ 轴围成的图形，某些部分在 $x$ 轴的上方，而其它部分在 $x$ 轴的下方（图 5-5），此时定积分 $\int_a^b f(x)\mathrm{d}x$ 在几何上表示了 $x$ 轴上方的图形面积与 $x$ 轴下方的图形面积之差，即

$$\int_a^b f(x)\mathrm{d}x = A_1 - A_2 + A_3 - A_4 + A_5 .$$

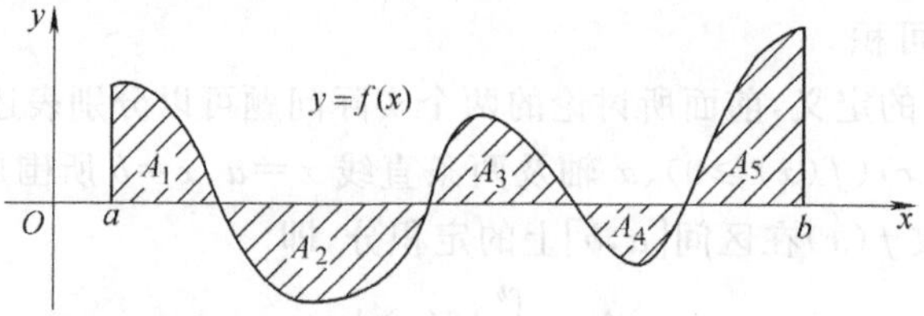


图 5-5

**【例 5-1】** 利用定积分的几何意义求下列定积分：

(1) $\int_1^2 x\mathrm{d}x$；　　　　(2) $\int_0^1 \sqrt{1-x^2}\mathrm{d}x$．

**解** (1)由定积分的几何意义，定积分 $\int_1^2 x\mathrm{d}x$ 表示直线 $y=x$、$x=1$、$x=2$ 与 $x$ 轴围成梯形的面积(图 5-6)，故

$$\int_1^2 x\mathrm{d}x=\frac{(1+2)\times 1}{2}=\frac{3}{2}.$$

(2)由定积分的几何意义，定积分 $\int_0^1 \sqrt{1-x^2}\mathrm{d}x$ 表示图 5-7 中半径为 1 的四分之一圆的面积，故

$$\int_0^1 \sqrt{1-x^2}\mathrm{d}x=\frac{1}{4}\cdot\pi\cdot 1^2=\frac{\pi}{4}.$$

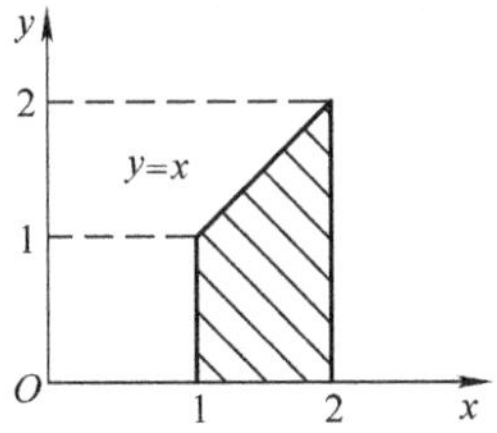


图 5-6

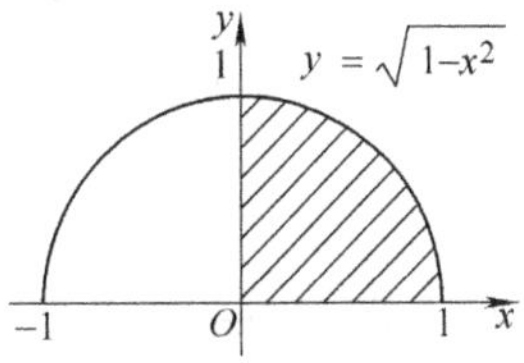


图 5-7

**【例 5-2】** 利用定义求定积分 $\int_0^1 x^2\mathrm{d}x$．

**解** 因为被积函数 $f(x)=x^2$ 在积分区间[0,1]上连续，而连续函数一定可积，所以定积分与区间[0,1]的分割方法及点 $\xi_i$ 的取法无关．为了便于计算，不妨将区间[0,1]分成 $n$ 等份，分点为

$$x_i=\frac{i}{n}, i=1,2,\cdots,n-1,$$

每个小区间 $[x_{i-1},x_i]$ 的长度 $\Delta x_i=\frac{1}{n}, i=1,2,\cdots,n$，取

$$\xi_i=x_i, i=1,2,\cdots,n,$$

得和式
$$\sum_{i=1}^n f(\xi_i)\Delta x_i=\sum_{i=1}^n f(\xi_i)\Delta x_i=\sum_{i=1}^n f(x_i)\Delta x_i=\sum_{i=1}^n\left(\frac{i}{n}\right)^2\cdot\frac{1}{n}$$
$$=\frac{1}{n^3}(1^2+2^2+\cdots+n^2)=\frac{1}{n^3}\cdot\frac{1}{6}n(n+1)(2n+1)$$
$$=\frac{1}{6}\left(1+\frac{1}{n}\right)\left(2+\frac{1}{n}\right).$$

当 $\lambda\to 0$ 即 $n\to\infty$ 时，上式极限即为所求的定积分，即

$$\int_0^1 x^2 \mathrm{d}x = \lim_{\lambda \to 0} \sum_{i=1}^{n} f(\xi_i) \Delta x_i = \lim_{n \to \infty} \frac{1}{6}\left(1+\frac{1}{n}\right)\left(2+\frac{1}{n}\right) = \frac{1}{3}.$$

### 5.1.4 定积分的近似计算

从例 5-2 的计算过程及极限的概念可以得到，对于任意确定的正整数 $n$，积分和

$$\sum_{i=1}^{n} f(\xi_i) \Delta x_i = \frac{1}{6}\left(1+\frac{1}{n}\right)\left(2+\frac{1}{n}\right)$$

都是定积分 $\int_0^1 x^2 \mathrm{d}x$ 的近似值．当 $n$ 取不同值时，可得到定积分 $\int_0^1 x^2 \mathrm{d}x$ 不同精度的近似值．一般说来，$n$ 的值取得越大，近似程度越高．

下面就一般情形，讨论定积分的近似计算问题．

设函数 $f(x)$ 在区间 $[a,b]$ 上连续，则定积分 $\int_a^b f(x)\mathrm{d}x$ 存在．同例 5-2 类似，采用对区间 $[a,b]$ 等分的分割方法，即用分点

$$x_i = a + i\frac{b-a}{n} \quad (i=1,2,\cdots,n)$$

将区间 $[a,b]$ 分成 $n$ 个长度相等的小区间，每个小区间的长度为

$$\Delta x_i = \frac{b-a}{n} \quad (i=1,2,\cdots,n),$$

在小区间 $[x_{i-1}, x_i]$ 上，取 $\xi_i = x_{i-1}$，$i=1,2,\cdots,n$，则

$$\int_a^b f(x)\mathrm{d}x = \lim_{n\to\infty} \frac{b-a}{n} \sum_{i=1}^{n} f(x_{i-1}),$$

从而对于任一确定的正整数 $n$，有

$$\int_a^b f(x)\mathrm{d}x \approx \frac{b-a}{n} \sum_{i=1}^{n} f(x_{i-1}).$$

记 $f(x_i) = y_i$，$i=0,1,\cdots,n$，上式可记作

$$\int_a^b f(x)\mathrm{d}x \approx \frac{b-a}{n}(y_0 + y_1 + \cdots + y_{n-1}). \tag{5-1}$$

如果取 $\xi_i = x_i$，$i = 1,2,\cdots,n$，则上式成为

$$\int_a^b f(x)\mathrm{d}x \approx \frac{b-a}{n}(y_1 + y_2 + \cdots + y_n). \tag{5-2}$$

以上求定积分近似值的方法称为**矩形法**，公式(5-1)、公式(5-2)称为矩形法公式．

矩形法的几何意义是：用窄条小矩形的面积作为窄条小曲边梯形面积的近似值，$n$ 个窄条小矩形面积之和作为曲边梯形面积的近似值．图 5-8 中阴影部分的面积表示以矩形法公式(5-1)计算定积分的近似值．

求定积分近似值的方法，常用的还有**梯形法**和**抛物线法**（又称**辛普森**（**Simpson**）**法**），现简单介绍如下．

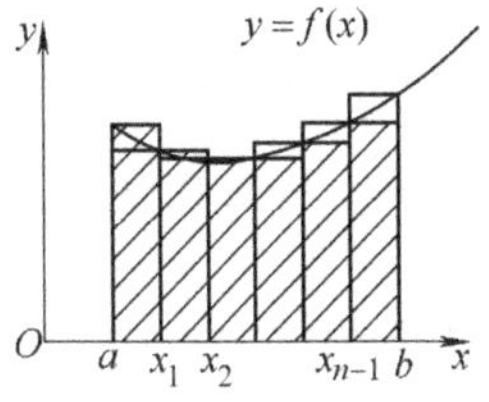


图　5-8

和矩形法类似，将区间$[a,b]$作$n$等分，设$f(x_i)=y_i$，曲线$y=f(x)$上的点$(x_i,y_i)$记作$M_i(i=0,1,2,\cdots,n)$．

梯形法的原理是：将曲线$y=f(x)$上的每个小弧段$\overset{\frown}{M_{i-1}M_i}$用直线段$\overline{M_{i-1}M_i}$代替，也就是用窄条小梯形的面积作为窄条小曲边梯形面积的近似值（图5-9），从而得到计算定积分近似值的梯形法公式

$$\int_a^b f(x)\mathrm{d}x \approx \frac{b-a}{n}\left(\frac{y_0+y_1}{2}+\frac{y_1+y_2}{2}+\cdots+\frac{y_{n-1}+y_n}{2}\right)$$

$$=\frac{b-a}{n}\left(\frac{y_0+y_n}{2}+y_1+y_2+\cdots+y_{n-1}\right). \qquad (5\text{-}3)$$

显然，梯形法公式(5-3)所得的近似值就是矩形法公式(5-1)和公式(5-2)所得两个近似值的平均值．

抛物线法的原理是：将曲线$y=f(x)$上的两个小弧段$\overset{\frown}{M_{i-1}M_i}$和$\overset{\frown}{M_i\ M_{i+1}}$合起来，用过三点$M_{i-1},M_i,M_{i+1}$的抛物线$y=px^2+qx+r$所代替（图5-10）．

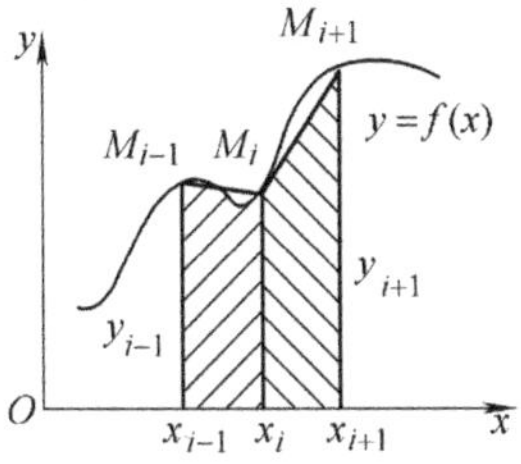


图　5-9

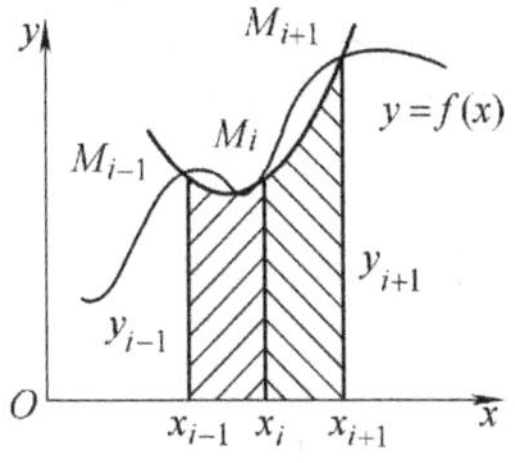


图　5-10

经推导可得，以该抛物线为曲边、以$[x_{i-1},x_{i+1}]$为底的曲边梯形面积为

$$\frac{1}{6}(y_{i-1}+4y_i+y_{i+1})\cdot 2\Delta x=\frac{b-a}{3n}(y_{i-1}+4y_i+y_{i+1}),$$

取$n$为偶数，从而得到计算定积分近似值的抛物线法公式

$$\int_a^b f(x)\mathrm{d}x$$

$$\approx \frac{b-3a}{3n}[y_0+4y_1+y_2]+(y_2+4y_3+y_4)+\cdots+(y_{n-2}+4y_{n-1}+y_n)$$

$$=\frac{b-a}{3n}[y_0+y_n+4(y_1+y_3+\cdots+y_{n-1})+2(y_2+y_4+\cdots+y_{n-2})].$$

(5-4)

**【例5-3】**　分别按梯形法公式(5-3)和抛物线法公式(5-4)计算定积分

$\int_a^b \frac{1}{1+x^2}dx$ 的近似值(取 $n=10$,计算时取 5 位小数).

**解** 将区间[0,1]分成 10 等分,计算被积函数在各分点处的函数值 $y_i$,并列表:

| | | |
|---|---|---|
| 0 | 0.0 | 1.00000 |
| 1 | 0.1 | 0.99010 |
| 2 | 0.2 | 0.96154 |
| 3 | 0.3 | 0.91743 |
| 4 | 0.4 | 0.86207 |
| 5 | 0.5 | 0.80000 |
| 6 | 0.6 | 0.73530 |
| 7 | 0.7 | 0.67114 |
| 8 | 0.8 | 0.60976 |
| 9 | 0.9 | 0.55249 |
| 10 | 1.0 | 0.50000 |

按梯形法公式(5-3)求得近似值为

$$S_1=0.78498;$$

按抛物线法公式(5-4)求得近似值为

$$S_2=0.78540;$$

本积分的精确值为

$$\frac{\pi}{4}=0.78539815\cdots,$$

用 $S_2$ 作为积分的近似值,其误差小于 $10^{-5}$.

以上三种求定积分近似值的方法,比较起来,抛物线法的精度较高. 因此,求定积分的近似值常采用抛物线法. 随着计算机应用的普及,定积分的近似计算变得更为方便,目前已有很多现成的数学软件可用于定积分的近似计算.

### 5.1.5 定积分的性质

为了应用和计算的方便,我们先对定积分作以下两点补充规定:

(1)当 $a=b$ 时,$\int_a^b f(x)dx=0$;

(2)当 $a>b$ 时,$\int_a^b f(x)dx=-\int_b^a f(x)dx$.

上式表明,如果交换定积分的上下限,则定积分的绝对值不变而符号相反.

下面讨论定积分的性质.下列各性质中积分上下限的大小,如不特别指明,均不加限制,并假定各性质中所列出的定积分都是存在的.

**性质1** 函数和(差)的定积分等于它们各自定积分的和(差),即

$$\int_a^b [f(x) \pm g(x)]\mathrm{d}x = \int_a^b f(x)\mathrm{d}x \pm \int_a^b g(x)\mathrm{d}x.$$

**证**

$$\begin{aligned}\int_a^b [f(x) \pm g(x)]\mathrm{d}x &= \lim_{\lambda\to 0}\sum_{i=1}^{n}[f(\xi_i) \pm g(\xi_i)]\Delta x_i \\ &= \lim_{\lambda\to 0}\sum_{i=1}^{n} f(\xi_i)\Delta x_i \pm \lim_{\lambda\to 0}\sum_{i=1}^{n} g(\xi_i)\Delta x_i \\ &= \int_a^b f(x)\mathrm{d}x \pm \int_a^b g(x)\mathrm{d}x.\end{aligned}$$

性质1对于任意有限多个函数的和(差)都是成立的.

类似地,可以证明:

**性质2** 被积函数中的常数因子可以提到积分号外,即

$$\int_a^b kf(x)\mathrm{d}x = k\int_a^b f(x)\mathrm{d}x \quad (k \text{ 是常数}).$$

**性质3** 如果将积分区间分成两部分,则在整个区间上的定积分等于这两部分区间上定积分之和,即

设 $a<c<b$,则

$$\int_a^b f(x)\mathrm{d}x = \int_a^c f(x)\mathrm{d}x + \int_c^b f(x)\mathrm{d}x.$$

**证** 因为函数 $f(x)$ 在区间 $[a,b]$ 上可积,所以不论把 $[a,b]$ 怎样分割,积分和的极限总是不变的.因此,在分区间时,可以使 $c$ 永远是个分点.那么 $[a,b]$ 上的积分和等于 $[a,c]$ 上的积分和加 $[c,b]$ 上的积分和,记为

$$\sum_{[a,b]} f(\xi_i)\Delta x_i = \sum_{[a,c]} f(\xi_i)\Delta x_i + \sum_{[c,b]} f(\xi_i)\Delta x_i.$$

令 $\lambda \to 0$,上式两端同时取极限,即得

$$\int_a^b f(x)\mathrm{d}x = \int_a^c f(x)\mathrm{d}x + \int_c^b f(x)\mathrm{d}x.$$

当 $a<b<c$ 时,由已证明的结论

$$\int_a^c f(x)\mathrm{d}x = \int_a^b f(x)\mathrm{d}x + \int_b^c f(x)\mathrm{d}x,$$

得

$$\begin{aligned}\int_a^b f(x)\mathrm{d}x &= \int_a^c f(x)\mathrm{d}x - \int_b^c f(x)\mathrm{d}x \\ &= \int_a^c f(x)\mathrm{d}x + \int_c^b f(x)\mathrm{d}x.\end{aligned}$$

所以,不论 $a,b,c$ 的相对位置如何,总有等式

$$\int_a^b f(x)\mathrm{d}x = \int_a^c f(x)\mathrm{d}x + \int_c^b f(x)\mathrm{d}x.$$

成立．这个性质称为定积分对于积分区间具有**可加性**．

**性质 4** 如果在区间$[a,b]$上 $f(x)\equiv 1$,则

$$\int_a^b 1\cdot \mathrm{d}x = \int_a^b \mathrm{d}x = b-a.$$

这个性质的证明请读者自己完成．

**性质 5** 如果在区间$[a,b]$上,$f(x)\geqslant 0$ ,则

$$\int_a^b f(x)\mathrm{d}x \geqslant 0 \quad (a<b).$$

**证** 因为 $f(x)\geqslant 0$,所以 $f(\xi_i)\geqslant 0 (i=1,2,\cdots,n)$ ,又因为 $\Delta x_i\geqslant 0 \quad (i=1,2,\cdots,n)$,因此

$$\sum_{i=1}^{n} f(\xi_i)\Delta x_i \geqslant 0 ,$$

令 $\lambda=\max\{\Delta x_1,\Delta x_2,\cdots,\Delta x_n\}\to 0$,便得到要证的不等式．

**推论 1** 如果在区间$[a,b]$上,$f(x)\leqslant g(x)$, 则

$$\int_a^b f(x)\mathrm{d}x \leqslant \int_a^b g(x)\mathrm{d}x \quad (a<b).$$

**证** 因为 $g(x)-f(x)\geqslant 0$,由性质 5 得

$$\int_a^b [g(x)-f(x)]\mathrm{d}x \geqslant 0 ,$$

再利用性质 1,便得到要证的不等式．



**推论 2** $\left|\int_a^b f(x)\mathrm{d}x\right| \leqslant \int_a^b |f(x)|\mathrm{d}x \quad (a<b).$

**证** 因为

$$-|f(x)|\leqslant f(x)\leqslant |f(x)|,$$

由推论 1 及性质 2 得

$$-\int_a^b |f(x)|\mathrm{d}x \leqslant \int_a^b f(x)\mathrm{d}x \leqslant \int_a^b |f(x)|\mathrm{d}x ,$$

即

$$\left|\int_a^b f(x)\mathrm{d}x\right| \leqslant \int_a^b |f(x)|\mathrm{d}x.$$

**性质 6** 设 $M$ 及 $m$ 分别是函数 $f(x)$在区间$[a,b]$上的最大值及最小值,则

$$m(b-a) \leqslant \int_a^b f(x)\mathrm{d}x \leqslant M(b-a) \quad (a<b).$$

**证** 因为 $m\leqslant f(x)\leqslant M$,所以由性质 5 的推论 1,得

$$\int_a^b m\mathrm{d}x \leqslant \int_a^b f(x)\mathrm{d}x \leqslant \int_a^b M\mathrm{d}x,$$

再由性质 2 及性质 4,便得到要证的不等式．

性质 6 表明，由被积函数在积分区间上的最大值和最小值，可以估计积分值的大致范围．在 $f(x)\geqslant 0$ 时，性质 6 的几何意义如图 5-11 所示．由曲线 $y=f(x)$、直线 $x=a$、$x=b$ 及 $x$ 轴所围曲边梯形的面积，介于以区间 $[a,b]$ 为底、函数 $f(x)$ 的最大值 $M$ 和最小值 $m$ 为高的两个矩形面积之间．

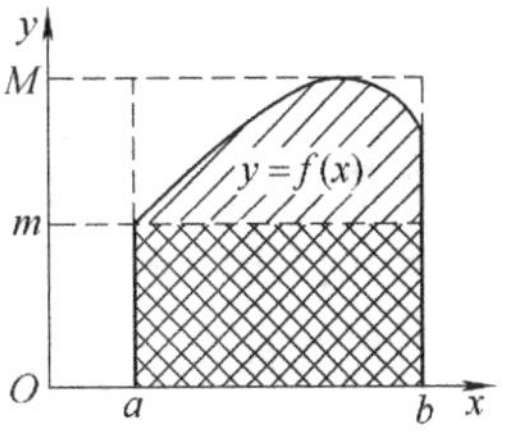

图 5-11

**【例 5-4】** 估计定积分 $\int_0^2 xe^{-x}dx$ 的值．

**解** 设 $f(x)=xe^{-x}(0\leqslant x\leqslant 2)$，先求 $f(x)$ 在 $[0,2]$ 上的最小值 $m$ 及最大值 $M$. 由

$$f'(x)=(1-x)e^{-x}, 令 f'(x)=0, 得 x=1,$$

比较

$$f(0)=0, f(1)=e^{-1}, f(2)=2e^{-2},$$

得

$$m=0, M=e^{-1}.$$

由性质 6 得

$$0\leqslant\int_0^2 xe^{-x}dx\leqslant 2e^{-1}.$$

**性质 7(定积分中值定理)** 如果函数 $f(x)$ 在闭区间 $[a,b]$ 上连续，则在 $[a,b]$ 上至少存在一点 $\xi$，使下式成立：

$$\int_a^b f(x)dx = f(\xi)(b-a) \quad (a\leqslant\xi\leqslant b).$$

这个公式称为**积分中值公式**．

**证** 因为 $f(x)$ 在闭区间 $[a,b]$ 上连续，所以一定取得最大值 $M$ 和最小值 $m$，由性质 6，得

$$m(b-a)\leqslant\int_a^b f(x)dx\leqslant M(b-a),$$

即

$$m\leqslant\frac{1}{b-a}\int_a^b f(x)dx\leqslant M.$$

这表明，一个确定的数值 $\frac{1}{b-a}\int_a^b f(x)dx$ 介于函数 $f(x)$ 的最小值 $m$ 和最大值 $M$ 之间，根据闭区间上连续函数的介值定理，在 $[a,b]$ 上至少存在一点 $\xi$，使得

$$f(\xi)=\frac{1}{b-a}\int_a^b f(x)dx \quad (a\leqslant\xi\leqslant b)$$

成立，上式两端乘以 $b-a$，便得到所要证的等式．

积分中值定理的几何意义是：在区间 $[a,b]$ 上至少存在一点 $\xi$，使得以区间 $[a,b]$ 为底边，以 $y=f(x)$（不妨设 $f(x)\geqslant 0$）为曲边的曲边梯形面积等于同一底边而高为 $f(\xi)$ 的一个矩形的面积（图 5-12）．

按积分中值公式，所得

$$f(\xi)=\frac{1}{b-a}\int_a^b f(x)\,dx$$

称为**函数 $f(x)$ 在区间 $[a,b]$ 上的平均值**．

从几何上理解，$f(\xi)$ 可以认为是图 5-12 中曲边梯形的平均高度．又如，

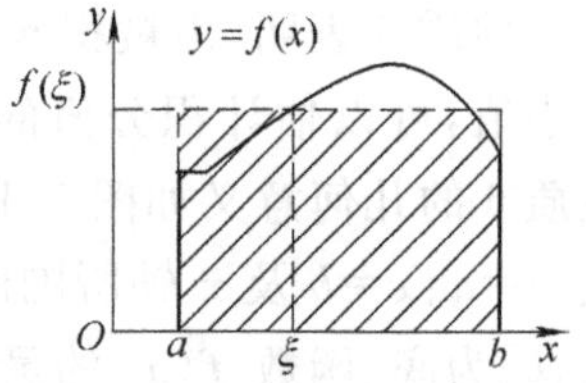


图 5-12

$$\int_{T_1}^{T_2} v(t)\,dt$$

表示以 $v=v(t)\ (v(t)\geqslant 0)$ 为速度作直线运动的物体在时间间隔 $[T_1,T_2]$ 上所经过的路程，由积分中值定理，

$$v(\xi)=\frac{1}{T_2-T_1}\int_{T_1}^{T_2} v(t)\,dt,\quad \xi\in[T_1,T_2]$$

表示运动物体在 $[T_1,T_2]$ 这段时间内的平均速度．

## 习　题　5.1

1. 利用定积分定义计算下列各题：

(1) $\int_1^2 x\,dx$；　　(2) $\int_0^1 e^x\,dx$.

2. 利用定积分的几何意义求下列定积分：

(1) $\int_0^1 2x\,dx$；　　(2) $\int_{-2}^4 \left(\frac{x}{2}+3\right)dx$；

(3) $\int_{-a}^a \sqrt{a^2-x^2}\,dx\ (a>0)$；　　(4) $\int_0^{2\pi} \sin x\,dx$.

3. 设 $\int_{-1}^1 3f(x)\,dx=18$，$\int_{-1}^3 f(x)\,dx=4$，$\int_{-1}^3 g(x)\,dx=3$，求

(1) $\int_{-1}^1 f(x)\,dx$；　　(2) $\int_1^3 f(x)\,dx$；

(3) $\int_3^{-1} g(x)\,dx$；　　(4) $\int_{-1}^3 \frac{1}{5}[4f(x)+3g(x)]\,dx$.

4. 证明定积分的性质：

(1) $\int_a^b kf(x)\,dx=k\int_a^b f(x)\,dx$　（$k$ 是常数）；

(2) $\int_a^b 1\cdot dx=\int_a^b dx=b-a$.

5. 不计算定积分的值，比较下列各对定积分值的大小：

(1) $\int_0^1 x^2\,dx$ 与 $\int_0^1 x^3\,dx$；　　(2) $\int_1^2 x^2\,dx$ 与 $\int_1^2 x^3\,dx$；

(3) $\int_1^2 \ln x\,dx$ 与 $\int_1^2 (\ln x)^2\,dx$；　　(4) $\int_0^1 e^x\,dx$ 与 $\int_0^1 (1+x)\,dx$.

6. 估计下列各积分的值：

(1) $\int_0^2 e^{x^2}\,dx$;　　(2) $I=\int_1^4 (x^2-4x+3)\,dx$;

(3) $I=\int_0^{2\pi}\frac{dx}{10+3\cos x}$;　　(4) $I=\int_{\frac{\pi}{4}}^{\frac{\pi}{2}}\frac{\sin x}{x}dx$.

## 5.2　微积分基本公式

上一节中介绍了定积分的概念.定积分定义为一种和式的极限，如果按照定积分的定义来计算定积分(如上节中例5-2)，往往是非常困难的.因此，必须寻求计算定积分值的有效方法.

下面我们对变速直线运动中位置函数 $s(t)$ 及速度函数 $v(t)$ 之间的联系作进一步的研究，以此来探索计算定积分值的新方法.

### 5.2.1　变速直线运动中位置函数与速度函数之间的联系

设物体作直线运动，在这条直线上取定原点、正向及长度单位，使它构成一数轴.记 $t$ 时刻物体所在的位置为 $s(t)$，速度为 $v(t)$，如图5-13所示(为讨论方便起见，可以设 $v(t)\geqslant 0$).

图　5-13

由微分学知识，得

$$s'(t)=v(t),$$

即位置函数 $s(t)$ 是速度函数 $v(t)$ 的一个原函数.

由定积分的概念，物体在时间间隔 $[T_1,T_2]$ 内所经过的路程等于速度函数 $v(t)$ 在 $[T_1,T_2]$ 上的定积分

$$\int_{T_1}^{T_2} v(t)\,dt.$$

由位置函数 $s(t)$ 的实际意义，物体在时间间隔 $[T_1,T_2]$ 内所经过的路程又等于位置函数 $s(t)$ 在区间 $[T_1,T_2]$ 上的增量

$$s(T_2)-s(T_1).$$

由此可见，位置函数 $s(t)$ 与速度函数 $v(t)$ 之间有如下关系：

$$\int_{T_1}^{T_2} v(t)\,dt = s(T_2)-s(T_1),$$

即速度函数 $v(t)$ 在区间 $[T_1,T_2]$ 上的定积分，等于 $v(t)$ 的原函数 $s(t)$ 在积分区间 $[T_1,T_2]$ 上的增量.如果这一结论具有普遍意义，则定积分的计算就可用下列简单方法：

连续函数 $f(x)$ 在区间 $[a,b]$ 上的定积分等于 $f(x)$ 的原函数 $F(x)$ 在积分区间 $[a,b]$ 上的增量，即

$$\int_a^b f(x)\,dx = F(b)-F(a).$$

上述结论是否真的成立呢?

### 5.2.2 积分上限的函数及其导数

设函数 $f(x)$ 在区间 $[a,b]$ 上连续, $x$ 为 $[a,b]$ 上的任意一点,考察以 $x$ 为积分上限的定积分

$$\int_a^x f(x)\mathrm{d}x.$$

由于 $f(x)$ 在 $[a,x]$ 上仍然连续,因此这个定积分存在. 这里的 $x$ 既表示定积分的上限,又表示积分变量,根据定积分与积分变量的选取无关的特性,为了避免混淆,可以把积分变量换为 $t$,则有

$$\int_a^x f(x)\mathrm{d}x = \int_a^x f(t)\mathrm{d}t, x \in [a,b].$$

当积分上限 $x$ 在 $[a,b]$ 上任意变动时,对于每一个取定的 $x$ 值,定积分 $\int_a^x f(t)\mathrm{d}t$ 都有一个确定的数值与 $x$ 对应,所以,定积分 $\int_a^x f(t)\mathrm{d}t$ 定义了一个 $[a,b]$ 上的函数,记作 $\Phi(x)$,即

$$\Phi(x) = \int_a^x f(t)\mathrm{d}t \quad (a \leqslant x \leqslant b),$$

称 $\Phi(x)$ 为**积分上限的函数**. $\Phi(x)$ 具有以下重要性质.

**定理 5-3** 设函数 $f(x)$ 在区间 $[a,b]$ 上连续,则积分上限的函数

$$\Phi(x) = \int_a^x f(t)\mathrm{d}t$$



在 $[a,b]$ 上可导,且有

$$\Phi'(x) = \frac{\mathrm{d}}{\mathrm{d}x}\int_a^x f(t)\mathrm{d}t = f(x) \quad (a \leqslant x \leqslant b). \tag{5-5}$$

**证** 若 $x \in (a,b)$,则当 $x$ 取得增量 $\Delta x$,且保证 $x+\Delta x \in [a,b]$ 时,函数 $\Phi(x)$ 在 $x+\Delta x$ 处的函数值(图 5-14) 为

$$\Phi(x+\Delta x) = \int_a^{x+\Delta x} f(t)\mathrm{d}t,$$

由此得函数 $\Phi(x)$ 的增量为

$$\begin{aligned}\Delta\Phi &= \Phi(x+\Delta x) - \Phi(x)\\ &= \int_a^{x+\Delta x} f(t)\mathrm{d}t - \int_a^x f(t)\mathrm{d}t\\ &= \int_a^x f(t)\mathrm{d}t + \int_x^{x+\Delta x} f(t)\mathrm{d}t - \int_a^x f(t)\mathrm{d}t\\ &= \int_x^{x+\Delta x} f(t)\mathrm{d}t,\end{aligned}$$

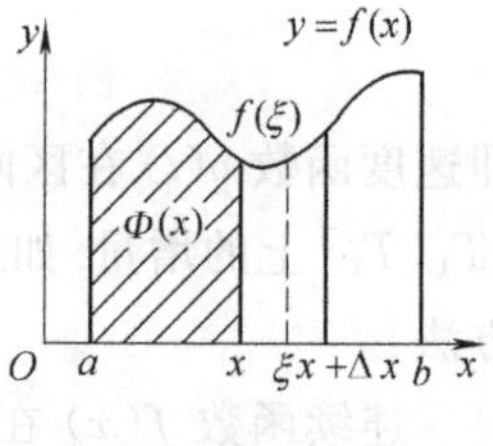


图 5-14

应用积分中值定理,得

$$\Delta\Phi = f(\xi)\cdot\Delta x \quad (\xi\text{介于}x\text{与}x+\Delta x\text{之间}),$$

故
$$\frac{\Delta\Phi}{\Delta x} = f(\xi).$$

由于 $f(x)$ 在$[a,b]$上连续，而当 $\Delta x\to 0$ 时，$\xi\to x$，因此$\lim\limits_{\Delta x\to 0}f(\xi) = f(x)$. 于是，令 $\Delta x\to 0$ 对上式两端取极限，得

$$\lim_{\Delta x\to 0}\frac{\Delta\Phi}{\Delta x} = \lim_{\Delta x\to 0}f(\xi) = f(x),$$

故

$$\Phi'(x) = \lim_{\Delta x\to 0}\frac{\Delta\Phi}{\Delta x} = f(x).$$

若 $x = a$，取 $\Delta x > 0$，则同理可证得 $\Phi'_{+}(a) = f(a)$；若 $x = b$，取 $\Delta x < 0$，则同理可证得 $\Phi'_{-}(b) = f(b)$. 证毕.

按照原函数的概念，定理 5-3 的结论表明：$\Phi(x)$ 是连续函数 $f(x)$ 的一个原函数，由此得到原函数存在定理.

**定理 5-4** 如果函数 $f(x)$ 在区间$[a,b]$上连续，则积分上限的函数

$$\Phi(x) = \int_a^x f(t)\mathrm{d}t$$

是 $f(x)$ 在$[a,b]$上的一个原函数.

这个定理的重要意义是：一方面肯定了连续函数的原函数总是存在的；另一方面揭示了定积分与原函数之间的联系，指出连续函数 $f(x)$ 存在一个定积分形式的原函数$\int_a^x f(t)\mathrm{d}t$. 因此，我们就有可能通过原函数来计算定积分.



### 5.2.3 牛顿—莱布尼茨公式

**定理 5-5** 设 $f(x)$ 是$[a,b]$上的连续函数，$F(x)$ 是 $f(x)$ 在$[a,b]$上的一个原函数，则

$$\int_a^b f(x)\mathrm{d}x = F(b) - F(a). \tag{5-6}$$

**证** 因为 $F(x)$ 是 $f(x)$ 的一个原函数，而积分上限的函数

$$\Phi(x) = \int_a^x f(t)\mathrm{d}t$$

也是 $f(x)$ 的一个原函数，因为任意两个原函数之差是一个常数，所以

$$F(x) - \Phi(x) = C \quad (a \leqslant x \leqslant b),$$

即
$$F(x) = \Phi(x) + C,$$

于是
$$\begin{aligned}F(b) - F(a) &= \Phi(b) - \Phi(a)\\ &= \int_a^b f(t)\mathrm{d}t - \int_a^a f(t)\mathrm{d}t = \int_a^b f(t)\mathrm{d}t,\end{aligned}$$

把积分变量 $t$ 换成 $x$，得

$$\int_a^b f(x)\mathrm{d}x = F(b) - F(a).$$

证毕.

公式(5-6) 称为**牛顿(Newton) — 莱布尼茨(Leibniz) 公式**. 为方便起见，我们把 $F(b)-F(a)$ 记为 $F(x)\big|_a^b$ 或 $[F(x)]_a^b$，于是牛顿 — 莱布尼茨公式又可表示为

$$\int_a^b f(x)\mathrm{d}x = F(x)\big|_a^b = F(b) - F(a)$$

或

$$\int_a^b f(x)\mathrm{d}x = [F(x)]_a^b = F(b) - F(a).$$

牛顿 — 莱布尼茨公式的意义在于进一步揭示了定积分与被积函数的原函数或不定积分之间的联系. 它表明：一个连续函数在 $[a,b]$ 上的定积分等于它的任意一个原函数在 $[a,b]$ 上的增量，这就给定积分的计算提供了一个有效而简便的方法.

**【例 5-5】** 利用牛顿 — 莱布尼茨公式计算例 5-2 中的定积分 $\int_0^1 x^2\mathrm{d}x$.

**解** 因为 $\dfrac{x^3}{3}$ 是 $x^2$ 的一个原函数，所以按牛顿 — 莱布尼茨公式，得

$$\int_0^1 x^2\mathrm{d}x = \frac{x^3}{3}\bigg|_0^1 = \frac{1^3}{3} - \frac{0^3}{3} = \frac{1}{3}.$$

**【例 5-6】** 求 $\int_{-1}^{\sqrt{3}} \dfrac{1}{1+x^2}\mathrm{d}x$.

**解**

$$\int_{-1}^{\sqrt{3}} \frac{1}{1+x^2}\mathrm{d}x = \arctan x\bigg|_{-1}^{\sqrt{3}} = \arctan\sqrt{3} - \arctan(-1)$$

$$= \frac{\pi}{3} - \left(-\frac{\pi}{4}\right) = \frac{7\pi}{12}.$$

**【例 5-7】** 求 $\int_0^2 \dfrac{\mathrm{d}x}{2x-5}$.

**解**

$$\int_0^2 \frac{\mathrm{d}x}{2x-5} = \left[\frac{1}{2}\ln|2x-5|\right]_0^2 = -\frac{1}{2}\ln 5.$$

**【例 5-8】** 设 $f(x) = \begin{cases} 0, & -1 \leqslant x < 0, \\ 1+\mathrm{e}^{-x}, & 0 \leqslant x \leqslant 2, \end{cases}$ 求 $\int_{-1}^2 f(x)\mathrm{d}x$.

**解** 因为函数 $f(x)$ 在 $[-1,2]$ 上除点 $x=0$ 处间断外，在其余点处均连续，所以 $f(x)$ 在 $[-1,2]$ 上可积. 由于 $f(x)$ 为分段函数，故定积分需要分段计算.

$$\int_{-1}^2 f(x)\mathrm{d}x = \int_{-1}^0 0\mathrm{d}x + \int_0^2 (1+\mathrm{e}^{-x})\mathrm{d}x$$

$$= 0 + [x - \mathrm{e}^{-x}]_0^2 = 3 - \mathrm{e}^{-2}.$$

**【例 5-9】** 求 $\int_0^{\pi} \sqrt{1+\cos 2x}\,\mathrm{d}x$.

**解** $\int_0^{\pi}\sqrt{1+\cos 2x}\,\mathrm{d}x=\int_0^{\pi}\sqrt{2\cos^2 x}\,\mathrm{d}x=\sqrt{2}\int_0^{\pi}|\cos x|\,\mathrm{d}x$

$$=\sqrt{2}\left[\int_0^{\frac{\pi}{2}}\cos x\,\mathrm{d}x+\int_{\frac{\pi}{2}}^{\pi}(-\cos x)\,\mathrm{d}x\right]$$

$$=\sqrt{2}\left[\sin x\Big|_0^{\frac{\pi}{2}}-\sin x\Big|_{\frac{\pi}{2}}^{\pi}\right]=2\sqrt{2}.$$

本例定积分的被积函数中含有绝对值,需注意其处理方法.

**【例5-10】** 汽车以每小时54km速度行驶,到某处需要减速停车.设汽车以等加速度 $a=-5\mathrm{m/s^2}$ 刹车,问从开始刹车到停车,汽车经过了多少距离?

**解** 设从开始刹车到停车经过了$T$秒,当$t\in[0,T]$时,汽车的速度为$v(t)$,由 $t=0$ 时,汽车的速度为

$$v_0=54\mathrm{km/h}=\frac{54\times 1000}{3600}\mathrm{m/s}=15\mathrm{m/s},$$

刹车后汽车匀减速行驶,其速度为

$$v(t)=v_0+at=15-5t;$$

当汽车停止时,速度 $v(t)=0$,故解得 $T=\frac{15}{5}=3\mathrm{s}$;所以在时间间隔$[0,T]$内,汽车行驶的距离为

$$s=\int_0^T v(t)\,\mathrm{d}t=\int_0^3(15-5t)\,\mathrm{d}t=\left[15t-\frac{5}{2}t^2\right]_0^3=22.5\mathrm{m}.$$

即刹车后,汽车需驶过 22.5m 能停止.

下面再举几个应用公式(5-5) 的例子.

**【例 5-11】** 求$\frac{\mathrm{d}}{\mathrm{d}x}\left[\int_0^x\cos^2 t\,\mathrm{d}t\right]$.

**解** 由公式(5-5),得

$$\frac{\mathrm{d}}{\mathrm{d}x}\left[\int_0^x\cos^2 t\,\mathrm{d}t\right]=\cos^2 x.$$

**【例 5-12】** 设函数 $f(x)$ 连续,函数 $\varphi(x)$ 可导,试证:

$$\frac{\mathrm{d}}{\mathrm{d}x}\int_a^{\varphi(x)}f(t)\,\mathrm{d}t=f[\varphi(x)]\varphi'(x). \tag{5-7}$$

**证** 将$\int_a^{\varphi(x)}f(t)\,\mathrm{d}t$看作是以$u=\varphi(x)$为中间变量的复合函数,由复合函数的求导法则及公式(5-5),得

$$\frac{\mathrm{d}}{\mathrm{d}x}\int_a^{\varphi(x)}f(t)\,\mathrm{d}t=\frac{\mathrm{d}}{\mathrm{d}u}\int_a^u f(t)\,\mathrm{d}t\cdot\frac{\mathrm{d}u}{\mathrm{d}x}$$

$$=f(u)\cdot\frac{\mathrm{d}u}{\mathrm{d}x}=f[\varphi(x)]\varphi'(x).$$

**【例 5-13】** 设 $f(x)$ 是连续函数,$\varphi(x)$、$\psi(x)$ 均可导,证明:

$$\frac{\mathrm{d}}{\mathrm{d}x}\int_{\varphi(x)}^{\psi(x)} f(t)\mathrm{d}t = f[\psi(x)]\psi'(x) - f[\varphi(x)]\varphi'(x),$$

由此计算

$$\frac{\mathrm{d}}{\mathrm{d}x}\left[\int_{\cos x}^{\sin x} \frac{\sin t}{t}\mathrm{d}t\right].$$

**证** 由定积分的性质 3，得

$$\int_{\varphi(x)}^{\psi(x)} f(t)\mathrm{d}t = \int_{\varphi(x)}^{a} f(t)\mathrm{d}t + \int_{a}^{\psi(x)} f(t)\mathrm{d}t$$

$$= \int_{a}^{\psi(x)} f(t)\mathrm{d}t - \int_{a}^{\varphi(x)} f(t)\mathrm{d}t,$$

故
$$\frac{\mathrm{d}}{\mathrm{d}x}\int_{\varphi(x)}^{\psi(x)} f(t)\mathrm{d}t = \frac{\mathrm{d}}{\mathrm{d}x}\left[\int_{a}^{\psi(x)} f(t)\mathrm{d}t - \int_{a}^{\varphi(x)} f(t)\mathrm{d}t\right],$$

$$= f[\psi(x)]\psi'(x) - f[\varphi(x)]\varphi'(x).$$

由上式，得

$$\frac{\mathrm{d}}{\mathrm{d}x}\left[\int_{\cos x}^{\sin x} \frac{\sin t}{t}\mathrm{d}t\right] = \frac{\sin(\sin x)}{\sin x}\cos x - \frac{\sin(\cos x)}{\cos x}(-\sin x)$$

$$= \cot x\sin(\sin x) + \tan x\sin(\cos x).$$

**【例 5-14】** 设 $f(x)$ 是连续函数，$F(x) = \int_0^{\sqrt{x}} xf(t)\mathrm{d}t\,(x > 0)$，求 $F'(x)$.

**解**
$$F(x) = \int_0^{\sqrt{x}} xf(t)\mathrm{d}t = x\int_0^{\sqrt{x}} f(t)\mathrm{d}t,$$



利用导数的乘法法则与公式(5-7)，得

$$F'(x) = \int_0^{\sqrt{x}} f(t)\mathrm{d}t + xf(\sqrt{x})\cdot\frac{1}{2\sqrt{x}}$$

$$= \frac{1}{2}\sqrt{x}f(\sqrt{x}) + \int_0^{\sqrt{x}} f(t)\mathrm{d}t.$$

**【例 5-15】** 求 $\lim\limits_{x\to 0}\dfrac{\int_{\sin x}^{0}\sin(t^2)\mathrm{d}t}{x^3}$.

**解** 这是 $\frac{0}{0}$ 型的未定式，注意到 $\int_{\sin x}^{0}\sin(t^2)\mathrm{d}t = -\int_0^{\sin x}\sin(t^2)\mathrm{d}t$，根据洛必达法则、公式(5-7) 及等价无穷小代换，得

$$\lim_{x\to 0}\frac{\int_{\sin x}^{0}\sin(t^2)\mathrm{d}t}{x^3} = \lim_{x\to 0}\frac{-\sin(\sin^2 x)\cos x}{3x^2}$$

$$=\lim_{x\to 0}\left(\frac{-\sin^2 x}{3x^2}\cdot\cos x\right)=-\frac{1}{3}.$$

# 习 题 5.2

1. 计算下列各定积分：

(1) $\int_1^2\left(x^2+\frac{1}{x^4}\right)\mathrm{d}x$；　　(2) $\int_1^{\mathrm{e}}\frac{1+\sqrt{x}}{x}\mathrm{d}x$；

(3) $\int_0^{\frac{\pi}{4}}\frac{1+\sin^2 x}{\cos^2 x}\mathrm{d}x$；　　(4) $\int_{-1}^0\frac{\mathrm{d}x}{x^2+4x+5}$；

(5) $\int_0^2\sqrt{x^3-2x^2+x}\,\mathrm{d}x$；　　(6) $\int_{-\frac{\pi}{2}}^{\frac{\pi}{2}}\sqrt{1-\cos 2x}\,\mathrm{d}x$；

(7) $\int_{-1}^2 f(x)\mathrm{d}x$，其中 $f(x)=\begin{cases}1-|x|, & |x|\leqslant 1,\\ x^2, & |x|>1.\end{cases}$

2. 计算下列各导数：

(1) $\frac{\mathrm{d}}{\mathrm{d}x}\int_0^x\frac{t}{2+\cos t}\mathrm{d}t$；　　(2) $\frac{\mathrm{d}}{\mathrm{d}x}\int_x^{\mathrm{e}}\mathrm{e}^{t-t^2}\mathrm{d}t$；

(3) $\frac{\mathrm{d}}{\mathrm{d}x}\int_0^{\sin x}\sin t\mathrm{d}t$；　　(4) $\frac{\mathrm{d}}{\mathrm{d}x}\int_{1-x}^1 t\sqrt{1-t^2}\,\mathrm{d}t$；

(5) $\frac{\mathrm{d}}{\mathrm{d}x}\int_{x^2}^{x^3}\frac{\mathrm{d}t}{\sqrt{1+t^4}}$.

3. 求由 $\int_0^y(1+t)\mathrm{d}t+\int_0^x\cos t\mathrm{d}t=0$ 所确定的隐函数的导数 $\frac{\mathrm{d}y}{\mathrm{d}x}$.

4. 设 $g(x)=\int_a^x(x-t)f(t)\mathrm{d}t$，求 $g''(x)$.

5. 求下列各极限：

(1) $\lim_{x\to 1}\frac{\int_1^x\ln(1+t)\mathrm{d}t}{\ln x}$；　　(2) $\lim_{x\to 0}\frac{x-\int_0^x\mathrm{e}^{t^2}\mathrm{d}t}{x^2\sin 2x}$；

(3) $\lim_{x\to 0}\frac{\int_{\cos^2 x}^1\sqrt{1+t^2}\,\mathrm{d}t}{x^2}$；　　(4) $\lim_{x\to 0}\frac{1}{x}\int_0^x(1+t^2)\mathrm{e}^{t^2-x^2}\mathrm{d}t$.

6. 设 $f(x)=\begin{cases}x+1, & x<0,\\ x, & x\geqslant 0,\end{cases}$ 求 $\varphi(x)=\int_{-1}^x f(t)\mathrm{d}t$ 在$[-1,1]$上的表达式，并讨论 $\varphi(x)$ 在$[-1,1]$上的连续性与可导性.

## 5.3 定积分的换元法和分部积分法

为了简便地计算定积分，本节把不定积分的换元积分法和分部积分法移植到定积分中，形成相应的积分方法.

### 5.3.1 定积分的换元法

**定理 5-6** 设函数 $f(x)$ 在区间 $[a,b]$ 上连续，单值函数 $x=\varphi(t)$ 满足条件：

(1) $\varphi(\alpha)=a, \varphi(\beta)=b$；

(2) $\varphi(t)$ 在区间 $[\alpha,\beta]$（或 $[\beta,\alpha]$）上具有连续导数；

(3) 当 $t$ 在 $[\alpha,\beta]$ 上变化时，$\varphi(t)$ 的值在 $[a,b]$ 上变化，

则
$$\int_a^b f(x)\mathrm{d}x=\int_\alpha^\beta f[\varphi(t)]\varphi'(t)\mathrm{d}t. \tag{5-8}$$

公式(5-8) 称为定积分**换元公式**.

**证** 因为函数 $f(x)$、$f[\varphi(t)]\varphi'(t)$ 均连续，所以等式(5-8) 两边的定积分都存在，且它们的原函数也都存在.

设 $F(x)$ 是 $f(x)$ 在 $[a,b]$ 上的一个原函数，则由牛顿－莱布尼茨公式，得

$$\int_a^b f(x)\mathrm{d}x=F(b)-F(a).$$

另一方面，记 $\Phi(t)=F[\varphi(t)]$，由复合函数求导法则，得

$$\Phi'(t)=\frac{\mathrm{d}F}{\mathrm{d}x}\cdot\frac{\mathrm{d}x}{\mathrm{d}t}=f(x)\varphi'(t)=f[\varphi(t)]\varphi'(t),$$



这表明 $\Phi(t)$ 是 $f[\varphi(t)]\varphi'(t)$ 的一个原函数，所以

$$\int_\alpha^\beta f[\varphi(t)]\varphi'(t)\mathrm{d}t=\Phi(\beta)-\Phi(\alpha).$$

由 $\Phi(t)=F[\varphi(t)]$ 及 $\varphi(\alpha)=a, \varphi(\beta)=b$，得

$$\Phi(\beta)-\Phi(\alpha)=F[\varphi(\beta)]-F[\varphi(\alpha)]=F(b)-F(a).$$

所以
$$\int_a^b f(x)\mathrm{d}x=F(b)-F(a)=\Phi(\beta)-\Phi(\alpha)$$
$$=\int_\alpha^\beta f[\varphi(t)]\varphi'(t)\mathrm{d}t.$$

证毕.

在应用公式(5-8) 计算定积分时，通过变换：$x=\varphi(t)$，将原来的定积分

$$\int_a^b f(x)\mathrm{d}x$$

换成了关于新变量 $t$ 的定积分

$$\int_{\alpha}^{\beta} f[\varphi(t)]\varphi'(t)\mathrm{d}t,$$

其积分限的变换规则是：与原定积分的下限 $a$ 对应的值 $\alpha$ 成为新定积分的下限，与原定积分的上限 $b$ 对应的值 $\beta$ 成为新定积分的上限. 另外，在求出了新定积分被积函数 $f[\varphi(t)]\varphi'(t)$ 的原函数 $F[\varphi(t)]$ 后，只要直接代入新变量 $t$ 的上、下限求值

$$F[\varphi(\beta)]-F[\varphi(\alpha)],$$

而不必像不定积分那样，再把变量 $t$ 还原为变量 $x$.

**【例 5-16】** 求 $\int_0^a \sqrt{a^2-x^2}\mathrm{d}x$.

**解** 设 $x=a\sin t$，则 $\mathrm{d}x=a\cos t\mathrm{d}t$，且

$$当\ x=0\ 时，t=0；当\ x=a\ 时，t=\frac{\pi}{2}.$$

于是
$$\int_0^a \sqrt{a^2-x^2}\mathrm{d}x=a^2\int_0^{\frac{\pi}{2}}\cos^2 t\mathrm{d}t=a^2\int_0^{\frac{\pi}{2}}\frac{1+\cos 2t}{2}\mathrm{d}t$$
$$=\frac{a^2}{2}\left[t+\frac{1}{2}\sin 2t\right]_0^{\frac{\pi}{2}}=\frac{\pi}{4}a^2.$$

**【例 5-17】** 求 $\int_{-5}^1 \frac{x+1}{\sqrt{5-4x}}\mathrm{d}x$.

**解** 设 $\sqrt{5-4x}=t$，则 $x=\frac{5-t^2}{4}$，$\mathrm{d}x=-\frac{t}{2}\mathrm{d}t$，且

$$当\ x=-5\ 时，t=5；当\ x=1\ 时，t=1.$$

于是
$$\int_{-5}^1 \frac{x+1}{\sqrt{5-4x}}\mathrm{d}x=\int_5^1 \frac{5-t^2+4}{4t}\left(-\frac{t}{2}\mathrm{d}t\right)=\frac{1}{8}\int_1^5(9-t^2)\mathrm{d}t$$
$$=\frac{1}{8}\left[9t-\frac{1}{3}t^3\right]_1^5=-\frac{2}{3}.$$

**【例 5-18】** 求 $\int_0^{\ln 2} \sqrt{\mathrm{e}^x-1}\mathrm{d}x$.

**解** 设 $\sqrt{\mathrm{e}^x-1}=t$，则 $x=\ln(1+t^2)$，$\mathrm{d}x=\frac{2t}{1+t^2}\mathrm{d}t$，且

$$当\ x=0\ 时，t=0；当\ x=\ln 2\ 时，t=1.$$

于是
$$\int_0^{\ln 2} \sqrt{\mathrm{e}^x-1}\mathrm{d}x=\int_0^1 t\frac{2t}{1+t^2}\mathrm{d}t=2\int_0^1\left(1-\frac{1}{1+t^2}\right)\mathrm{d}t$$
$$=2[t-\arctan t]_0^1=2-\frac{\pi}{2}.$$

如果反过来使用定积分换元公式(5-8)，则成为相应于不定积分的第一类换元积分在定积分中的形式. 为使用方便起见，把换元公式(5-8)中左右两边对调位

置，同时把 $t$ 改记为 $x$，而 $x$ 改记为 $t$，得

$$\int_a^b f[\varphi(x)]\varphi'(x)\mathrm{d}x = \int_\alpha^\beta f(t)\mathrm{d}t,$$

其中 $\varphi(x)=t,\varphi(a)=\alpha,\varphi(b)=\beta$.

**【例 5-19】** 求 $\int_0^{\frac{\pi}{2}} \cos^6 x\sin x\mathrm{d}x$.

**解** 设 $\cos x=t$，则 $-\sin x\mathrm{d}x=\mathrm{d}t$，且

$$当\ x=0\ 时，t=1；当\ x=\frac{\pi}{2}\ 时，t=0.$$

于是 $$\int_0^{\frac{\pi}{2}} \cos^6 x\sin x\mathrm{d}x = -\int_1^0 t^6\mathrm{d}t = \int_0^1 t^6\mathrm{d}t = \frac{1}{7}t^7\Big|_0^1 = \frac{1}{7}.$$

在本例中，如果我们不明显地写出新变量 $t$，此时定积分的上、下限就不要变更. 这是这类题型常用的方法，由此本例计算过程可简写如下：

$$\int_0^{\frac{\pi}{2}} \cos^6 x\sin x\mathrm{d}x = -\int_0^{\frac{\pi}{2}} \cos^6 x\mathrm{d}(\cos x) = -\left[\frac{1}{7}\cos^7 x\right]_0^{\frac{\pi}{2}} = \frac{1}{7}.$$

**【例 5-20】** 求 $\int_0^{\pi} \sqrt{\sin x-\sin^3 x}\mathrm{d}x$.

**解** 
$$\begin{aligned}\int_0^{\pi} \sqrt{\sin x-\sin^3 x}\mathrm{d}x &= \int_0^{\pi} \sqrt{\sin x(1-\sin^2 x)}\mathrm{d}x \\ &= \int_0^{\pi} \sqrt{\sin x}\,|\cos x|\,\mathrm{d}x \\ &= \int_0^{\frac{\pi}{2}} \sqrt{\sin x}\cos x\mathrm{d}x - \int_{\frac{\pi}{2}}^{\pi} \sqrt{\sin x}\cos x\mathrm{d}x \\ &= \int_0^{\frac{\pi}{2}} \sin^{\frac{1}{2}} x\mathrm{d}(\sin x) - \int_{\frac{\pi}{2}}^{\pi} \sin^{\frac{1}{2}} x\mathrm{d}(\sin x) \\ &= \left[\frac{2}{3}\sin^{\frac{3}{2}} x\right]_0^{\frac{\pi}{2}} - \left[\frac{2}{3}\sin^{\frac{3}{2}} x\right]_{\frac{\pi}{2}}^{\pi} = \frac{2}{3}-\left(-\frac{2}{3}\right) = \frac{4}{3}.\end{aligned}$$

**【例 5-21】** 设函数 $f(x)$ 在 $[-a,a]$ 上连续，证明：

(1) 若 $f(x)$ 为偶函数，则有 $\int_{-a}^a f(x)\mathrm{d}x = 2\int_0^a f(x)\mathrm{d}x$；

(2) 若 $f(x)$ 为奇函数，则有 $\int_{-a}^a f(x)\mathrm{d}x = 0$.

**证** 因为 $$\int_{-a}^a f(x)\mathrm{d}x = \int_{-a}^0 f(x)\mathrm{d}x + \int_0^a f(x)\mathrm{d}x,$$

对积分 $\int_{-a}^0 f(x)\mathrm{d}x$ 作代换 $x=-t$，得

$$\int_{-a}^{0} f(x)\mathrm{d}x = \int_{a}^{0} f(-t)(-\mathrm{d}t) = \int_{0}^{a} f(-t)\mathrm{d}t = \int_{0}^{a} f(-x)\mathrm{d}x.$$

于是
$$\int_{-a}^{a} f(x)\mathrm{d}x = \int_{0}^{a} f(-x)\mathrm{d}x + \int_{0}^{a} f(x)\mathrm{d}x$$
$$= \int_{0}^{a} [f(-x) + f(x)]\mathrm{d}x.$$

(1) 若 $f(x)$ 为偶函数,则 $f(-x) + f(x) = 2f(x)$,从而

$$\int_{-a}^{a} f(x)\mathrm{d}x = \int_{0}^{a} [f(-x) + f(x)]\mathrm{d}x = 2\int_{0}^{a} f(x)\mathrm{d}x;$$

(2) 若 $f(x)$ 为奇函数,则 $f(-x) + f(x) = 0$,从而

$$\int_{-a}^{a} f(x)\mathrm{d}x = \int_{0}^{a} [f(-x) + f(x)]\mathrm{d}x = 0.$$

利用本例的结论,可以简化对称于原点的区间(简称对称区间)上偶函数、奇函数定积分的计算.

**【例 5-22】** 求$\int_{-1}^{1} \frac{|x| + x\cos x}{1 + |x|}\mathrm{d}x$.

**解** $\int_{-1}^{1} \frac{|x| + x\cos x}{1 + |x|}\mathrm{d}x = \int_{-1}^{1} \frac{|x|}{1 + |x|}\mathrm{d}x + \int_{-1}^{1} \frac{x\cos x}{1 + |x|}\mathrm{d}x$

$$= 2\int_{0}^{1} \frac{x}{1 + x}\mathrm{d}x + 0 = 2\int_{0}^{1} \left(1 - \frac{1}{1 + x}\right)\mathrm{d}x$$
$$= 2[x - \ln(1 + x)]_{0}^{1} = 2(1 - \ln 2).$$

**【例 5-23】** 设 $f(x)$ 在$[0,1]$上连续,证明:

(1) $\int_{0}^{\frac{\pi}{2}} f(\sin x)\mathrm{d}x = \int_{0}^{\frac{\pi}{2}} f(\cos x)\mathrm{d}x$;

(2) $\int_{0}^{\pi} xf(\sin x)\mathrm{d}x = \frac{\pi}{2}\int_{0}^{\pi} f(\sin x)\mathrm{d}x$,并由此计算

$$\int_{0}^{\pi} \frac{x\sin x}{1 + \cos^2 x}\mathrm{d}x.$$

**证** (1) 设 $x = \frac{\pi}{2} - t$,则 $\mathrm{d}x = -\mathrm{d}t$,且

$$当\ x = 0\ 时,t = \frac{\pi}{2};当\ x = \frac{\pi}{2}\ 时,t = 0.$$

于是
$$\int_{0}^{\frac{\pi}{2}} f(\sin x)\mathrm{d}x = \int_{\frac{\pi}{2}}^{0} f\left[\sin\left(\frac{\pi}{2} - t\right)\right](-\mathrm{d}t)$$
$$= \int_{0}^{\frac{\pi}{2}} f(\cos t)\mathrm{d}t = \int_{0}^{\frac{\pi}{2}} f(\cos x)\mathrm{d}x.$$

(2) 设 $x = \pi - t$,则 $\mathrm{d}x = -\mathrm{d}t$,且

$$当\ x = 0\ 时,t = \pi;当\ x = \pi\ 时,t = 0.$$

于是
$$\int_0^{\pi} xf(\sin x)\mathrm{d}x = \int_{\pi}^{0}(\pi - t)f[\sin(\pi - t)](-\mathrm{d}t)$$
$$= \int_0^{\pi}(\pi - t)f(\sin t)\mathrm{d}t$$
$$= \pi\int_0^{\pi} f(\sin t)\mathrm{d}t - \int_0^{\pi} tf(\sin t)\mathrm{d}t$$
$$= \pi\int_0^{\pi} f(\sin x)\mathrm{d}x - \int_0^{\pi} xf(\sin x)\mathrm{d}x,$$

所以
$$\int_0^{\pi} xf(\sin x)\mathrm{d}x = \frac{\pi}{2}\int_0^{\pi} f(\sin x)\mathrm{d}x.$$

对于定积分$\int_0^{\pi}\frac{x\sin x}{1+\cos^2 x}\mathrm{d}x$，被积函数可以看成 $xf(\sin x)$，利用上述结论，即得

$$\int_0^{\pi}\frac{x\sin x}{1+\cos^2 x}\mathrm{d}x = \frac{\pi}{2}\int_0^{\pi}\frac{\sin x}{1+\cos^2 x}\mathrm{d}x = -\frac{\pi}{2}\int_0^{\pi}\frac{\mathrm{d}(\cos x)}{1+\cos^2 x}$$
$$= -\frac{\pi}{2}\arctan(\cos x)\Big|_0^{\pi} = -\frac{\pi}{2}\left(-\frac{\pi}{4}-\frac{\pi}{4}\right) = \frac{\pi^2}{4}.$$

### 5.3.2 定积分的分部积分法

**定理 5-7** 设函数 $u(x)$、$v(x)$ 在区间$[a,b]$上具有连续的导数，则
$$\int_a^b u(x)\mathrm{d}v(x) = [u(x)v(x)]_a^b - \int_a^b v(x)\mathrm{d}u(x), \tag{5-9}$$
简记为
$$\int_a^b u\mathrm{d}v = [uv]_a^b - \int_a^b v\mathrm{d}u.$$



公式(5-9) 称为定积分的**分部积分公式**. 利用不定积分的分部积分法及定积分的牛顿—莱布尼茨公式，容易证明公式(5-9). 该公式说明，用分部积分公式计算定积分时，不必把原函数全部求出来之后，再代入上、下限，而是先计算 $u(x)v(x)$ 在$[a,b]$上的增量，并计算出定积分$\int_a^b v(x)\mathrm{d}u(x)$，再求出两者之差.

**【例 5-24】** 求$\int_0^1 \arctan x\mathrm{d}x$.

**解**
$$\int_0^1 \arctan x\mathrm{d}x = [x\arctan x]_0^1 - \int_0^1 x\cdot\frac{1}{1+x^2}\mathrm{d}x$$
$$= \frac{\pi}{4} - \frac{1}{2}\ln(1+x^2)\Big|_0^1 = \frac{\pi}{4} - \frac{1}{2}\ln 2.$$

**【例 5-25】** 求$\int_0^{\frac{\pi}{4}}\frac{x}{1+\cos 2x}\mathrm{d}x$.

**解**
$$\int_0^{\frac{\pi}{4}}\frac{x}{1+\cos 2x}\mathrm{d}x = \int_0^{\frac{\pi}{4}}\frac{x}{2\cos^2 x}\mathrm{d}x = \frac{1}{2}\int_0^{\frac{\pi}{4}} x\mathrm{d}(\tan x)$$

$$= \frac{1}{2}x\tan x\Big|_0^{\frac{\pi}{4}} - \frac{1}{2}\int_0^{\frac{\pi}{4}}\tan x\mathrm{d}x$$

$$= \frac{\pi}{8} + \frac{1}{2}\ln\cos x\Big|_0^{\frac{\pi}{4}} = \frac{\pi}{8} - \frac{1}{4}\ln 2.$$

**【例 5-26】** 求$\int_{\frac{1}{2}}^{1}\mathrm{e}^{-\sqrt{2x-1}}\mathrm{d}x$.

**解** 设$\sqrt{2x-1}=t$,则$x=\frac{1}{2}(1+t^2)$,$\mathrm{d}x=t\mathrm{d}t$,且

$$\text{当 } x=\frac{1}{2}\text{ 时},t=0;\text{当 } x=1\text{ 时},t=1.$$

于是

$$\int_{\frac{1}{2}}^{1}\mathrm{e}^{-\sqrt{2x-1}}\mathrm{d}x = \int_0^1\mathrm{e}^{-t}t\,\mathrm{d}t = -\int_0^1 t\mathrm{d}(\mathrm{e}^{-t})$$

$$= -t\mathrm{e}^{-t}\Big|_0^1 + \int_0^1\mathrm{e}^{-t}\mathrm{d}t = 1-\frac{2}{\mathrm{e}}.$$

**【例 5-27】** 证明定积分公式:

$$I_n = \int_0^{\frac{\pi}{2}}\sin^n x\,\mathrm{d}x\left(=\int_0^{\frac{\pi}{2}}\cos^n x\,\mathrm{d}x\right)$$

$$= \begin{cases} \frac{n-1}{n}\cdot\frac{n-3}{n-2}\cdot\cdots\cdot\frac{4}{5}\cdot\frac{2}{3}, & n\text{ 为大于 1 的正奇数}, \\ \frac{n-1}{n}\cdot\frac{n-3}{n-2}\cdot\cdots\cdot\frac{3}{4}\cdot\frac{1}{2}\cdot\frac{\pi}{2}, & n\text{ 为正偶数}. \end{cases}$$

**证**

$$I_n = \int_0^{\frac{\pi}{2}}\sin^n x\,\mathrm{d}x = -\int_0^{\frac{\pi}{2}}\sin^{n-1}x\mathrm{d}(\cos x)$$

$$= \left[-\sin^{n-1}x\cos x\right]\Big|_0^{\frac{\pi}{2}} + (n-1)\int_0^{\frac{\pi}{2}}\cos^2 x\sin^{n-2}x\mathrm{d}x$$

$$= 0 + (n-1)\int_0^{\frac{\pi}{2}}(1-\sin^2 x)\sin^{n-2}x\mathrm{d}x$$

$$= (n-1)\int_0^{\frac{\pi}{2}}\sin^{n-2}x\mathrm{d}x - (n-1)\int_0^{\frac{\pi}{2}}\sin^n x\,\mathrm{d}x$$

$$= (n-1)I_{n-2} - (n-1)I_n,$$

所以

$$I_n = \frac{n-1}{n}I_{n-2}.$$

这个等式称为积分 $I_n$ 关于下标的**递推公式**,它将 $I_n$ 的计算化为 $I_{n-2}$ 的计算. 如果把 $n$ 换成 $n-2$,则得

$$I_{n-2} = \frac{n-3}{n-2}I_{n-4}.$$

如此进行下去，直到 $I_n$ 的下标递减到 0 或 1 为止. 而

$$I_0=\int_0^{\frac{\pi}{2}}dx=\frac{\pi}{2},\ I_1=\int_0^{\frac{\pi}{2}}\sin x dx=1,$$

所以，当 $n$ 为大于 1 的正奇数时，

$$I_n=\frac{n-1}{n}\cdot\frac{n-3}{n-2}\cdot\cdots\cdot\frac{4}{5}\cdot\frac{2}{3}\cdot I_1=\frac{n-1}{n}\cdot\frac{n-3}{n-2}\cdot\cdots\cdot\frac{4}{5}\cdot\frac{2}{3};$$

当 $n$ 为正偶数时，

$$I_n=\frac{n-1}{n}\cdot\frac{n-3}{n-2}\cdot\cdots\cdot\frac{3}{4}\cdot\frac{1}{2}\cdot I_0=\frac{n-1}{n}\cdot\frac{n-3}{n-2}\cdot\cdots\cdot\frac{3}{4}\cdot\frac{1}{2}\cdot\frac{\pi}{2}.$$

至于定积分 $\int_0^{\frac{\pi}{2}}\cos^n x dx$ 与 $\int_0^{\frac{\pi}{2}}\sin^n x dx$ 相等，由例 5-23(1) 可直接得到.

**【例 5-28】** 求 $\int_0^1 (1-x^2)^6 dx$.

**解** 令 $x=\sin t$，则 $dx=\cos t dt$，且

$$当\ x=0\ 时，t=0；当\ x=1\ 时，t=\frac{\pi}{2}.$$

于是

$$\int_0^1(1-x^2)^6dx=\int_0^{\frac{\pi}{2}}\cos^{13}t dt=\frac{12}{13}\cdot\frac{10}{11}\cdot\cdots\cdot\frac{4}{5}\cdot\frac{2}{3}=\frac{12!!}{13!!}.$$

## 习 题 5.3



1. 求下列定积分：

(1) $\int_0^1\frac{x^2}{1+x^3}dx$；　(2) $\int_0^{\frac{\pi}{\omega}}\sin(\omega x+\varphi)dx$；

(3) $\int_0^{\frac{\pi}{2}}\cos^5 x\sin 2x dx$；　(4) $\int_0^{\frac{\pi}{2}}\frac{\sin x}{5-3\cos x}dx$；

(5) $\int_1^{e^2}\frac{dx}{x\sqrt{1+\ln x}}$；　(6) $\int_0^{\sqrt{2}a}\frac{x}{\sqrt{3a^2-x^2}}dx\ (a>0)$；

(7) $\int_0^{2\pi}\sqrt{1-\cos 2x}dx$；　(8) $\int_0^2\frac{\sqrt{x}}{1+x}dx$；

(9) $\int_{\frac{3}{4}}^1\frac{dx}{\sqrt{1-x}-1}$；　(10) $\int_0^a x^2\sqrt{a^2-x^2}dx\ (a>0)$；

(11) $\int_1^2\frac{\sqrt{x^2-1}}{x}dx$；　(12) $\int_1^{\sqrt{3}}\frac{dx}{x^2\sqrt{1+x^2}}$.

2. 用分部积分法求下列定积分：

(1) $\int_0^1 xe^{2x}\mathrm{d}x$；　　(2) $\int_0^{2\pi} x^2\cos x\mathrm{d}x$；

(3) $\int_0^{\frac{\pi}{2}} (x-1)\sin x\mathrm{d}x$；　　(4) $\int_1^4 \frac{\ln x}{\sqrt{x}}\mathrm{d}x$；

(5) $\int_0^{\sqrt{3}} x\arctan x\mathrm{d}x$；　　(6) $\int_{\frac{\pi}{4}}^{\frac{\pi}{2}} \frac{x}{\sin^2 x}\mathrm{d}x$；

(7) $\int_0^{\frac{\pi}{2}} e^{2x}\cos x\mathrm{d}x$；　　(8) $\int_1^e \sin(\ln x)\mathrm{d}x$；

(9) $\int_{\frac{1}{e}}^{e} |\ln x|\mathrm{d}x$；　　(10) $\int_0^4 e^{\sqrt{2x+1}}\mathrm{d}x$；

(11) $\int_0^{\frac{\pi^2}{4}} (\sin\sqrt{x})^2\mathrm{d}x$.

3. 计算下列定积分：

(1) $\int_{-\pi}^{\pi} x\sin^2 x\mathrm{d}x$；　　(2) $\int_{-\frac{\pi}{2}}^{\frac{\pi}{2}} \left(\frac{\cos x}{2+\sin x}+x^4\sin x\right)\mathrm{d}x$；

(3) $\int_{-\frac{1}{2}}^{\frac{1}{2}} \frac{1+\arcsin x}{\sqrt{1-x^2}}\mathrm{d}x$；　　(4) $\int_{-1}^{2} x\sqrt{|x|}\mathrm{d}x$；

(5) $\int_0^{\frac{\pi}{2}} \sin^6 x\mathrm{d}x$；　　(6) $\int_{-\frac{\pi}{4}}^{\frac{\pi}{4}} \cos^7 2x\mathrm{d}x$.

4. 证明下列各等式：

(1) $\int_0^1 x^m(1-x)^n\mathrm{d}x=\int_0^1 x^n(1-x)^m\mathrm{d}x$，其中 $m>0,n>0$；

(2) $\int_a^b f(x)\mathrm{d}x=\int_a^b f(a+b-x)\mathrm{d}x$，其中 $f(x)$ 在 $[a,b]$ 上连续；

(3) $\int_x^1 \frac{\mathrm{d}x}{1+x^2}=\int_1^{\frac{1}{x}} \frac{\mathrm{d}x}{1+x^2}\ (x>0)$.

5. 设 $f''(x)$ 在 $[0,1]$ 上连续，且 $f(0)=1,f(2)=3,f'(2)=5$，求 $\int_0^1 xf''(2x)\mathrm{d}x$.

6. 若 $f(t)$ 是连续的奇函数，证明 $\int_0^x f(t)\mathrm{d}t$ 是偶函数；若 $f(t)$ 是连续的偶函数，证明 $\int_0^x f(t)\mathrm{d}t$ 是奇函数.

## 5.4 反常积分

前面所介绍的定积分概念中有两个基本的条件：其一是积分区间 $[a,b]$ 的有限性；其二是被积函数 $f(x)$ 的有界性. 但在某些实际问题中，常会遇到积分区间为无穷区间或者被积函数为无界函数的积分，因此，需要对定积分的概念加以推广. 本节利用极限研究无穷区间上的积分或者无界函数的积分，形成反常积分的概念.

### 5.4.1 无穷限的反常积分

**定义 5-2** 设函数 $f(x)$ 在无穷区间 $[a,+\infty)$ 上连续，取 $b>a$，如果极限

$$\lim_{b\to+\infty}\int_a^b f(x)\mathrm{d}x$$

存在，则称此极限值为**函数 $f(x)$ 在无穷区间 $[a,+\infty)$ 上的反常积分**，记作 $\int_a^{+\infty} f(x)\mathrm{d}x$，即

$$\int_a^{+\infty} f(x)\mathrm{d}x=\lim_{b\to+\infty}\int_a^b f(x)\mathrm{d}x; \tag{5-10}$$

此时也称**反常积分** $\int_a^{+\infty} f(x)\mathrm{d}x$ **收敛**；如果式(5-10)中的极限不存在，则函数 $f(x)$ 在无穷区间 $[a,+\infty)$ 上的反常积分 $\int_a^{+\infty} f(x)\mathrm{d}x$ 就没有意义，称**反常积分** $\int_a^{+\infty} f(x)\mathrm{d}x$ **发散**，这时记号 $\int_a^{+\infty} f(x)\mathrm{d}x$ 不再表示数值.

类似地，设函数 $f(x)$ 在无穷区间 $(-\infty,b]$ 上连续，取 $a<b$，如果极限

$$\lim_{a\to-\infty}\int_a^b f(x)\mathrm{d}x$$

存在，则称**反常积分** $\int_{-\infty}^b f(x)\mathrm{d}x$ **收敛**，且有

$$\int_{-\infty}^b f(x)\mathrm{d}x=\lim_{a\to-\infty}\int_a^b f(x)\mathrm{d}x,$$

否则，称**反常积分** $\int_{-\infty}^b f(x)\mathrm{d}x$ **发散**.

设函数 $f(x)$ 在无穷区间 $(-\infty,+\infty)$ 上连续，如果反常积分

$$\int_{-\infty}^0 f(x)\mathrm{d}x \quad 与 \quad \int_0^{+\infty} f(x)\mathrm{d}x$$

都收敛，则称**反常积分** $\int_{-\infty}^{+\infty} f(x)\mathrm{d}x$ **收敛**，且有

$$\begin{aligned}\int_{-\infty}^{+\infty} f(x)\mathrm{d}x&=\int_{-\infty}^0 f(x)\mathrm{d}x+\int_0^{+\infty} f(x)\mathrm{d}x\\&=\lim_{a\to-\infty}\int_a^0 f(x)\mathrm{d}x+\lim_{b\to+\infty}\int_0^b f(x)\mathrm{d}x;\end{aligned}$$

否则，称反常积分 $\int_{-\infty}^{+\infty} f(x)\mathrm{d}x$ **发散**.

由上述定义及牛顿－莱布尼茨公式,可得如下结果.

设 $F(x)$ 为 $f(x)$ 在 $[a,+\infty)$ 上的一个原函数,如果 $\lim\limits_{x\to+\infty}F(x)$ 存在,则反常积分

$$\int_a^{+\infty}f(x)\mathrm{d}x=\lim_{x\to+\infty}F(x)-F(a);$$

如果 $\lim\limits_{x\to+\infty}F(x)$ 不存在,则反常积分 $\int_a^{+\infty}f(x)\mathrm{d}x$ 发散.

记 $F(+\infty)=\lim\limits_{x\to+\infty}F(x)$, $[F(x)]_a^{+\infty}=F(+\infty)-F(a)$,则当 $F(+\infty)$ 存在时,反常积分

$$\int_a^{+\infty}f(x)\mathrm{d}x=[F(x)]_a^{+\infty}=F(+\infty)-F(a);$$

当 $F(+\infty)$ 不存在时,反常积分 $\int_a^{+\infty}f(x)\mathrm{d}x$ 发散.

类似地,如果在 $(-\infty,b]$ 上 $F'(x)=f(x)$,则当 $F(-\infty)$ 存在时,反常积分

$$\int_{-\infty}^{b}f(x)\mathrm{d}x=[F(x)]_{-\infty}^{b}=F(b)-F(-\infty);$$

当 $F(-\infty)$ 不存在时,反常积分 $\int_{-\infty}^{b}f(x)\mathrm{d}x$ 发散.

如果在 $(-\infty,+\infty)$ 内 $F'(x)=f(x)$,则当 $F(-\infty)$ 与 $F(+\infty)$ 都存在时,反常积分

$$\int_{-\infty}^{+\infty}f(x)\mathrm{d}x=[F(x)]_{-\infty}^{+\infty}=F(+\infty)-F(-\infty);$$

当 $F(-\infty)$ 与 $F(+\infty)$ 至少有一个不存在时,反常积分 $\int_{-\infty}^{+\infty}f(x)\mathrm{d}x$ 发散.



**【例 5-29】** 求反常积分 $\int_{-\infty}^{+\infty}\frac{\mathrm{d}x}{1+x^2}$.

**解**
$$\int_{-\infty}^{+\infty}\frac{\mathrm{d}x}{1+x^2}=[\arctan x]_{-\infty}^{+\infty}$$
$$=\lim_{x\to+\infty}\arctan x-\lim_{x\to-\infty}\arctan x=\frac{\pi}{2}-\left(-\frac{\pi}{2}\right)=\pi.$$

这个反常积分值的几何意义是:当 $a\to-\infty$、$b\to+\infty$ 时,虽然图 5-15 中阴影部分向左、向右无限延伸,但其面积却有极限值 $\pi$. 一般地,当反常积分 $\int_{-\infty}^{+\infty}f(x)\mathrm{d}x\,(f(x)\geqslant 0)$ 收敛时,其反常积分值表示位于曲线 $y=f(x)$ 下方,$x$ 轴上方的图形的面积.

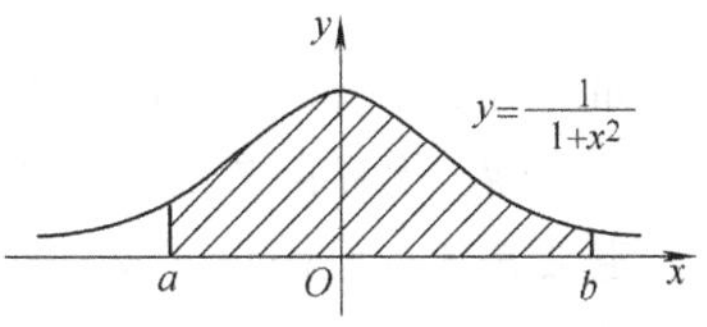

图 5-15

**【例 5-30】** 求反常积分 $\int_0^{+\infty}t\mathrm{e}^{-pt}\mathrm{d}t$,其中 $p$

$>0$,且为常数.

**解** $\int_0^{+\infty} t\mathrm{e}^{-pt}\mathrm{d}t=-\frac{1}{p}\int_0^{+\infty} t\mathrm{d}(\mathrm{e}^{-pt})$

$$=-\frac{1}{p}t\mathrm{e}^{-pt}\Big|_0^{+\infty}+\frac{1}{p}\int_0^{+\infty}\mathrm{e}^{-pt}\mathrm{d}t$$

$$=-\frac{1}{p}\lim_{t\to+\infty}t\mathrm{e}^{-pt}-\frac{1}{p^2}\mathrm{e}^{-pt}\Big|_0^{+\infty}$$

$$=-\frac{1}{p}\lim_{t\to+\infty}\frac{t}{\mathrm{e}^{pt}}-\frac{1}{p^2}\lim_{t\to+\infty}\mathrm{e}^{-pt}+\frac{1}{p^2}=\frac{1}{p^2}.$$

**【例 5-31】** 讨论反常积分$\int_1^{+\infty}\frac{\mathrm{d}x}{x^p}$的敛散性,其中 $p$ 为任意常数.

**解** 当 $p=1$ 时,

$$\int_1^{+\infty}\frac{\mathrm{d}x}{x^p}=\int_1^{+\infty}\frac{\mathrm{d}x}{x}=\ln x\Big|_1^{+\infty}=\lim_{x\to+\infty}\ln x=+\infty;$$

当 $p\neq1$ 时,

$$\int_1^{+\infty}\frac{\mathrm{d}x}{x^p}=\frac{x^{1-p}}{1-p}\Big|_1^{+\infty}=\lim_{x\to+\infty}\frac{x^{1-p}}{1-p}-\frac{1}{1-p}=\begin{cases}+\infty, & p<1,\\ \frac{1}{p-1}, & p>1.\end{cases}$$

因此,当 $p>1$ 时,反常积分$\int_1^{+\infty}\frac{\mathrm{d}x}{x^p}$收敛,其值为$\frac{1}{p-1}$;当 $p\leqslant1$ 时,反常积分$\int_1^{+\infty}\frac{\mathrm{d}x}{x^p}$发散.



**【例 5-32】** 讨论反常积分$\int_{-\infty}^{+\infty}\frac{x}{1+x^2}\mathrm{d}x$的敛散性.

**解** 因为

$$\int_0^{+\infty}\frac{x}{1+x^2}\mathrm{d}x=\frac{1}{2}\ln(1+x^2)\Big|_0^{+\infty}=\lim_{x\to+\infty}\frac{1}{2}(1+x^2)=+\infty,$$

所以$\int_0^{+\infty}\frac{x}{1+x^2}\mathrm{d}x$发散,从而$\int_{-\infty}^{+\infty}\frac{x}{1+x^2}\mathrm{d}x$发散.

**注意**: $\int_{-\infty}^{+\infty}\frac{x}{1+x^2}\mathrm{d}x\neq\lim_{b\to+\infty}\int_{-b}^{b}\frac{x}{1+x^2}\mathrm{d}x.$

### 5.4.2 无界函数的反常积分

如果函数 $f(x)$ 在点 $a$ 的任一邻域（或左、右邻域）内都无界,则点 $a$ 称为函数 $f(x)$ 的**瑕点**.无界函数的反常积分又称为**瑕积分**.

**定义 5-3** 设函数 $f(x)$ 在$(a,b]$上连续,点 $a$ 为函数 $f(x)$ 的瑕点.取 $t>a$,如果极限

$$\lim_{t\to a^+}\int_t^b f(x)\mathrm{d}x$$

存在，则称此极限值为**函数 $f(x)$ 在区间 $(a,b]$ 上的反常积分**，记作 $\int_a^b f(x)\mathrm{d}x$，即

$$\int_a^b f(x)\mathrm{d}x = \lim_{t\to a^+}\int_t^b f(x)\mathrm{d}x \tag{5-11}$$

此时也称**反常积分** $\int_a^b f(x)\mathrm{d}x$ **收敛**；如果式(5-11)中的极限不存在，则称**反常积分** $\int_a^b f(x)\mathrm{d}x$ **发散**.

类似地，设函数 $f(x)$ 在 $[a,b)$ 上连续，点 $b$ 为函数 $f(x)$ 的瑕点. 取 $t<b$，如果极限

$$\lim_{t\to b^-}\int_a^t f(x)\mathrm{d}x$$

存在，则称**反常积分** $\int_a^b f(x)\mathrm{d}x$ **收敛**，且有

$$\int_a^b f(x)\mathrm{d}x = \lim_{t\to b^-}\int_a^t f(x)\mathrm{d}x;$$

否则，称**反常积分** $\int_a^b f(x)\mathrm{d}x$ **发散**.

设函数 $f(x)$ 在 $[a,b]$ 上除点 $c(a<c<b)$ 以外连续，点 $c$ 为函数 $f(x)$ 的瑕点. 如果下列两个反常积分

$$\int_a^c f(x)\mathrm{d}x \quad 与 \quad \int_c^b f(x)\mathrm{d}x$$

都收敛，则称**反常积分** $\int_a^b f(x)\mathrm{d}x$ **收敛**，且有

$$\begin{aligned}\int_a^b f(x)\mathrm{d}x &= \int_a^c f(x)\mathrm{d}x + \int_c^b f(x)\mathrm{d}x \\ &= \lim_{t\to c^-}\int_a^t f(x)\mathrm{d}x + \lim_{t\to c^+}\int_t^b f(x)\mathrm{d}x;\end{aligned}$$

否则，称**反常积分** $\int_a^b f(x)\mathrm{d}x$ **发散**.

计算无界函数的反常积分，也可借助于牛顿 — 莱布尼茨公式.

设 $a$ 为函数 $f(x)$ 的瑕点，在 $(a,b]$ 上 $F'(x)=f(x)$，如果 $\lim\limits_{x\to a^+}F(x)$ 存在，则反常积分

$$\int_a^b f(x)\mathrm{d}x = F(b) - \lim_{x\to a^+}F(x) = F(b) - F(a^+);$$

如果 $\lim\limits_{x\to a^+}F(x)$ 不存在，则反常积分 $\int_a^b f(x)\mathrm{d}x$ 发散.

如果仍用记号$[F(x)]_a^b$表示$F(b)-F(a^+)$，则对反常积分，形式上仍有

$$\int_a^b f(x)\mathrm{d}x=[F(x)]_a^b.$$

对其他情形的反常积分，也有类似的计算公式，这里不再详述.

**【例 5-33】** 求反常积分$\int_0^a \frac{\mathrm{d}x}{\sqrt{a^2-x^2}}\quad(a>0)$.

**解** 因为

$$\lim_{x\to a^-}\frac{1}{\sqrt{a^2-x^2}}=+\infty,$$

所以点$a$为瑕点，于是

$$\int_0^a \frac{\mathrm{d}x}{\sqrt{a^2-x^2}}=\arcsin\frac{x}{a}\Big|_0^a=\lim_{x\to a^-}\arcsin\frac{x}{a}-0=\frac{\pi}{2}.$$

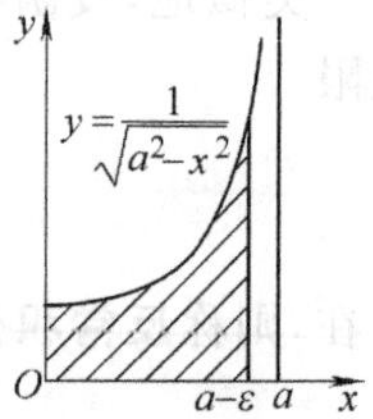


图　5-16

这个反常积分值的几何意义是：曲线$y=\frac{1}{\sqrt{a^2-x^2}}$之下、$x$轴之上、直线$x=0$与$x=a$之间的图形面积. 如图 5-16 所示.

**【例 5-34】** 求反常积分$\int_0^3 \frac{\mathrm{d}x}{(x-1)^{\frac{2}{3}}}$.

**解** 因为

$$\lim_{x\to 1}\frac{1}{(x-1)^{\frac{2}{3}}}=+\infty,$$



所以点$x=1$为瑕点，于是

$$\begin{aligned}\int_0^3 \frac{\mathrm{d}x}{(x-1)^{\frac{2}{3}}}&=\int_0^1 \frac{\mathrm{d}x}{(x-1)^{\frac{2}{3}}}+\int_1^3 \frac{\mathrm{d}x}{(x-1)^{\frac{2}{3}}}\\&=3(x-1)^{\frac{1}{3}}\Big|_0^1+3(x-1)^{\frac{1}{3}}\Big|_1^3\\&=3\lim_{x\to 1^-}(x-1)^{\frac{1}{3}}+3+3\sqrt[3]{2}-\lim_{x\to 1^+}(x-1)^{\frac{1}{3}}\\&=3(1+\sqrt[3]{2}).\end{aligned}$$

**【例 5-35】** 求反常积分$\int_{-1}^1 \frac{\mathrm{d}x}{x^2}$.

**解** 因为

$$\lim_{x\to 0}\frac{1}{x^2}=+\infty,$$

所以点$x=0$为瑕点. 由于

$$\int_{-1}^0 \frac{\mathrm{d}x}{x^2}=-\frac{1}{x}\Big|_{-1}^0=\lim_{x\to 0^-}\left(-\frac{1}{x}\right)-1=+\infty.$$

故反常积分$\int_{-1}^{0}\frac{dx}{x^2}$发散,从而反常积分$\int_{-1}^{1}\frac{dx}{x^2}$发散.

**注意** 如果疏忽了$x=0$是被积函数的瑕点,就会得到以下错误结果:

$$\int_{-1}^{1}\frac{dx}{x^2}=-\frac{1}{x}\Big|_{-1}^{1}=-1-1=-2.$$

**【例 5-36】** 证明反常积分$\int_{0}^{1}\frac{dx}{x^q}$,当$0<q<1$时收敛;当$q\geqslant 1$时发散.

**证** 当$q=1$时,

$$\int_{0}^{1}\frac{dx}{x^q}=\int_{0}^{1}\frac{dx}{x}=\ln x\Big|_{0}^{1}=-\lim_{x\to 0^+}\ln x=+\infty.$$

当$q\neq 1$时,

$$\int_{0}^{1}\frac{dx}{x^q}=\frac{1}{1-q}x^{1-q}\Big|_{0}^{1}=\frac{1}{1-q}(1-\lim_{x\to 0^+}x^{1-q})=\begin{cases}\frac{1}{1-q}, & 0<q<1,\\ +\infty, & q>1.\end{cases}$$

因此,当$0<q<1$时,反常积分收敛,其值为$\frac{1}{1-q}$;当$q\geqslant 1$时,反常积分发散.

当反常积分的积分区间为无穷区间,且被积函数又有瑕点时,可以把它拆分成几个积分,使每一个积分只是单纯的无穷区间上的反常积分或无界函数的反常积分,然后再分别讨论每个反常积分的收敛性.

设有反常积分$\int_{a}^{b}f(x)dx$,其中$f(x)$在开区间$(a,b)$内连续,$a$可以是$-\infty$,$b$可以是$+\infty$,$a$、$b$也可以是$f(x)$的瑕点.对这样的反常积分,在换元函数$x=\varphi(t)$单调的假设下,可以象定积分一样作换元.



**【例 5-37】** 求反常积分$\int_{16}^{+\infty}\frac{dx}{x(1+\sqrt{x})}$.

**解** 设$\sqrt{x}=t$,则$x=t^2$,$dx=2tdt$,且当$x=2$时,$t=4$,当$x\to+\infty$时,$t\to+\infty$.于是,

$$\int_{16}^{+\infty}\frac{dx}{x(1+\sqrt{x})}=2\int_{4}^{+\infty}\frac{dt}{t(1+t)}=2\int_{4}^{+\infty}\left(\frac{1}{t}-\frac{1}{1+t}\right)dt$$

$$=2\left[\ln\frac{t}{1+t}\right]_{4}^{+\infty}=2\ln\frac{5}{4}.$$

### * 5.4.3 Γ函数

可以证明,反常积分

$$\int_0^{+\infty} x^{p-1}\mathrm{e}^{-x}\mathrm{d}x$$

当 $p>0$ 时收敛(证明从略).显然,对于 $p>0$ 的不同 $p$ 值,反常积分收敛于不同的数值,于是有下列定义.

**定义 5-4** 当 $p>0$ 时,反常积分 $\int_0^{+\infty} x^{p-1}\mathrm{e}^{-x}\mathrm{d}x$ 是 $p$ 的函数,记为 $\Gamma(p)$,即

$$\Gamma(p)=\int_0^{+\infty} x^{p-1}\mathrm{e}^{-x}\mathrm{d}x \quad (p>0),$$

称为 $\Gamma$ 函数.

以下讨论 $\Gamma$ 函数的几个重要性质.

**性质 1** $\Gamma(p+1)=p\Gamma(p) \quad (p>0)$.

这个公式称为 $\Gamma$ **函数的递推公式**.

**证** 由 $\Gamma$ 函数的定义及分部积分法,得

$$\begin{aligned}\Gamma(p+1)&=\int_0^{+\infty} x^{p+1-1}\mathrm{e}^{-x}\mathrm{d}x=-\int_0^{+\infty} x^{p}\mathrm{d}(\mathrm{e}^{-x})\\&=-x^p\mathrm{e}^{-x}\Big|_0^{+\infty}+p\int_0^{+\infty}\mathrm{e}^{-x}x^{p-1}\mathrm{d}x\\&=p\Gamma(p).\end{aligned}$$

由于 $$\Gamma(1)=\int_0^{+\infty}\mathrm{e}^{-x}\mathrm{d}x=-\mathrm{e}^{-x}\Big|_0^{+\infty}=1,$$

运用递推公式,得

$$\begin{gathered}\Gamma(2)=1\cdot\Gamma(1)=1,\\\Gamma(3)=2\cdot\Gamma(2)=2!,\\\Gamma(4)=3\cdot\Gamma(3)=3!,\\\vdots\end{gathered}$$

一般地,对任意正整数 $n$,有

$$\Gamma(n+1)=n!$$

所以,我们可将 $\Gamma$ 函数看成是阶乘的推广.

**性质 2** 当 $p\to 0^+$ 时,$\Gamma(p)\to+\infty$.

**证** 因为

$$\Gamma(p)=\frac{\Gamma(p+1)}{p} \quad 及 \quad \Gamma(1)=1$$

而 $\Gamma$ 函数在 $p>0$ 时连续(证明从略),所以当 $p\to 0^+$ 时,$\Gamma(p)\to+\infty$.

**性质 3** $\Gamma(p)\Gamma(1-p)=\dfrac{\pi}{\sin(\pi p)} \quad (0<p<1)$.

这个公式称为 $\Gamma$ 函数的**余元公式**.在此不作证明.

当 $p=\dfrac{1}{2}$ 时，由余元公式可得

$$\Gamma\left(\frac{1}{2}\right)=\sqrt{\pi}.$$

**性质 4** $\Gamma(p)=2\int_0^{+\infty}\mathrm{e}^{-u^2}u^{2p-1}\mathrm{d}u.$

**证** 在 $\Gamma(p)=\int_0^{+\infty}x^{p-1}\mathrm{e}^{-x}\mathrm{d}x$ 中作代换 $x=u^2$，则

$$\begin{aligned}\Gamma(p)&=\int_0^{+\infty}x^{p-1}\mathrm{e}^{-x}\mathrm{d}x=\int_0^{+\infty}u^{2p-2}\mathrm{e}^{-u^2}2u\mathrm{d}u\\&=2\int_0^{+\infty}\mathrm{e}^{-u^2}u^{2p-1}\mathrm{d}u.\end{aligned}$$

记 $2p-1=\alpha$，或 $p=\dfrac{1+\alpha}{2}$，则性质 4 可表示为

$$\int_0^{+\infty}\mathrm{e}^{-u^2}u^{\alpha}\mathrm{d}u=\frac{1}{2}\Gamma\left(\frac{1+\alpha}{2}\right)\quad(\alpha>-1).$$

上式左端是应用中常见的积分，它的值可以通过 $\Gamma$ 函数来计算. 在上式中令 $\alpha=0$，得

$$\int_0^{+\infty}\mathrm{e}^{-u^2}\mathrm{d}u=\frac{1}{2}\Gamma\left(\frac{1}{2}\right)=\frac{\sqrt{\pi}}{2}.$$

这是概率论中常用的积分.



## 习 题 5.4

1. 讨论下列反常积分的敛散性，如果收敛，求反常积分的值：

(1) $\int_0^{+\infty}\mathrm{e}^{-ax}\mathrm{d}x\,(a>0)$；

(2) $\int_{\mathrm{e}}^{+\infty}\dfrac{\mathrm{d}x}{x\ln^2x}$；

(3) $\int_{-\infty}^{+\infty}\dfrac{\mathrm{d}x}{x^2+x+1}$；

(4) $\int_0^{+\infty}\mathrm{e}^{-px}\sin\omega x\,\mathrm{d}x\ (p,\omega>0)$；

(5) $\int_1^{+\infty}\dfrac{\arctan x}{x^2}\mathrm{d}x$；

(6) $\int_1^{\mathrm{e}}\dfrac{\mathrm{d}x}{x\sqrt{1-(\ln x)^2}}$；

(7) $\int_0^3\dfrac{\mathrm{d}x}{\sqrt[3]{3x-1}}$；

(8) $\int_0^1\ln x\mathrm{d}x$；

(9) $\int_0^1\dfrac{\mathrm{d}x}{\sin^2(1-x)}$；

(10) $\int_0^1\dfrac{\mathrm{d}x}{\sqrt{x(1-x)}}$.

2. 已知 $\lim\limits_{x\to\infty}\left(\dfrac{x+c}{x-c}\right)^x=\int_{-\infty}^{c}x\mathrm{e}^{2x}\mathrm{d}x$，求常数 $c$ 的值.

3. 当 $k$ 为何值时，反常积分 $\int_2^{+\infty}\frac{dx}{x(\ln x)^k}$ 收敛？当 $k$ 为何值时，该反常积分发散？又当 $k$ 为何值时，该反常积分取得最小值？

*4. 用 $\Gamma$ 函数表示下列反常积分：

(1) $\int_0^{+\infty}x^{\frac{7}{2}}e^{-x}dx$；　　(2) $\int_0^{+\infty}e^{-x^n}dx\quad(n>0)$；

(3) $\int_0^{+\infty}x^{2m}e^{-x^2}dx$　（$m$ 是正整数）.

## 总习题5

1. 选择题

(1) 设在 $[a,b]$ 上，$f(x)>0$，$f'(x)<0$，记 $s_1=\int_a^b f(x)dx$，$s_2=f(a)(b-a)$，$s_3=f(b)(b-a)$，则（　　）.

A. $s_1<s_2<s_3$　B. $s_3<s_1<s_2$　C. $s_2<s_1<s_3$　D. $s_2<s_3<s_1$

(2) 设 $M=\int_{-\pi}^{\pi}x\cos^2 x dx$，$N=\int_{-\pi}^{\pi}(\sin^3 x+\cos^4 x)dx$，$P=\int_{-\pi}^{\pi}(x^2\sin x-\cos^2 x)dx$，则（　　）.

A. $N<P<M$　B. $M<P<N$　C. $N<M<P$　D. $P<M<N$

(3) 设 $M=\int_0^a x^3 f(x^2)dx$，$N=\frac{1}{2}\int_0^{a^2}xf(x)dx$，则（　　）.



A. $M<N$　B. $M>N$　C. $M=N$　D. $M^2=2N$

(4) 设 $f(x)$ 是连续函数，$I=t\int_0^{\frac{s}{t}}f(tx)dx$，且 $t>0$，$s>0$，则 $I$ 的值（　　）.

A. 依赖于 $s$ 与 $t$　　B. 依赖于 $s$、$t$ 和 $x$

C. 依赖于 $t$、$x$，不依赖于 $s$　　D. 依赖于 $s$，不依赖于 $t$

(5) 设 $f(x)=\begin{cases}x^2, 0\leqslant x\leqslant 1,\\ x, 1\leqslant x\leqslant 2,\end{cases}$ $\Phi(x)=\int_0^x f(t)dt$，则 $\Phi(x)$ 在区间 $(0,2)$ 内（　　）.

A. 有第一类间断点　　B. 有第二类间断点

C. 两类间断点都有　　D. 是连续的

2. 填空题

(1) 设 $f(x)$ 是连续函数，且 $\int_0^{x^2(1+x)}f(t)dt=x$，则 $f(2)$ ________；

(2) $\int_{-1}^{1}(x-|x|)^2dx=$ ________；

(3) $\int_0^2 \max(1, x^2)\mathrm{d}x =$ ________;

(4) 设 $f(x)$ 是连续函数，$b$ 为常数，则 $\dfrac{\mathrm{d}}{\mathrm{d}x}\int_0^b f(x+t)\mathrm{d}t =$ ________.

3. 求下列极限：

(1) $\lim\limits_{x\to 0}\dfrac{\int_0^{x^2}\cos t\mathrm{d}t}{\ln(1+x^2)}$；　　(2) $\lim\limits_{x\to+\infty}\dfrac{\int_2^x(\arctan t)^2\mathrm{d}t}{\sqrt{x^2+1}}$；

(3) $\lim\limits_{x\to 0}\dfrac{\int_0^{x^2}tf(t)\mathrm{d}t}{x^4}$，其中 $f(x)$ 连续.

4. 计算下列各题：

(1) 已知连续函数 $f(x)$ 满足 $f(x) = 3 - x\int_0^1 f(x)\mathrm{d}x$，求 $f(x)$；

(2) 已知连续函数 $f(x)$ 满足 $x^2 = x - \int_0^{2x} f(x)\mathrm{d}x$，求 $f(x)$；

(3) 设函数

$$f(x) = \begin{cases} xe^{-x^2}, & x \geqslant 0, \\ \dfrac{1}{1+\cos x}, & -\pi < x < 0, \end{cases}$$

求 $\int_1^4 f(x-2)\mathrm{d}x$.

(4) 已知 $f(\pi) = 1$，且 $\int_0^\pi [f(x) + f''(x)]\sin x\mathrm{d}x = 3$，求 $f(0)$；

(5) 设 $f(x) = \int_1^x \dfrac{2\ln u}{1+u}\mathrm{d}u$，其中 $x \in (0, +\infty)$，求 $f(x) + f\left(\dfrac{1}{x}\right)$.

5. 设 $f(x)$ 在 $[a,b]$ 上二阶连续可导，又 $f(a) = f'(a) = 0$，证明：

$$\int_a^b f(x)\mathrm{d}x = \frac{1}{2}\int_a^b f''(x)(x-b)^2\mathrm{d}x;$$

6. 设 $f(x)$ 在 $[a,b]$ 上连续，且 $f(x) > 0$，记

$$F(x) = \int_a^x f(t)\mathrm{d}t + \int_b^x \frac{1}{f(t)}\mathrm{d}t,$$

证明：(1) $F'(x) \geqslant 2$；

(2) $F(x) = 0$ 在 $(a,b)$ 内有且仅有一个实根.

7. 设 $f(x)$ 是以 $T$ 为周期的连续函数，证明：

(1) $\int_a^{a+T} f(x)\mathrm{d}x = \int_0^T f(x)\mathrm{d}x$（$a$ 为任意常数）；

(2) $\int_a^{a+nT} f(x)\mathrm{d}x = n\int_0^T f(x)\mathrm{d}x$ $(n \in \mathbf{N})$，并由此计算 $\int_0^{n\pi}\sqrt{1+\sin 2x}\mathrm{d}x$.

# 第6章 定积分的应用

本章中我们将应用定积分的理论来分析和解决一些几何问题、物理问题和经济问题．我们的目的不仅在于建立计算这些几何量、物理量和经济量的公式，更重要的还在于介绍将一个量表示成定积分的分析方法——微元法．

中国创造：超级镜子发电站

## 6.1 定积分的微元法

为了说明定积分的微元法，我们首先回顾在第五章中通过讨论曲边梯形的面积而引入定积分定义的过程．

设函数$f(x)$在区间$[a,b]$上连续，且$f(x)\geqslant 0$，以曲线$y=f(x)$为曲边、以$[a,b]$为底的曲边梯形面积$A$可表示为定积分

$$A=\int_a^b f(x)\,\mathrm{d}x,$$

当时解决该问题的四个步骤为：

(1) 用任意一组分点将区间$[a,b]$分割成长度为$\Delta x_i(i=1,2,\cdots,n)$的$n$个小区间，相应地将曲边梯形分割成$n$个小曲边梯形，第$i$个小曲边梯形的面积设为$\Delta A_i(i=1,2,\cdots,n)$，于是有

$$A=\sum_{i=1}^{n}\Delta A_i;$$

(2) 计算$\Delta A_i$的近似值

$$\Delta A_i\approx f(\xi_i)\Delta x_i,\text{其中 } x_{i-1}\leqslant\xi_i\leqslant x_i(i=1,2,\cdots,n);$$

(3) 求和后得$A$的近似值

$$A\approx\sum_{i=1}^{n}f(\xi_i)\Delta x_i;$$

(4) 取极限，得

$$A=\lim_{\lambda\to 0}\sum_{i=1}^{n}f(\xi_i)\Delta x_i=\int_a^b f(x)\,\mathrm{d}x.$$

从上面的讨论可以看出：所求量（即面积$A$）与某个变量（如$x$）的变化区间$[a,b]$有关，并且当区间$[a,b]$被分割成若干个部分区间后，所求量（面积$A$）就相应地分成了若干个部分量（即$\Delta A_i$）之和，即

$$A=\sum_{i=1}^{n}\Delta A_i,$$

这一性质称为所求量对于区间$[a,b]$具有**可加性**．我们还需指出，以$f(\xi_i)\Delta x_i$近

似代替部分量 $\Delta A_i$ 时，要求它们只相差一个比 $\Delta x_i$ 高阶的无穷小，这样才能保证和式 $\sum_{i=1}^{n} f(\xi_i)\Delta x_i$ 的极限成为 $A$ 的精确值，从而 $A$ 可表示为定积分：

$$A = \int_a^b f(x)\mathrm{d}x.$$

在引出量 $A$ 的积分表达式的四个步骤中，关键的是第二步，这一步是要确定 $\Delta A_i$ 的近似值 $f(\xi_i)\Delta x_i$，使得

$$A = \lim_{\lambda \to 0}\sum_{i=1}^{n} f(\xi_i)\Delta x_i = \int_a^b f(x)\mathrm{d}x.$$

观察上述等式我们发现，$f(\xi_i)\Delta x_i$ 形式上对应着 $f(x)\mathrm{d}x$，如果把第二步中的 $\xi_i$ 用 $x$ 代替，$\Delta x_i$ 用 $\mathrm{d}x$ 代替，则由第二步所得 $\Delta A_i$ 的近似值就是第四步积分中的被积表达式，基于以上分析，实用上常对上述过程作如下简化．

首先省略下标 $i$，并用 $\Delta A$ 表示任一小区间 $[x, x+\mathrm{d}x]$ 上小曲边梯形的面积，于是有

$$A = \sum \Delta A;$$

其次取 $[x, x+\mathrm{d}x]$ 的左端点 $x$ 作为 $\xi$，以点 $x$ 处的函数值 $f(x)$ 为高、$\mathrm{d}x$ 为底的矩形面积 $f(x)\mathrm{d}x$ 作为 $\Delta A$ 的近似值（如图 6-1 中阴影部分所示），即

$$\Delta A \approx f(x)\mathrm{d}x,$$

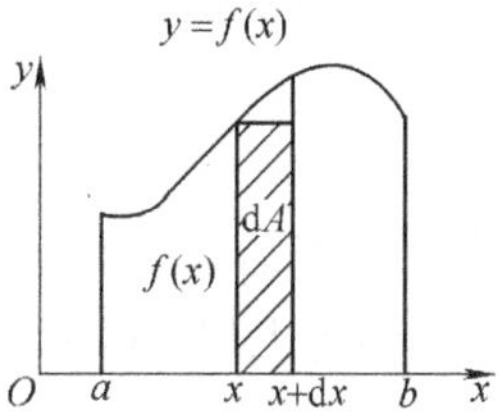

图　6-1

上式右端 $f(x)\mathrm{d}x$ 称为**面积微元**，记作

$$\mathrm{d}A = f(x)\mathrm{d}x.$$

于是

$$A \approx \sum f(x)\mathrm{d}x,$$

因此

$$A = \lim \sum f(x)\mathrm{d}x = \int_a^b f(x)\mathrm{d}x.$$

一般地，如果某一实际问题中的所求量 $U$ 符合下列条件：

(1) $U$ 是与一个变量的变化区间 $[a, b]$ 有关的量；

(2) $U$ 对于区间 $[a, b]$ 具有可加性，即如果把区间 $[a, b]$ 分成若干个部分区间，则 $U$ 相应地分成若干个部分量 $\Delta U$，且 $U = \sum \Delta U$；

(3) 相应于小区间 $[x, x+\mathrm{d}x]$ 的部分量 $\Delta U$ 可近似表示为 $f(x)\mathrm{d}x$，其中 $f(x)$ 连续．

这时就可以考虑用定积分来表达量 $U$，其具体步骤为：

(1) 根据问题的具体情况，选取一个积分变量（如 $x$），确定它的变化区间（如区间 $[a, b]$）；

(2) 在区间 $[a, b]$ 中任取一个小区间并记作 $[x, x+\mathrm{d}x]$，计算相应于这个小区间的部分量 $\Delta U$ 的近似值．如果 $\Delta U$ 能近似地表示为 $[a, b]$ 上的连续函数 $f(x)$ 与

$\mathrm{d}x$ 的乘积，则把 $f(x)\mathrm{d}x$ 称为量 $U$ **的微元**，记作 $\mathrm{d}U$，即

$$\mathrm{d}U=f(x)\mathrm{d}x;$$

(3) 以量 $U$ 的微元为被积表达式，从 $a$ 到 $b$ 作定积分便得到所求量 $U$，即

$$U=\int_a^b f(x)\mathrm{d}x.$$

上述方法通常称为**微元法**（**或元素法**）. 下面我们将应用微元法来讨论一些几何问题、物理问题和经济问题.

## 6.2 定积分在几何学上的应用

### 6.2.1 平面图形的面积

**1. 直角坐标情形**

在第五章中已经知道，由曲线 $y=f(x)(f(x)\geqslant 0)$ 及直线 $x=a$、$x=b(a<b)$ 与 $x$ 轴所围成的曲边梯形面积 $A$ 是定积分

$$A=\int_a^b f(x)\mathrm{d}x,$$

其中被积表达式 $f(x)\mathrm{d}x$ 就是直角坐标下曲边梯形的面积微元，它表示在小区间 $[x,x+\mathrm{d}x]$ 上以 $f(x)$ 为高、$\mathrm{d}x$ 为底的矩形面积（如图 6-1 中阴影部分所示）.

应用定积分不仅可以计算曲边梯形的面积，还可以计算更复杂的平面图形面积.

设平面图形由曲线 $y=f(x)$、$y=g(x)(f(x)\geqslant g(x))$ 和直线 $x=a$、$x=b(a<b)$ 围成（图 6-2），现在我们用微元法来求该平面图形的面积 $A$.

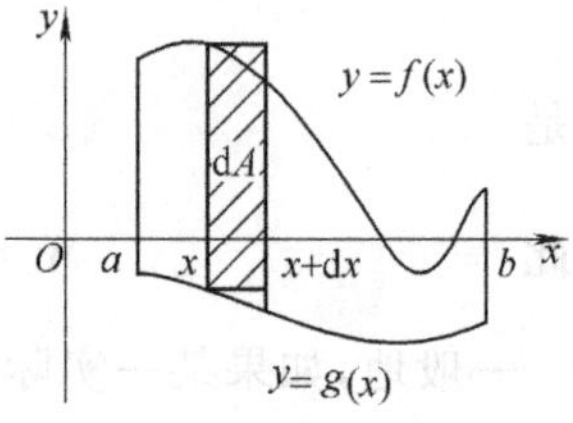

图 6-2

取 $x$ 为积分变量，则它的变化区间为 $[a,b]$. 在区间 $[a,b]$ 内任取一个小区间 $[x,x+\mathrm{d}x]$，则相应于这个小区间的图形的面积近似于高为 $f(x)-g(x)$、底为 $\mathrm{d}x$ 的矩形面积，从而得到面积微元

$$\mathrm{d}A=[f(x)-g(x)]\mathrm{d}x.$$

以面积微元为被积表达式，从 $a$ 到 $b$ 作定积分，便得到该平面图形面积的计算公式

$$A=\int_a^b [f(x)-g(x)]\mathrm{d}x. \tag{6-1}$$

类似地，当平面图形由曲线 $x=\varphi(y)$、$x=\psi(y)$ $(\varphi(y)\geqslant\psi(y))$ 和直线 $y=c$、$y=d(c<d)$ 围成时（如图 6-3），则其面积为

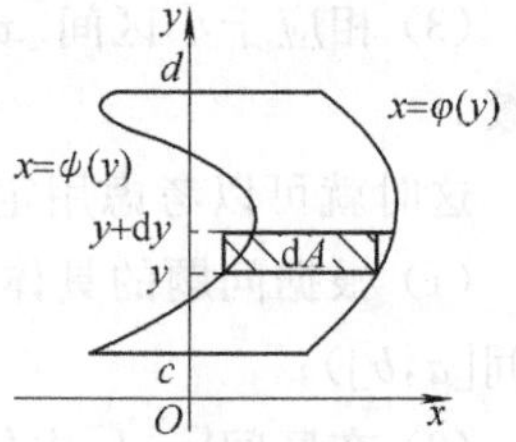

图 6-3

$$A=\int_c^d[\varphi(y)-\psi(y)]\mathrm{d}y. \tag{6-2}$$

**【例 6-1】** 求由曲线 $y=\sin x$ 与直线 $y=\frac{2}{\pi}x$ 所围第一象限图形的面积.

**解** 曲线 $y=\sin x$ 与直线 $y=\frac{2}{\pi}x$ 的图形如图 6-4 所示，它们的交点坐标为(0,0)及 $\left(\frac{2}{\pi},1\right)$.

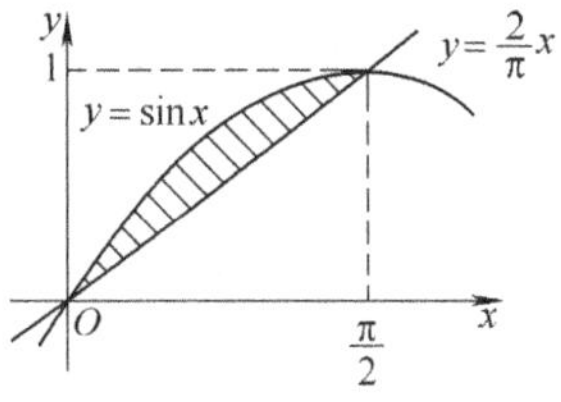


图 6-4

如果取 $x$ 为积分变量，则

$$A=\int_0^{\frac{\pi}{2}}\left(\sin x-\frac{2}{\pi}x\right)\mathrm{d}x$$

$$=\left[-\cos x-\frac{1}{\pi}x^2\right]_0^{\frac{\pi}{2}}=1-\frac{\pi}{4};$$

如果取 $y$ 为积分变量，则

$$A=\int_0^1\left(\frac{\pi}{2}y-\arcsin y\right)\mathrm{d}y=\left[\frac{\pi}{4}y^2-y\arcsin y-\sqrt{1-y^2}\right]_0^1$$

$$=1-\frac{\pi}{4}.$$

显然，本题取 $x$ 为积分变量计算简单.

**【例 6-2】** 求由曲线 $y^2=2x$ 与直线 $y=x-4$ 所围图形的面积.

**解** 曲线 $y^2=2x$ 与直线 $y=x-4$ 的图形如图 6-5 所示，它们的交点坐标为(2,−2)及(8,4). 取 $y$ 为积分变量，右边界曲线的方程为 $x=y+4$，左边界曲线的方程为 $x=\frac{1}{2}y^2$，积分区间为[−2,4]，于是

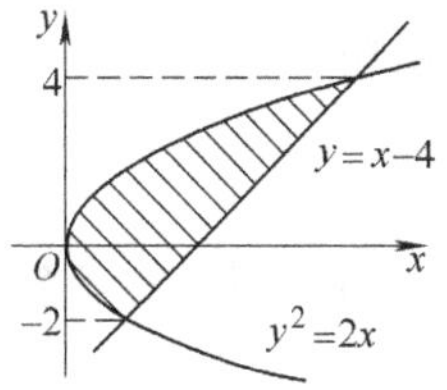


图 6-5

$$A=\int_{-2}^4\left[(y+4)-\frac{1}{2}y^2\right]\mathrm{d}y$$

$$=\left[\frac{1}{2}y^2+4y-\frac{1}{6}y^3\right]_{-2}^4=18.$$

本题若取 $x$ 为积分变量，计算时需要分作两部分进行，请读者考虑这是为什么?

用定积分解决实际问题时，对同一个问题有时可以选取不同的积分变量，由以上两例可以看到，选取适当的积分变量，可使计算过程简便.

**【例 6-3】** 求由曲线 $y=x^3-6x$ 和 $y=x^2$ 所围图形的面积.

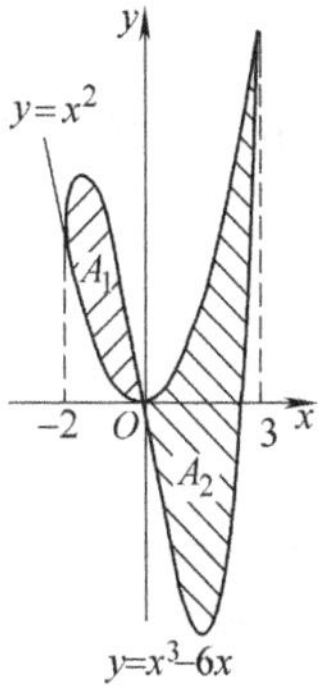


图 6-6

**解** 曲线 $y=x^3-6x$ 和 $y=x^2$ 的图形如图 6-6 所示，它们的交点坐标为(−2,4)、(0,0)及(3,9). 取 $x$ 为积分变量，

在积分区间[−2,0]上，上边界曲线的方程为 $y=x^3-6x$，下边界曲线的方程为 $y=x^2$，于是

$$A_1=\int_{-2}^{0}[(x^3-6x)-x^2]\mathrm{d}x;$$

在积分区间[0,3]上，上边界曲线的方程为 $y=x^2$，下边界曲线的方程为 $y=x^3-6x$，于是

$$A_2=\int_{0}^{3}[x^2-(x^3-6x)]\mathrm{d}x;$$

所以

$$\begin{aligned}A&=\int_{-2}^{0}[(x^3-6x)-x^2]\mathrm{d}x+\int_{0}^{3}[x^2-(x^3-6x)]\mathrm{d}x\\&=\left[\frac{1}{4}x^4-3x^2-\frac{1}{3}x^3\right]_{-2}^{0}+\left[\frac{1}{3}x^3-\frac{1}{4}x^4+3x^2\right]_{0}^{3}\\&=\frac{253}{12}.\end{aligned}$$

**【例 6-4】** 求椭圆 $\frac{x^2}{a^2}+\frac{y^2}{b^2}=1$ 所围图形的面积.

**解** 由椭圆关于两坐标轴的对称性(图 6-7)，得椭圆所围图形的面积为

$$A=4A_1,$$

其中 $A_1$ 为该椭圆在第一象限部分与两坐标轴所围图形的面积，于是

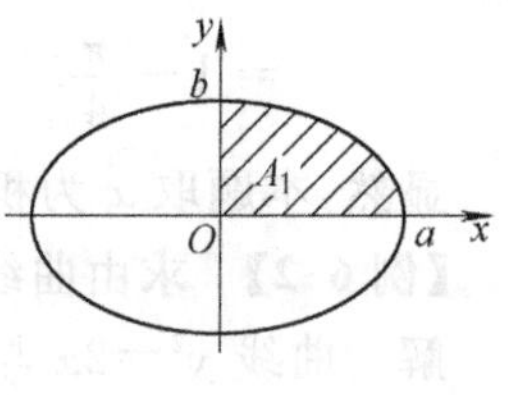

图 6-7

$$A=4A_1=4\int_{0}^{a}y\mathrm{d}x.$$

利用椭圆的参数方程

$$\begin{cases}x=a\cos t,\\y=b\sin t,\end{cases}\quad\left(0\leqslant t\leqslant\frac{\pi}{2}\right),$$

应用定积分的换元法，令 $x=a\cos t$，则

$$y=b\sin t,\mathrm{d}x=-a\sin t\mathrm{d}t,$$

当 $x$ 由 0 变到 $a$ 时，$t$ 由 $\frac{\pi}{2}$ 变到 0，所以

$$\begin{aligned}A&=4\int_{\frac{\pi}{2}}^{0}b\sin t(-a\sin t)\mathrm{d}t=4ab\int_{0}^{\frac{\pi}{2}}\sin^2 t\mathrm{d}t\\&=4ab\cdot\frac{1}{2}\cdot\frac{\pi}{2}=\pi ab.\end{aligned}$$

当 $a=b$ 时，就是我们所熟悉的圆面积的公式 $A=\pi a^2$.

一般地，若曲边梯形中的曲边由参数方程

$$\begin{cases}x=\varphi(t),\\y=\psi(t),\end{cases}\quad(\alpha\leqslant t\leqslant\beta)$$

给出，且 $y\geqslant 0$，根据定积分的换元公式，作变换

$$x=\varphi(t),\ y=\psi(t),\ \mathrm{d}x=\varphi'(t)\mathrm{d}t,$$

并假定 $x=a$ 时 $t=\alpha$，$x=b$ 时 $t=\beta$，则曲边梯形的面积 $A$ 为

$$A=\int_a^b y\mathrm{d}x=\int_\alpha^\beta \psi(t)\varphi'(t)\mathrm{d}t. \tag{6-3}$$

**2. 极坐标情形**

有些平面图形的边界曲线用极坐标方程表示比较方便，为此，需要研究在极坐标系下计算平面图形面积的问题．

在极坐标系中，由曲线 $\rho=\varphi(\theta)$ 及射线 $\theta=\alpha$、$\theta=\beta(\alpha<\beta)$ 所围成的平面图形 $AOB$ 称为**曲边扇形**，如图 6-8 所示．下面我们用定积分的微元法计算曲边扇形的面积 $A$.

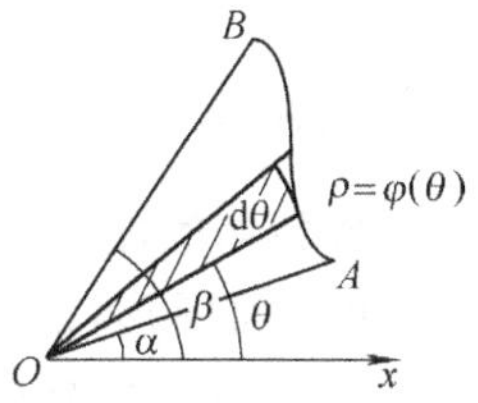


图　6-8

取 $\theta$ 为积分变量，它的变化区间为 $[\alpha,\beta]$.

在区间 $[\alpha,\beta]$ 内任取一个小区间 $[\theta,\theta+\mathrm{d}\theta]$，相应于该小区间上小曲边扇形的面积 $\Delta A$，近似于以 $\theta$ 处的极径 $\varphi(\theta)$ 为半径、$\mathrm{d}\theta$ 为圆心角的圆扇形面积（如图 6-9 中的阴影部分），从而得到曲边扇形的面积微元

$$\mathrm{d}A=\frac{1}{2}[\varphi(\theta)]^2\mathrm{d}\theta.$$

以面积微元 $\mathrm{d}A$ 为被积表达式，从 $\alpha$ 到 $\beta$ 作定积分，便得到曲边扇形面积的计算公式

$$A=\frac{1}{2}\int_\alpha^\beta [\varphi(\theta)]^2\mathrm{d}\theta. \tag{6-4}$$

**【例 6-5】**　求双纽线 $\rho^2=a^2\cos 2\theta(a>0)$ 所围图形的面积．

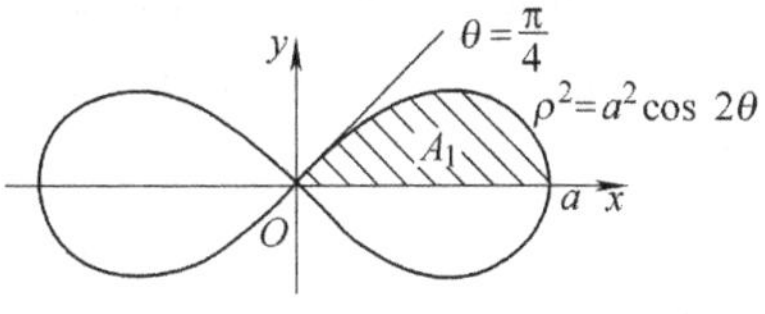


图　6-9

**解**　双纽线围成的图形如图 6-9 所示．由图形的对称性，所求图形的面积 $A$ 等于它在第一象限内图形面积 $A_1$ 的 4 倍，故

$$\begin{aligned}A=4A_1&=4\cdot\frac{1}{2}\int_0^{\frac{\pi}{4}}(a\sqrt{\cos 2\theta})^2\mathrm{d}\theta\\&=2a^2\int_0^{\frac{\pi}{4}}\cos 2\theta\mathrm{d}\theta\\&=2a^2\left[\frac{1}{2}\sin 2\theta\right]_0^{\frac{\pi}{4}}=a^2.\end{aligned}$$

**【例 6-6】**　求心形线 $\rho=a(1+\cos\theta)(a>0)$ 所围图形的面积．

**解**　心形线所围成的图形如图 6-10 所示．由图形的对称性，所求图形的面

积 $A$ 等于它在极轴上方部分图形面积 $A_1$ 的 2 倍，故

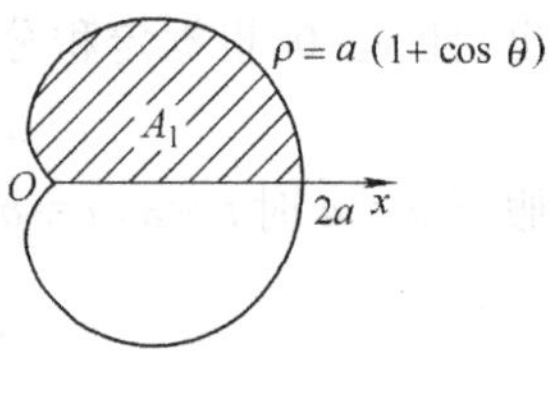

图 6-10

$$A = 2A_1 = 2 \cdot \frac{1}{2}\int_0^{\pi} a^2 (1+\cos\theta)^2 d\theta$$

$$= a^2 \int_0^{\pi}(1+2\cos\theta+\cos^2\theta)d\theta$$

$$= a^2 \int_0^{\pi}\left(\frac{3}{2}+2\cos\theta+\frac{1}{2}\cos 2\theta\right)d\theta$$

$$= a^2\left[\frac{3}{2}\theta+2\sin\theta+\frac{1}{4}\sin 2\theta\right]_0^{\pi} = \frac{3}{2}\pi a^2.$$

## 6.2.2 体积

### 1. 旋转体的体积

一个平面图形，绕着该平面内的一条直线旋转一周所形成的立体称为**旋转体**，这条直线称为**旋转轴**．如圆柱、圆锥、圆台、球体可以分别看成是由矩形绕它的一条边、直角三角形绕它的直角边、直角梯形绕它的直角腰、半圆绕它的直径旋转一周而形成的立体，所以它们都是旋转体．

上述旋转体都可看作是由连续曲线 $y=f(x)(f(x)\geqslant 0)$、直线 $x=a$、$x=b$ 及 $x$ 轴所围成的曲边梯形绕 $x$ 轴旋转一周而成的旋转体（如图 6-11 所示）．现在我们用定积分的微元法来计算该旋转体的体积 $V$．

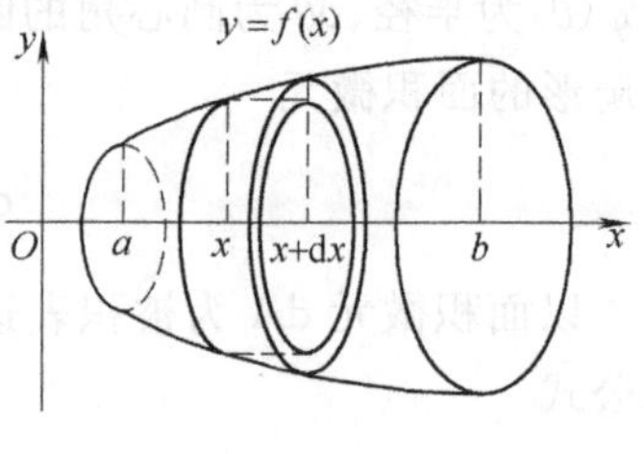

图 6-11

取 $x$ 为积分变量，它的变化区间为 $[a,b]$．

在区间 $[a,b]$ 内任取一个小区间 $[x,x+dx]$，相应于该小区间的窄曲边梯形绕 $x$ 轴旋转而成的薄片的体积 $\Delta V$ 近似于以 $x$ 点处的函数值 $f(x)$ 为底圆半径、$dx$ 为高的圆柱体薄片的体积，从而得到旋转体体积微元

$$dV=\pi[f(x)]^2 dx.$$

以体积微元 $dV$ 为被积表达式，从 $a$ 到 $b$ 作定积分，便得到所求旋转体体积的计算公式

$$V = \pi\int_a^b [f(x)]^2 dx. \qquad (6\text{-}5)$$

类似地，由连续曲线 $x=\varphi(y)(\varphi(y)\geqslant 0)$、直线 $y=c$、$y=d(c<d)$ 及 $y$ 轴所围成的曲边梯形绕 $y$ 轴旋转一周而成的旋转体（如图 6-12 所示）体积的计算公式为：

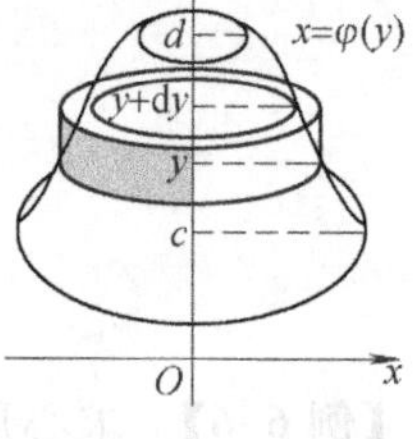

图 6-12

$$V = \pi\int_c^d [\varphi(y)]^2 dy. \qquad (6\text{-}6)$$

**【例 6-7】** 试用积分方法证明：底面半径为 $r$、高为 $h$

的正圆锥体的体积是 $V=\frac{1}{3}\pi r^2 h$.

**证**　建立平面直角坐标系，连接坐标原点 $O$ 及点 $P(h,r)$ 得直线 $OP$，则正圆锥体可以看作是由直线 $OP$、直线 $x=h$ 及 $x$ 轴所围成的直角三角形绕 $x$ 轴旋转一周所构成的立体(如图 6-13). 直线 $OP$ 的方程为

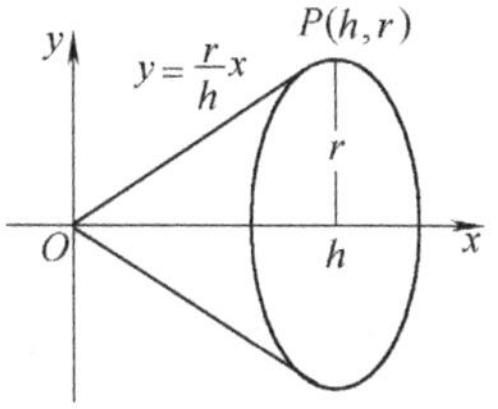

图　6-13

$$y=\frac{r}{h}x,$$

由公式(6-5)，所求圆锥体的体积为

$$V=\pi\int_0^h\left(\frac{r}{h}x\right)^2\mathrm{d}x=\frac{\pi r^2}{h^2}\ \frac{1}{3}x^3\Big|_0^h=\frac{1}{3}\pi r^2 h.$$

**【例 6-8】**　求由椭圆 $\frac{x^2}{a^2}+\frac{y^2}{b^2}=1$ 所围成的平面图形分别绕 $x$ 轴、$y$ 轴旋转而成的旋转体(称为旋转椭球体)的体积.

**解**　绕 $x$ 轴旋转的旋转椭球体可以看作是由上半个椭圆

$$y=\frac{b}{a}\sqrt{a^2-x^2}$$

及 $x$ 轴所围成的平面图形绕 $x$ 轴旋转一周所形成的立体(图 6-14). 由公式(6-5)得所求旋转椭球体的体积为

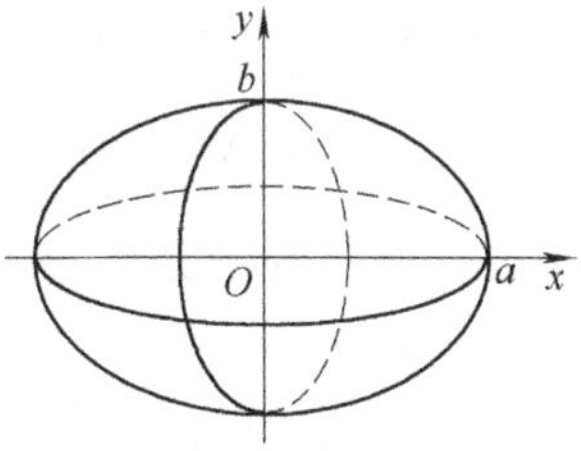

图　6-14

$$\begin{aligned}V_x&=\pi\int_{-a}^{a}\frac{b^2}{a^2}(a^2-x^2)\mathrm{d}x\\&=\frac{2\pi b^2}{a^2}\left(a^2x-\frac{1}{3}x^3\right)\Big|_0^a\\&=\frac{4}{3}\pi ab^2.\end{aligned}$$

绕 $y$ 轴旋转的旋转椭球体可以看作是由右半个椭圆

$$x=\frac{a}{b}\sqrt{b^2-y^2}$$

及 $y$ 轴所围成的平面图形绕 $y$ 轴旋转一周所形成的立体(图 6-14). 由公式(6-6)，得所求旋转椭球体的体积为

$$V_y=\pi\int_{-b}^{b}\frac{a^2}{b^2}(b^2-y^2)\mathrm{d}y=\frac{2\pi a^2}{b^2}\left(b^2y-\frac{1}{3}y^3\right)\Big|_0^b=\frac{4}{3}\pi a^2 b.$$

**【例 6-9】**　求由摆线 $\begin{cases}x=a(t-\sin t),\\y=a(1-\cos t)\end{cases}$ 的一拱($0\leqslant t\leqslant 2\pi$)，及 $x$ 轴所围成的平面图形分别绕 $x$ 轴、$y$ 轴旋转而成的旋转体的体积.

**解** 按公式(6-5)，并以摆线的参数方程对定积分作变换，则所述平面图形绕 $x$ 轴旋转而成的旋转体体积为

$$V_x = \pi\int_0^{2\pi a} y^2\mathrm{d}x = \pi\int_0^{2\pi} a^2\ (1-\cos t)^2 \cdot a(1-\cos t)\mathrm{d}t$$

$$= \pi a^3 \int_0^{2\pi}(1-3\cos t + 3\cos^2 t - \cos^3 t)\mathrm{d}t = 5\pi^2 a^3.$$

所述平面图形绕 $y$ 轴旋转而成的旋转体的体积可看成曲边梯形 $OABCO$ 与 $OBCO$（图 6-15）分别绕 $y$ 轴旋转而成的旋转体的体积之差．按公式(6-6)，并以摆线的参数方程对定积分作变换，则所述平面图形绕 $y$ 轴旋转而成的旋转体体积为

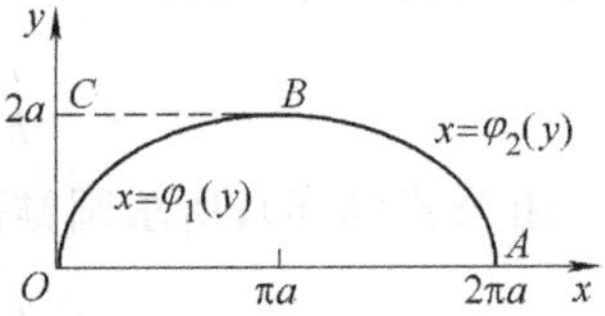

图 6-15

$$V_y = \pi\int_0^{2a}[\varphi_2(y)]^2\mathrm{d}y - \pi\int_0^{2a}[\varphi_1(y)]^2\mathrm{d}y$$

$$= \pi\int_{2\pi}^{\pi} a^2\ (t-\sin t)^2 \cdot a\sin t\mathrm{d}t - \pi\int_0^{\pi} a^2\ (t-\sin t)^2 \cdot a\sin t\mathrm{d}t$$

$$= -\pi a^3 \int_0^{2\pi}(t-\sin t)^2 \sin t\mathrm{d}t = 6\pi^3 a^3.$$

**【例 6-10】** 证明：由平面图形 $0\leqslant a\leqslant x\leqslant b, 0\leqslant y\leqslant f(x)$（图 6-16）绕 $y$ 轴旋转而成的旋转体体积为

$$V = 2\pi\int_a^b xf(x)\mathrm{d}x.$$

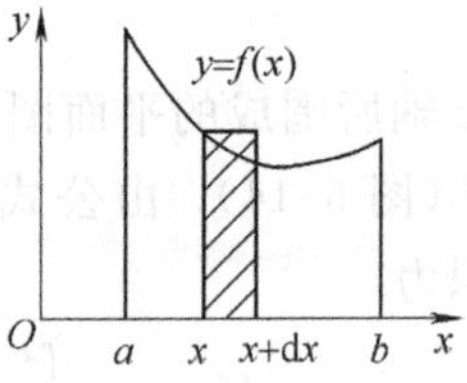

图 6-16

**证** 取 $x$ 为积分变量，它的变化区间为 $[a,b]$．在区间 $[a,b]$ 内任取一个小区间 $[x, x+\mathrm{d}x]$，旋转体中相应于该小区间上的薄圆筒的体积 $\Delta V$ 近似于一个长、宽、高分别为 $2\pi x$、$\mathrm{d}x$、$f(x)$ 的长方体体积，从而得到旋转体体积微元

$$\mathrm{d}V = 2\pi xf(x)\mathrm{d}x.$$

以体积微元 $\mathrm{d}V$ 为被积表达式，从 $a$ 到 $b$ 作定积分，得旋转体体积为

$$V = 2\pi\int_a^b xf(x)\mathrm{d}x.$$

**2. 平行截面面积为已知的立体的体积**

从计算旋转体体积的过程中可以看出：如果一个立体不是旋转体，但该立体上垂直于某一定轴的各截面的面积是已知的，则该立体的体积也可以用定积分来计算．

取定轴为 $x$ 轴，并设该立体介于过点 $x=a$、$x=b(a<b)$ 且垂直于 $x$ 轴的两个平面（图 6-17）之间．以 $A(x)$ 表示过点 $x$ 且垂直于 $x$ 轴的截面面积，且 $A(x)$ 是 $x$ 的已知的连续函数，称这样的立体为**平行截面面积为已知的立体**，下面来计算该立体的体积．

取 $x$ 为积分变量，它的变化区间为 $[a,b]$.

在区间 $[a,b]$ 内任取一个小区间 $[x,x+\mathrm{d}x]$，立体中相应于该小区间的薄片的体积 $\Delta V$ 近似于底面积为 $A(x)$、高为 $\mathrm{d}x$ 的扁柱体的体积，即体积微元为

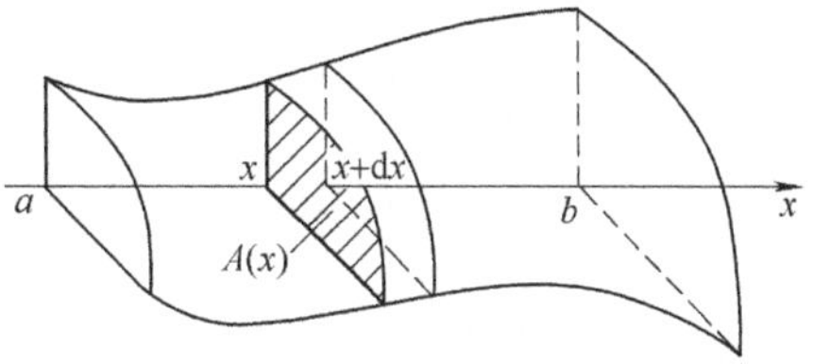


图　6-17

$$\mathrm{d}V=A(x)\mathrm{d}x.$$

以体积微元 $\mathrm{d}V$ 为被积表达式，从 $a$ 到 $b$ 作定积分，得到所求立体体积的计算公式

$$V=\int_a^b A(x)\mathrm{d}x. \tag{6-7}$$

**【例 6-11】** 一平面经过半径为 $R$ 的圆柱体的底圆中心，并与底面构成的二面角为 $\alpha$（图 6-18），求该平面截圆柱体所得立体的体积．

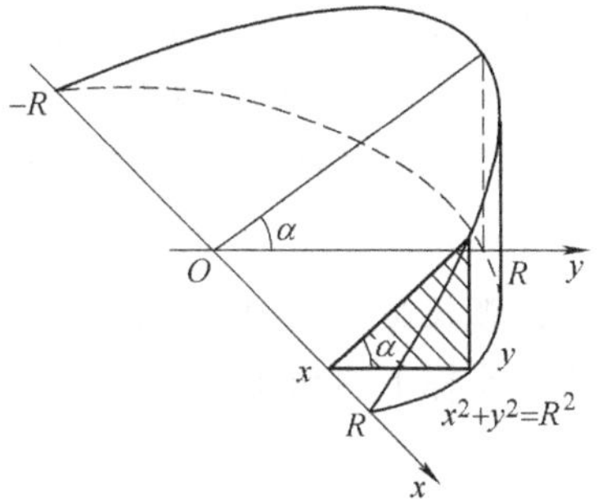


图　6-18

**解**　取平面与圆柱体底圆的交线为 $x$ 轴，底面上过圆心且垂直于 $x$ 轴的直线为 $y$ 轴，则底圆的方程为

$$x^2+y^2=R^2.$$

取 $x$ 为积分变量，它的变化区间为 $[-R,R]$. 在 $[-R,R]$ 内某点 $x$ 处作垂直于 $x$ 轴的截面，其截面是一个直角三角形，它的两条直角边的长分别为

$$\sqrt{R^2-x^2} \quad 及 \quad \sqrt{R^2-x^2}\tan\alpha,$$

因而截面面积为

$$A(x)=\frac{1}{2}(R^2-x^2)\tan\alpha.$$

由公式(6-7)，所求立体体积为

$$V=\int_{-R}^{R}\frac{1}{2}(R^2-x^2)\tan\alpha\mathrm{d}x=\tan\alpha\left(R^2x-\frac{1}{3}x^3\right)\Big|_0^R$$

$$=\frac{2}{3}R^3\tan\alpha.$$

当然，本题中也可以取 $y$ 为积分变量，在 $[0,R]$ 内某点 $y$ 处作垂直于 $y$ 轴的截面，其截面是一个矩形，它的两边长分别为

$$2\sqrt{R^2-y^2} \quad 及 \quad y\tan\alpha,$$

因而截面面积为　$A(y)=y\tan\alpha\cdot 2\sqrt{R^2-x^2}$.

由公式(6-7)，所求立体体积为

$$V=\int_0^R 2\tan\alpha y\sqrt{R^2-y^2}\,\mathrm{d}y=-\frac{2}{3}\tan\alpha\,(R^2-y^2)^{\frac{3}{2}}\Big|_0^R$$
$$=\frac{2}{3}R^3\tan\alpha.$$

### 6.2.3 平面曲线的弧长

设连续曲线弧$\overset{\frown}{AB}$由直角坐标方程

$$y=f(x)\quad(a\leqslant x\leqslant b)$$

给出，其中 $f(x)$在区间$[a,b]$上具有一阶连续导数，求曲线弧$\overset{\frown}{AB}$的弧长.

取 $x$ 为积分变量，它的变化区间为$[a,b]$.

在区间$[a,b]$内任取一个小区间$[x,x+\mathrm{d}x]$，相应于该小区间上一小段曲线弧的弧长 $\Delta s$ 近似等于曲线在点$(x,f(x))$处的切线在该小区间上的长度（图 6-19），由微分的几何意义，得弧长微元为

$$\mathrm{d}s=\sqrt{(\mathrm{d}x)^2+(\mathrm{d}y)^2}=\sqrt{1+y'^2}\,\mathrm{d}x.$$

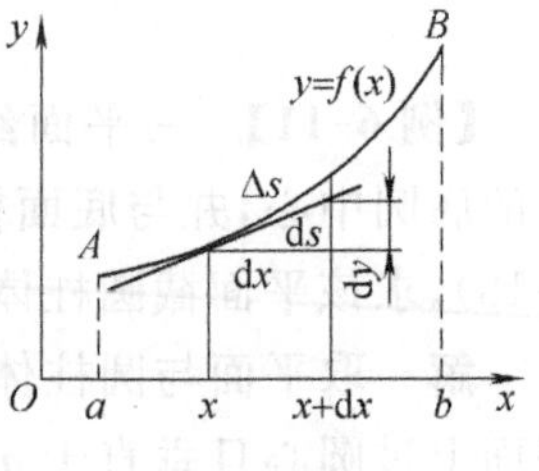


图 6-19

以弧长微元 d$s$ 为被积表达式，从 $a$ 到 $b$ 作定积分，得直角坐标下曲线弧长的计算公式

$$s=\int_a^b\sqrt{1+y'^2}\,\mathrm{d}x. \tag{6-8}$$

当曲线弧由参数方程

$$\begin{cases}x=\varphi(t),\\ y=\psi(t),\end{cases}\quad(\alpha\leqslant t\leqslant\beta)$$

给出，其中 $\varphi(t)$、$\psi(t)$在区间$[\alpha,\beta]$上具有一阶连续导数，且 $\varphi'(t)$、$\psi'(t)$不同时为零，则弧长微元为

$$\mathrm{d}s=\sqrt{(\mathrm{d}x)^2+(\mathrm{d}y)^2}=\sqrt{(\varphi'(t)\mathrm{d}t)^2+(\psi'(t)\mathrm{d}t)^2}$$
$$=\sqrt{\varphi'^2(t)+\psi'^2(t)}\,\mathrm{d}t,$$

于是，参数方程下曲线弧长的计算公式为

$$s=\int_\alpha^\beta\sqrt{\varphi'^2(t)+\psi'^2(t)}\,\mathrm{d}t. \tag{6-9}$$

当曲线弧由极坐标方程

$$\rho=\rho(\theta)\quad(\alpha\leqslant\theta\leqslant\beta)$$

给出，其中 $\rho(\theta)$在区间$[\alpha,\beta]$上具有一阶连续导数，则由直角坐标与极坐标的关系可得

$$\begin{cases}x=\rho(\theta)\cos\theta,\\ y=\rho(\theta)\sin\theta,\end{cases}\quad(\alpha\leqslant\theta\leqslant\beta),$$

从而将极坐标方程的情形转化为参数方程情形，由参数方程下弧长微元得

$$\mathrm{d}s=\sqrt{x'^2(\theta)+y'^2(\theta)}\,\mathrm{d}\theta=\sqrt{\rho^2(\theta)+\rho'^2(\theta)}\,\mathrm{d}\theta,$$

于是极坐标方程下曲线弧长的计算公式为

$$s=\int_\alpha^\beta\sqrt{\rho^2(\theta)+\rho'^2(\theta)}\,\mathrm{d}\theta. \tag{6-10}$$

**【例 6-12】** 两根电线杆之间的电线，由于其本身的重量，下垂成曲线．这样的曲线称为**悬链线**．适当选取坐标系后，悬链线的方程为

$$y=k\mathrm{ch}\,\frac{x}{k}=\frac{k}{2}(\mathrm{e}^{\frac{x}{k}}+\mathrm{e}^{-\frac{x}{k}}),$$

其中 $k$ 为常数．求悬链线上介于 $x=-b$ 与 $x=b$ 之间一段弧的弧长．

**解** 如图 6-20，由公式(6-8)得

$$\begin{aligned}s&=\int_{-b}^{b}\sqrt{1+\frac{1}{4}(\mathrm{e}^{\frac{x}{k}}-\mathrm{e}^{-\frac{x}{k}})^2}\,\mathrm{d}x\\&=\frac{1}{2}\int_{-b}^{b}\sqrt{(\mathrm{e}^{\frac{x}{k}}+\mathrm{e}^{-\frac{x}{k}})^2}\,\mathrm{d}x\\&=\int_0^b(\mathrm{e}^{\frac{x}{k}}+\mathrm{e}^{-\frac{x}{k}})\,\mathrm{d}x\\&=k(\mathrm{e}^{\frac{x}{k}}-\mathrm{e}^{-\frac{x}{k}})\Big|_0^b=k(\mathrm{e}^{\frac{b}{k}}-\mathrm{e}^{-\frac{b}{k}})\\&=2k\mathrm{sh}\,\frac{b}{k}.\end{aligned}$$

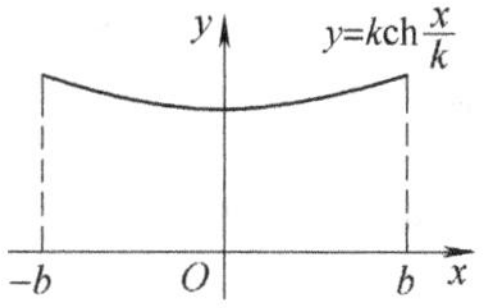


图 6-20

**【例 6-13】** 求星形线 $x=a\cos^3 t, y=a\sin^3 t$ 的全长.

**解** 如图 6-21，由公式(6-9)及图形对称性，得

$$\begin{aligned}s&=4\int_0^{\frac{\pi}{2}}\sqrt{9a^2\cos^4 t\sin^2 t+9a^2\sin^4 t\cos^2 t}\,\mathrm{d}t\\&=12a\int_0^{\frac{\pi}{2}}|\sin t\cos t|\,\mathrm{d}t=12a\int_0^{\frac{\pi}{2}}\sin t\,\mathrm{d}(\sin t)\\&=6a.\end{aligned}$$

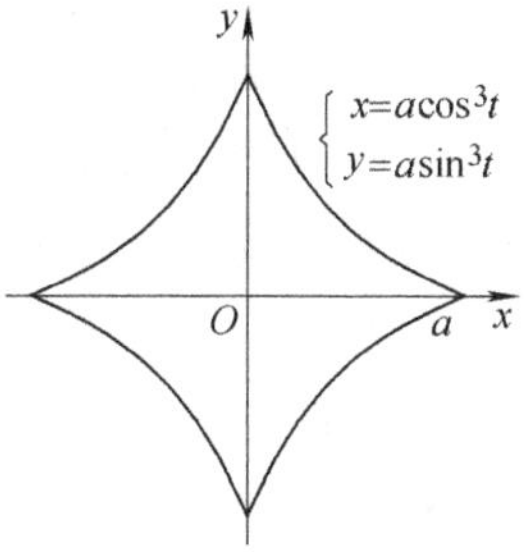


图 6-21

**【例 6-14】** 求曲线 $\rho=a\left(\sin\frac{\theta}{3}\right)^3 (a>0, 0\leqslant\theta\leqslant 3\pi)$ 的全长．

**解** 如图 6-22，由公式(6-10)，得

$$\begin{aligned}s&=\int_0^{3\pi}\sqrt{a^2\left(\sin\frac{\theta}{3}\right)^6+a^2\left(\sin\frac{\theta}{3}\right)^4\left(\cos\frac{\theta}{3}\right)^2}\,\mathrm{d}\theta\\&=a\int_0^{3\pi}\left(\sin\frac{\theta}{3}\right)^2\mathrm{d}\theta=\frac{3}{2}\pi a.\end{aligned}$$

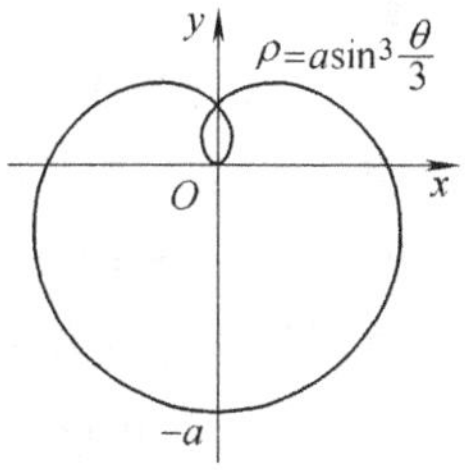


图 6-22

# 习　题　6.2

1. 求由下列各组曲线或直线所围成的平面图形的面积：

(1) $y=4-x^2$ 与 $y=3x$；

(2) $y=\sin x, x\in\left[0,\dfrac{3\pi}{2}\right]$ 与 $x=\dfrac{3}{2}\pi$ 及 $y=0$；

(3) $y=\ln x$ 与 $y=\ln a$、$y=\ln b(b>a>0)$ 及 $x=0$；

(4) $x=5y^2$ 与 $x=1+y^2$；

(5) 摆线 $x=a(t-\sin t), y=a(1-\cos t)(0\leqslant t\leqslant 2\pi)$ 与 $y=0$；

(6) 阿基米德螺线 $\rho=a\theta(a>0)(0\leqslant\theta\leqslant 2\pi)$ 与极轴．

2. 求由抛物线 $y=-x^2+4x-3$ 及其在点 $(0,-3)$ 和 $(3,0)$ 处的切线所围成的平面图形的面积．

3. 求由抛物线 $y^2=2px$ 及其在点 $\left(\dfrac{p}{2},p\right)$ 处的法线所围成的平面图形的面积．

4. 求由下列各组曲线所围成的图形公共部分的面积：

(1) $\rho=1$ 及 $\rho=1+\cos\theta$；

(2) $\rho=3\cos\theta$ 及 $\rho=1+\cos\theta$.

5. 问 $k$ 为何值时，由曲线 $y=x^2$、直线 $y=kx(0<k<2)$ 及 $x=2$ 所围成的图形（图 6-23 中阴影部分）的面积为最小．

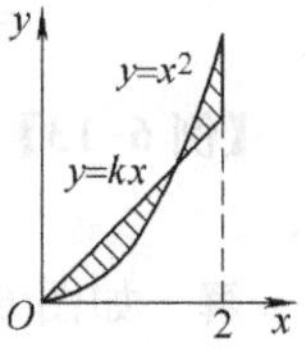


图　6-23

6. 求由下列各组曲线或直线所围成的平面图形，绕指定的轴旋转所构成的旋转体的体积：

(1) $y=x^3$、$y=0$ 及 $x=2$，分别绕 $x$ 轴、$y$ 轴；

(2) $y=x^2$ 及 $x=y^2$，绕 $y$ 轴；

(3) $(x-2)^2+y^2=1$，绕 $y$ 轴；

(4) $xy=a(a>0)$、$x=a$、$x=2a$ 及 $y=0$，绕 $y$ 轴．

7. 求位于曲线 $y=e^{-x}$ 下方，$y$ 轴右方以及 $x$ 轴上方之间的图形绕 $x$ 轴旋转而成的旋转体的体积．

8. 求以抛物线 $y^2=2x$ 与直线 $x=2$ 所围成的图形为底，而垂直于抛物线轴的截面都是等边三角形的立体的体积．

9. 求以半长轴 $a=10$、半短轴 $b=5$ 的椭圆为底，而垂直于长轴的截面都是等边三角形的立体的体积．

10. 求下列曲线在指定范围内的一段弧的长度：

(1) $y=\ln(1-x^2), 0\leqslant x\leqslant\dfrac{1}{2}$；

(2) $y=\frac{4}{5}x^{\frac{5}{4}}, 0\leqslant x\leqslant 1$;

(3) 摆线 $\begin{cases} x=a(t-\sin t), \\ y=a(1-\cos t), \end{cases}(a>0), 0\leqslant t\leqslant 2\pi$;

(4) 求心形线 $\rho=a(1+\cos\theta)$ 的全长.

## 6.3　定积分在物理学上的应用

定积分在物理学上的应用十分广泛，本节仅简要地介绍应用定积分解决变力作功、液体的压力等方面的问题.

### 6.3.1　变力沿直线所作的功

设力的大小为 $F$，其方向与 $x$ 轴平行，某物体在力 $F$ 的作用下，由点 $x=a$ 沿 $x$ 轴移动到 $x=b(a<b)$，求力 $F$ 所作的功.

如果 $F$ 是常力，则力 $F$ 所作的功 $W$ 等于 $F$ 乘以物体移动的距离

$$W=F\cdot(b-a).$$

如果 $F$ 是变力，即在 $x$ 轴上的不同点处，$F$ 的大小也不同，这时 $F=F(x)$ 是一个随 $x$ 而变化的函数. 以下通过具体实例说明如何利用微元法计算变力所作的功 $W$.

**【例 6-15】** 设有一个弹簧，原长为 10cm，已知 40N 的力使弹簧从原长拉伸至 15cm 长，如果把弹簧从 15cm 长拉伸至 18cm 长，计算所做的功.

**解**　如图 6-24 所示建立坐标系

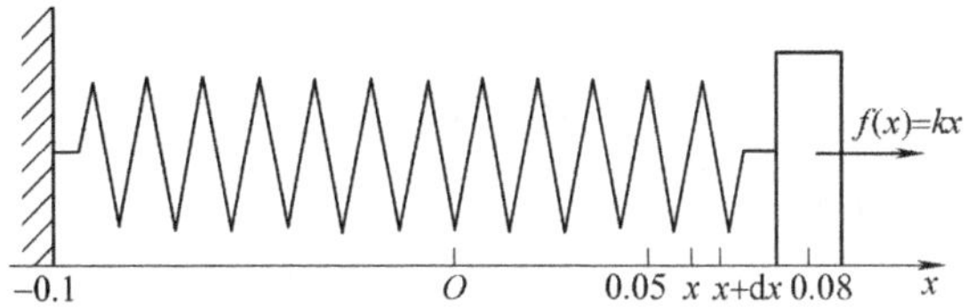


图　6-24

根据胡克定律，弹簧在拉伸过程中，需要的力 $F(x)=kx$，其中 $x$ 为伸长量，$k$ 为比例系数.

当弹簧从 10cm 拉伸至 15cm 时，弹簧的伸长量为 5cm=0.05m，因为

$$F(0.05)=0.05k=40,$$

故得 $k=800$. 于是

$$F(x)=800x.$$

取 $x$ 为积分变量，它的变化区间为[0.05,0.08].

在区间[0.05,0.08]内任取一个小区间$[x,x+\mathrm{d}x]$，以 $x$ 点处所需的力 $F(x)=800x$ 近似代替$[x,x+\mathrm{d}x]$上各点处所需的力，得功的微元为

$$dW=800x\,dx.$$

于是所求的功为

$$W=\int_{0.05}^{0.08}800x\,dx=400\,x^2\Big|_{0.05}^{0.08}=1.56(\text{J}).$$

本例中如果将坐标原点选在弹簧的固定端，则弹簧的伸长量为 $x-0.1$，所需的力为

$$F(x)=800(x-0.1),$$

而积分区间为[0.15,0.18]，故所求的功为

$$W=\int_{0.15}^{0.18}800(x-0.1)\,dx=400\,(x-0.1)^2\Big|_{0.15}^{0.18}=1.56(\text{J}).$$

以上事实表明，计算结果与坐标系的选取方式无关．所以在选取坐标系时，以便于计算为原则．

**【例 6-16】** 在底面积为 $S$ 的圆柱形容器中盛有一定数量的气体．在等温条件下，由于气体的膨胀，把容器中的一个活塞（面积为 $S$）从点 $a$ 处推移到点 $b$ 处．计算在移动过程中，气体压力所作的功．

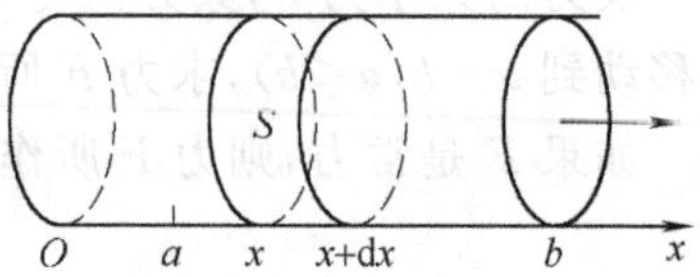

图 6-25

**解** 如图 6-25 所示建立坐标系．活塞的位置用坐标 $x$ 来表示．由物理学知道，一定量的气体在等温条件下，压强 $p$ 与体积 $V$ 的乘积是常数 $k$，则有

$$pV=k \quad 或 \quad p=\frac{k}{V}.$$

因为 $V=xS$，所以

$$p=\frac{k}{xS}.$$

于是作用在活塞上的力为

$$F=p\cdot S=\frac{k}{xS}\cdot S=\frac{k}{x}.$$

在气体的膨胀过程中，体积 $V$ 是变化的，因而 $x$ 也是变化的，所以作用在活塞上的力是变力．

取 $x$ 为积分变量，它的变化区间为$[a,b]$.

在$[a,b]$内任取一个小区间$[x,x+dx]$，以 $x$ 点处作用在活塞上的力$\frac{k}{x}$近似代替$[x,x+dx]$上各点处的力，从而活塞从 $x$ 移动到 $x+dx$ 时，变力 $F$ 所做的功近似于$\frac{k}{x}dx$，即功的微元为

$$dW=\frac{k}{x}dx.$$

于是所求的功为

$$W=\int_a^b \frac{k}{x}\mathrm{d}x=k\left[\ln x\right]\Big|_a^b=k\ln\frac{b}{a}.$$

**【例 6-17】** 设有一个直径为 20m 的半球形水池，池内贮满水，若要把水抽尽，问要做多少功．

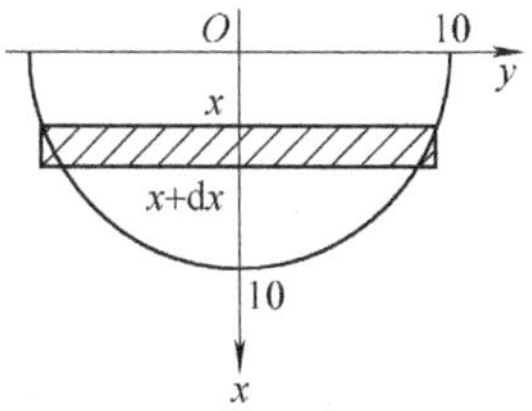


图　6-26

**解**　如图 6-26 所示建立坐标系．

取深度 $x$(单位为 m)为积分变量，它的变化区间为[0,10].

在[0,10]内任取一个小区间$[x,x+\mathrm{d}x]$，相应于$[x,x+\mathrm{d}x]$的一薄层水的体积近似为

$$\Delta V\approx\pi y^2\mathrm{d}x=\pi(100-x^2)\mathrm{d}x(\mathrm{m}^3),$$

则这薄层水的重力为$\rho g\pi(100-x^2)\mathrm{d}x$，其中$\rho=1000(\mathrm{kg/m^3})$是水的密度，$g=9.8(\mathrm{m/s^2})$是重力加速度，把该薄层水抽出池外所做功的近似值，即功的微元为

$$\mathrm{d}W=\rho g\pi(100-x^2)\mathrm{d}x\cdot x=\rho g\pi x(100-x^2)\mathrm{d}x.$$

于是所求的功为

$$\begin{aligned}W&=\int_0^{10}\rho g\pi x(100-x^2)\mathrm{d}x=\rho g\pi\int_0^{10}(100x-x^3)\mathrm{d}x\\&=\frac{1}{4}\rho g\pi\times10^4=7.693\times10^7(\mathrm{J}).\end{aligned}$$

## 6.3.2　液体的压力

从物理学知道，在液体中深度为 $h$ 处的压强为 $p=\rho gh$，其中 $\rho$ 是液体的密度，$g$ 是重力加速度．如果有一面积为 $A$ 的平板，水平放置在液体中深为 $h$ 处，则平板一侧所受的液体压力为

$$P=p\cdot A=\rho ghA.$$

如果平板铅直放置在液体中，那么由于处于液体中不同深度点处的压强 $p$ 不相等，因此平板一侧所受的液体压力就不能用上述公式计算．以下通过具体实例说明如何利用微元法计算平板一侧所受的液体压力 $P$.

**【例 6-18】** 一个横放着的圆柱形水桶，桶内盛有半桶水(图 6-27a)．设桶的底半径为 $R$，水的密度为 $\rho$，计算桶的一个端面上所受的压力．

**解**　由于桶的一个端面是圆片，所以现在要计算的是当水平面通过圆心时，铅直放置的半圆片其一侧所受到的水压力．

在端面圆上，取过圆心且铅直向下的直线为 $x$ 轴，过圆心的水平线为 $y$ 轴，建立图 6-27b 所示的坐标系．在该坐标系中，所讨论的半圆方程为．

$$x^2+y^2=R^2\quad(0\leqslant x\leqslant R).$$

取 $x$ 为积分变量，它的变化区间为$[0,R]$.

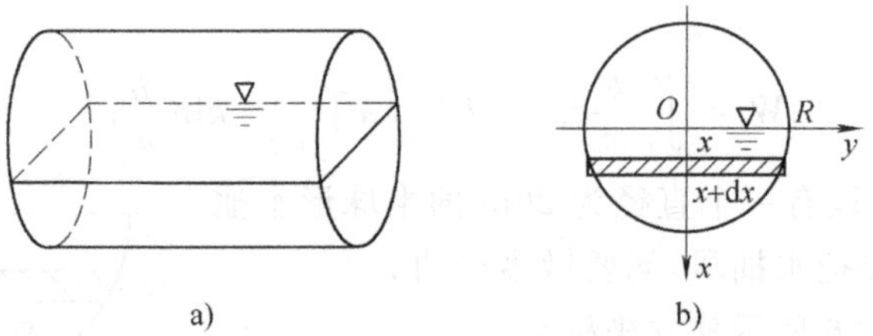


图 6-27

在$[0,R]$内任取一个小区间$[x,x+\mathrm{d}x]$，半圆片上相应于$[x,x+\mathrm{d}x]$的窄条上各点处的压强近似于$\rho gx$，窄条的面积近似于$2\sqrt{R^2-x^2}\,\mathrm{d}x$，因此窄条一侧所受水压力的近似值，即压力微元为

$$\mathrm{d}P=2\rho gx\sqrt{R^2-x^2}\,\mathrm{d}x.$$

于是所求的压力为

$$P=\int_0^R 2\rho gx\sqrt{R^2-x^2}\,\mathrm{d}x=-\rho g\int_0^R (R^2-x^2)^{\frac{1}{2}}\,\mathrm{d}(R^2-x^2)$$

$$=-\rho g\left[\frac{2}{3}(R^2-x^2)^{\frac{3}{2}}\right]_0^R=\frac{2}{3}\rho gR^3.$$

**【例 6-19】** 将直角边各为$a$及$2a$的直角三角形薄板垂直地浸入密度为$\rho$的液体中，斜边朝下，长直角边与液面平行，且该边到液面的距离恰等于该边的边长，求薄板一侧所受的压力.

**解** 建立如图 6-28 所示的坐标系.

取$x$为积分变量，它的变化区间为$[0,a]$.

在$[0,a]$内任取一个小区间$[x,x+\mathrm{d}x]$，薄板相应于$[x,x+\mathrm{d}x]$的窄条上各点处的压强近似于$\rho g(x+2a)$. 为了求窄条的面积，利用相似三角形的关系先求线段$L$的长度. 由

图 6-28

$$\frac{L}{2a}=\frac{a-x}{a},$$

得

$$L=2(a-x),$$

从而窄条的面积近似于$2(a-x)\mathrm{d}x$，因此窄条一侧所受液体压力的近似值，即压力微元为

$$\mathrm{d}P=\rho g(x+2a)\cdot 2(a-x)\mathrm{d}x.$$

于是所求的压力为

$$P=\int_0^a 2\rho g(x+2a)(a-x)\mathrm{d}x$$

$$=2\rho g\int_0^a (2a^2-ax-x^2)\mathrm{d}x=\frac{7}{3}\rho ga^3.$$

## 习　题　6.3

1. 设有一弹簧原长为1m，每压缩1cm需要0.049N的力，若将弹簧自80cm压缩至60cm，求克服弹性力所作的功．

2. 直径为20cm、高为80cm的圆筒内充满压强为$10\text{N/cm}^2$的蒸汽．设温度保持不变，要使蒸汽体积缩小一半，问要作多少功？

3. 一物体按规律$x=ct^3$作直线运动，介质的阻力与速度的平方成正比，求物体由$x=0$移至$x=a$时，克服介质阻力所作的功．

4. 设有截面面积$20\text{m}^2$、深5m的圆柱形水池，用水泵把水池中的水全部抽到10m高的水塔顶上去，问要作多少功？

5. 水坝中有一直立的矩形闸门，宽10m，高6m，闸门的上边平行于水面，当水面在闸门顶上8m时，求闸门所受的压力．

6. 洒水车上的水箱是一个横放的椭圆柱体，已知椭圆的长轴为2m、短轴为1.5m，柱体的长为4m，当水箱装满水时，求水箱的一个端面所受的压力．

7. 设有一铅直倒立的等腰三角形水闸，其底为$a$，高为$h$，且底与水面相齐，求水闸所受的压力；若把等腰三角形倒放，且顶点与水面相齐，而底与水面平行，求水闸所受的压力．

## 6.4　定积分在经济学上的应用

### 6.4.1　由总产量变化率求总产量

若某产品在时刻$t$的总产量$Q(t)$的变化率$Q'(t)$已知，则利用牛顿—莱布尼茨公式

$$\int_{t_0}^{t} Q'(x)\mathrm{d}x = Q(t) - Q(t_0),$$

可得总产量为

$$Q(t) = \int_{t_0}^{t} Q'(x)\mathrm{d}x + Q(t_0),$$

其中$t_0$为某初始时刻．通常取$t_0=0$时，$Q(0)=0$，即刚生产时总产量为零．

明显地，从时刻$t_1$到$t_2$的总产量的增量为

$$\Delta Q = Q(t_2) - Q(t_1) = \int_{t_1}^{t_2} Q'(x)\mathrm{d}x.$$

**【例6-20】**　某工厂生产一种产品，在时刻$t$的总产量的变化率为

$$Q'(t)=100+12t \quad (\text{单位/小时}),$$

求：(1)总产量函数 $Q(t)$；

(2) 由 $t=2$ 到 $t=4$ 这段时间的总产量．

**解** (1)总产量函数为

$$Q(t)=\int_0^t Q'(x)\mathrm{d}x+Q(0)=\int_0^t(100+12x)\mathrm{d}x+0$$
$$=100t+6t^2(\text{单位}).$$

(2) 由 $t=2$ 到 $t=4$ 这段时间的总产量为

$$\Delta Q=Q(4)-Q(2)=\int_2^4(100+12x)\mathrm{d}x$$
$$=\left[100x+6x^2\right]_2^4=272(\text{单位}).$$

## 6.4.2 由边际函数求原经济函数

若已知某个经济函数(如总成本函数、总收益函数、总利润函数) $F(x)$ 的边际函数 $F'(x)$,则由牛顿—莱布尼茨公式

$$\int_{x_0}^x F'(t)\mathrm{d}t=F(x)-F(x_0),$$

可得原经济函数为

$$F(x)=\int_{x_0}^x F'(t)\mathrm{d}t+F(x_0),$$

且该经济函数从 $a$ 到 $b$ 的增量为

$$\Delta F=F(b)-F(a)=\int_a^b F'(t)\mathrm{d}t.$$

**【例 6-21】** 已知生产某产品 $Q$ 单位时的边际收益为

$$R'(Q)=100-\frac{Q}{10}(\text{元/单位}),$$

试计算：

(1) 总收益函数和平均收益函数；

(2) 生产 40 单位产品后,再生产 10 单位产品时增加的收益．

**解** (1) 利用边际收益和总收益的关系 $R(Q)=\int_0^Q R'(t)\mathrm{d}t+Q(0)$,并注意到 $Q(0)=0$,可得总收益为

$$R(Q)=\int_0^Q\left(100-\frac{t}{10}\right)\mathrm{d}t=\left[100t-\frac{t^2}{20}\right]_0^Q=100Q-\frac{Q^2}{20}(\text{元}).$$

平均收益为

$$\overline{R}(Q)=\frac{R(Q)}{Q}=\frac{100Q-\frac{Q^2}{20}}{Q}=100-\frac{Q}{20}(\text{元}).$$

(2) 生产 40 单位产品后,再生产 10 单位产品时增加的收益为

$$\Delta R = R(50) - R(40) = \int_{40}^{50}\left(100 - \frac{t}{10}\right)\mathrm{d}t$$

$$= \left[100t - \frac{t^2}{20}\right]_{40}^{50} = 955\ (\text{元}).$$

**【例 6-22】** 已知生产某产品 $Q$(百台)的边际成本和边际收益分别为

$$C'(Q)=2+\frac{Q}{2}(\text{万元/百台}),$$

$$R'(Q)=5-Q(\text{万元/百台}),$$

(1) 若固定成本 $C(0)=1$(万元),求总成本函数与总收益函数;

(2) 产量为多少时,总利润最大? 最大总利润为多少?

**解** (1) 总成本函数为

$$C(Q) = \int_0^Q C'(t)\mathrm{d}t + C(0) = \int_0^Q\left(2+\frac{t}{2}\right)\mathrm{d}t + 1$$

$$= \frac{1}{4}Q^2 + 2Q + 1(\text{万元});$$

总收益函数为

$$R(Q) = \int_0^Q R'(t)\mathrm{d}t + Q(0) = \int_0^Q (5-t)\mathrm{d}t + 0$$

$$= 5Q - \frac{Q^2}{2}(\text{万元}).$$

(2)
$$L'(Q)=R'(Q)-C'(Q)=3-\frac{3}{2}Q,$$

令 $L'(Q)=0$ 得 $Q=2$,而 $L''(2)=-\frac{3}{2}<0$,所以产量 2 百台时,总利润最大,最大总利润为

$$L(2)=R(2)-C(2)=\left[5\times2-\frac{2^2}{2}\right]-\left[\frac{1}{4}\times2^2+2\times2+1\right]=2(\text{万元}).$$



## 习　题　6.4

1. 已知某产品总产量(单位:件)年的变化率是时间 $t$(单位:年)的函数

$$f(t)=2t+5,$$

求第一个五年和第二个五年的总产量各为多少?

2. 若某厂产品的边际收益为

$$R'(Q)=200-2Q(\text{元/个}),$$

且销售量为零时,总收益为零. 求

(1) 总收益函数;

(2) 当销售量由 50 个增加到 60 个时增加的收益.

3. 每天生产某产品 $Q$ 单位时，固定成本为 20 元，边际成本为

$$C'(Q)=0.4Q+2(\text{元/单位}).$$

(1) 求总成本函数；

(2) 如果该产品销售价为 18 元/单位且产品可以全部售出，求利润函数．

(3) 每天生产多少单位产品时，总利润最大？最大总利润为多少？

## 总 习 题 6

1. 选择题

(1) 由连续曲线 $y=f(x)$，直线 $x=a$、$x=b(a<b)$ 及 $x$ 轴所围成的图形面积 $A=($　　$)$.

A. $\int_a^b f(x)\mathrm{d}x$　　B. $\left|\int_a^b f(x)\mathrm{d}x\right|$

C. $\int_a^b |f(x)|\mathrm{d}x$　　D. $\frac{b-a}{2}[f(a)+f(b)]$

(2) 曲线 $y=1-x^2(0\leqslant x\leqslant 1)$，$x$ 轴及 $y$ 轴所围成的图形被曲线 $y=ax^2$ 分为面积相等的两部分，其中 $a>0$，则常数 $a=($　　$)$.

A. 1　B. 2　C. 3　D. 4

(3) 设 $f(x)$，$g(x)$ 在 $[a,b]$ 上连续，且 $g(x)<f(x)<m$（$m$ 为常数），则由曲线 $y=f(x)$，$y=g(x)$ 及直线 $x=a$、$x=b$ 所围成的平面图形绕直线 $y=m$ 旋转而成的旋转体体积 $V=($　　$)$.

A. $\int_a^b \pi[2m-f(x)+g(x)][f(x)-g(x)]\mathrm{d}x$

B. $\int_a^b \pi[2m-f(x)-g(x)][f(x)-g(x)]\mathrm{d}x$

C. $\int_a^b \pi[m-f(x)+g(x)][f(x)-g(x)]\mathrm{d}x$

D. $\int_a^b \pi[m-f(x)-g(x)][f(x)-g(x)]\mathrm{d}x$

(4) 曲线 $\rho=a\mathrm{e}^{b\theta}(a>0,b>0)$ 从 $\theta=0$ 到 $\theta=\varphi(\varphi>0)$ 的一段弧长 $s=($　　$)$.

A. $\int_0^\varphi a\mathrm{e}^{b\theta}\sqrt{1+b^2}\mathrm{d}\theta$　　B. $\int_0^\varphi \sqrt{1+(ab\mathrm{e}^{b\theta})^2}\mathrm{d}\theta$

C. $\int_0^\varphi \sqrt{1+(a\mathrm{e}^{b\theta})^2}\mathrm{d}\theta$　　D. $\int_0^\varphi ab\mathrm{e}^{b\theta}\sqrt{1+(ab\mathrm{e}^{b\theta})^2}\mathrm{d}\theta$

2. 填空题

(1) 由曲线 $y=\mathrm{e}^x$、$y=\mathrm{e}^{-x}$ 及直线 $x=1$ 所围成的图形面积为__________.

(2) 由对数螺线 $\rho=a\mathrm{e}^{\theta}(-\pi\leqslant\theta\leqslant\pi)$ 及射线 $\theta=\pi$ 所围成的平面图形面积为

________________________.

(3) 由曲线 $y=2x-x^2$ 及直线 $y=x$ 所围成的平面图形绕 $x$ 轴旋转所得旋转体体积为________________________.

(4) 底为 8cm、高为 6cm 的等腰三角形薄片，铅直地沉没在水中，顶在上距水面 3cm，底在下且与水面平行，则三角形薄片的一侧所受的压力为______.

3. 求曲线 $y=\ln x$ 在区间 $[2,6]$ 内的一条切线，使该切线与直线 $x=2,x=6$ 及曲线 $y=\ln x$ 所围成的图形面积为最小.

4. 设有曲线 $y=e^{\frac{x}{2}}$，在原点 $O$ 与 $x$ 之间求一点 $\xi$，使该点左右两边阴影部分（图 6-29）的面积相等，并写出 $\xi$ 的表达式.

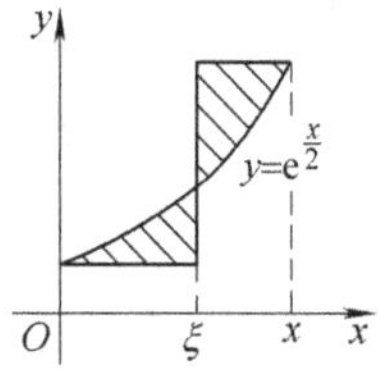


图　6-29

5. 求由曲线 $xy=4$，直线 $y=4x$ 及 $x=4y$ 所围成的第一象限内的图形绕 $x$ 轴旋转所得旋转体的体积.

6. 求由星形线 $x=a\cos^3 t, y=a\sin^3 t(0\leqslant t\leqslant 2\pi)$ 所围成的图形绕 $x$ 轴旋转所得旋转体的体积.

7. 过单位圆外一点 $A(a,0)$ 作该圆的切线 $AP$，$OA$ 交圆于 $B$（图 6-30）. 图中扇形 $OPB$ 和阴影部分分别绕 $x$ 轴旋转一周得到两个旋转体，问 $a$ 为何值时，这两个旋转体体积相等.

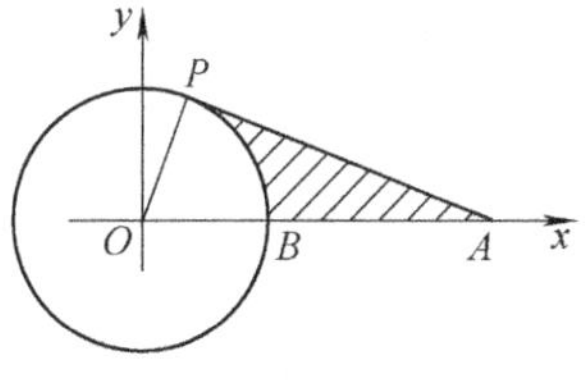


图　6-30

8. 求曲线 $y^2=\frac{2}{3}(x-1)^3$ 被抛物线 $y^2=\frac{x}{3}$ 所截一段弧的长度.

9. 设有一半径为 $R$、高为 $h$ 的金属正圆柱体（密度为 2.5）沉入水中，上底与水面相齐，现将圆柱铅直地打捞出水面，求所作的功.

10. 设有一平面薄板，上半部分是底为 6m、高为 4m 的等腰三角形，下半部分是直径为 6m 的半圆. 将该薄板垂直地沉没在水中，且等腰三角形的顶点与水面相齐，底与水平面平行，求薄板一侧所受到的水压力.

11. 某种产品的总成本 $C$（万元）的变化率是产量 $Q$（百台）的函数 $C'(Q)=4+\frac{Q}{4}$，总收入 $R$（万元）的变化率是产量 $Q$ 的函数. $R'(Q)=8-Q$，

(1) 求产量由 100 台增加到 500 台总成本与总收入的增加值；

(2) 产量为多少时，总利润最大？

(3) 已知固定成本 $C(0)=1$（万元），分别求总成本、总利润与产量 $Q$ 的函数关系式；

(4) 求利润最大时的总利润、总成本与总收入.

# 附　　录

## 附录 A　几种常见的曲线

(1)三次抛物线

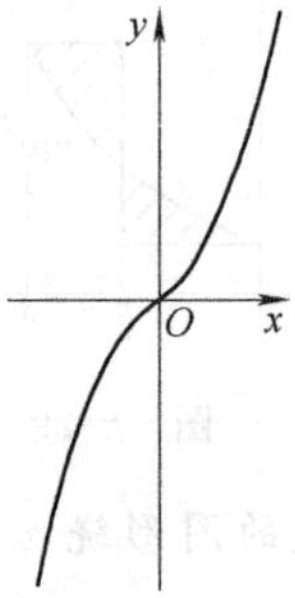


$y=ax^3$

(2)半立方抛物线

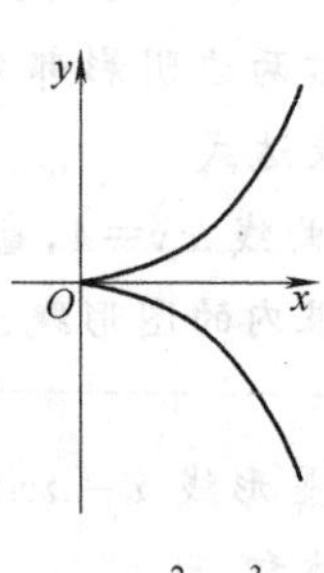


$y^2=ax^3$

(3)概率曲线

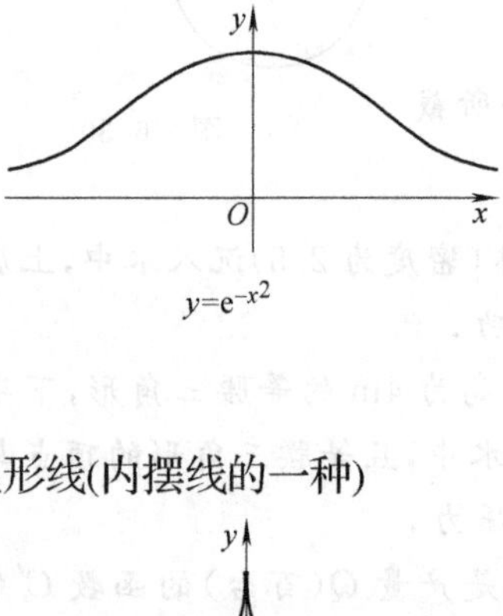


$y=\mathrm{e}^{-x^2}$

(4)笛卡儿叶形线

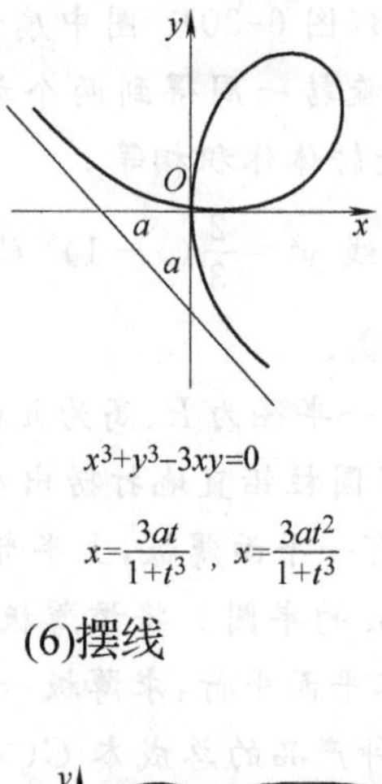


$x^3+y^3-3xy=0$

$x=\frac{3at}{1+t^3}$，$x=\frac{3at^2}{1+t^3}$

(5)星形线(内摆线的一种)

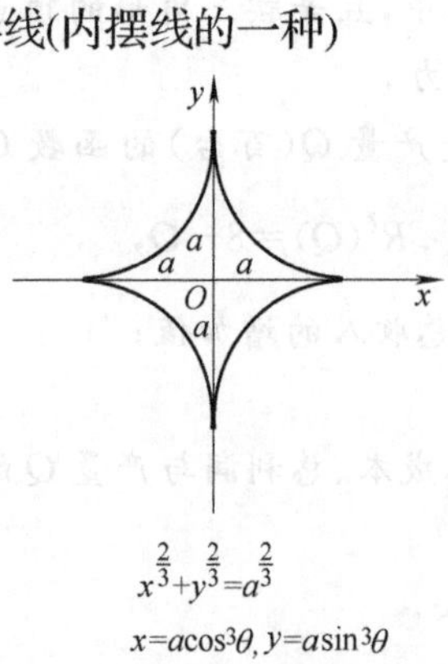


$x^{\frac{2}{3}}+y^{\frac{2}{3}}=a^{\frac{2}{3}}$

$x=a\cos^3\theta, y=a\sin^3\theta$

(6)摆线

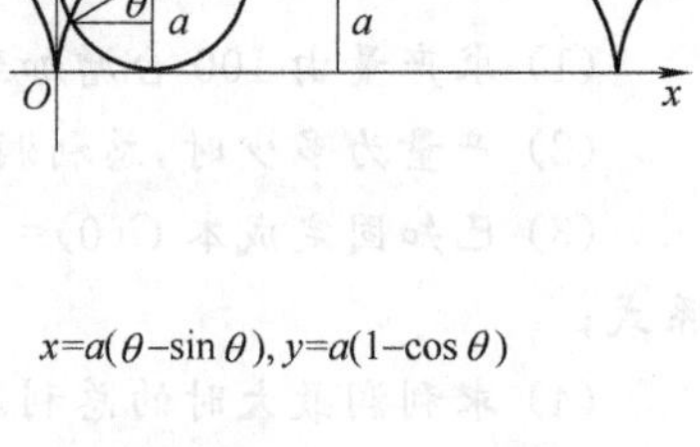

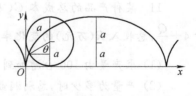


$x=a(\theta-\sin\theta), y=a(1-\cos\theta)$

(7)心形线 (外摆线的一种)

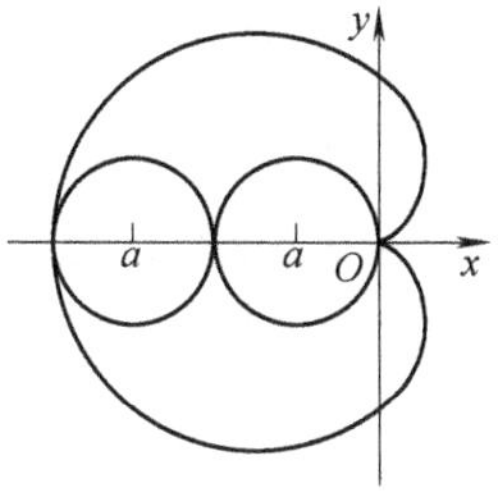


$$x^2+y^2+ax=a\sqrt{x^2+y^2}$$
$$\rho=a(1-\cos\theta)$$

(8)心形线

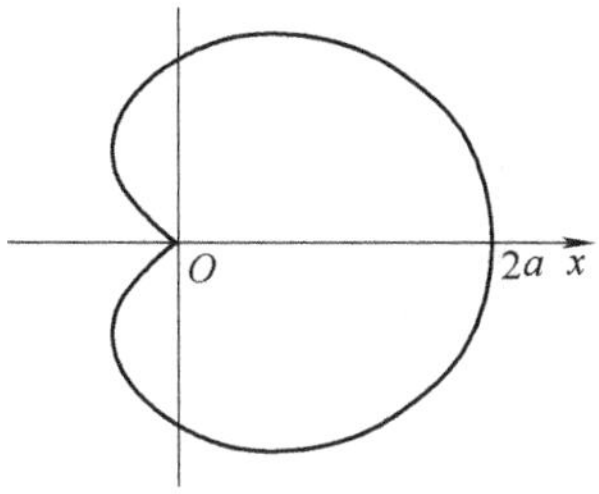


$$\rho=a(1+\cos\theta)$$

(9)阿基米德螺线

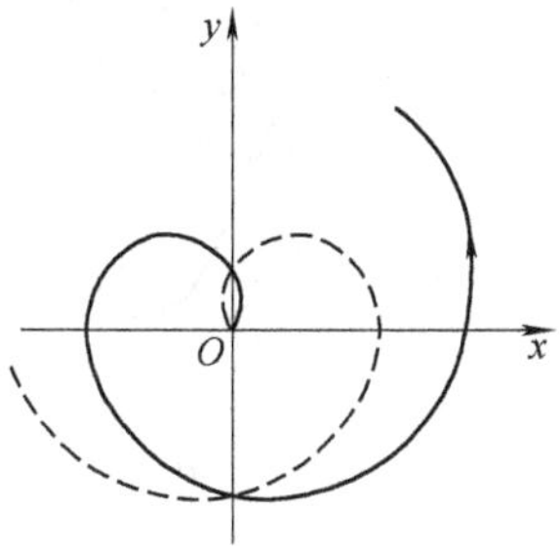


$$\rho=a\theta$$

(10)对数螺线

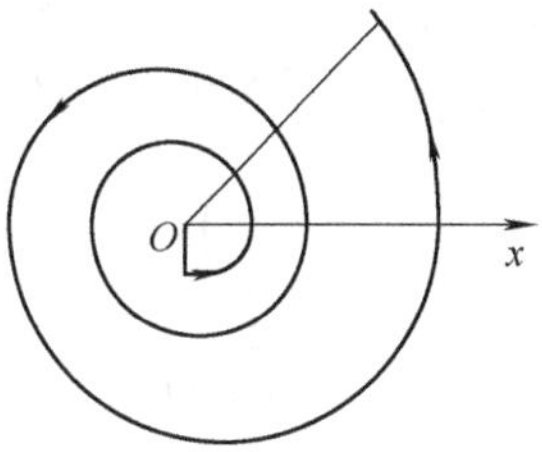


$$\rho=e^{a\theta}$$

(11)伯努利双纽线

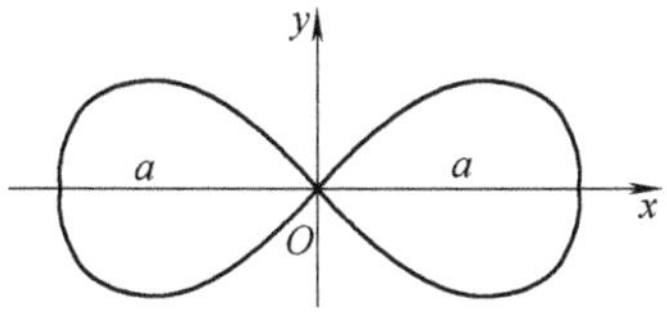


$$(x^2+y^2)^2=a^2(x^2-y^2)$$
$$\rho^2=a^2\cos 2\theta$$

(12)伯努利双纽线

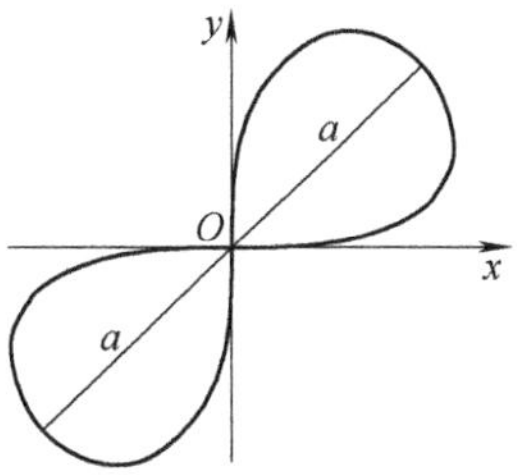


$$(x^2+y^2)^2=2a^2xy$$
$$\rho^2=a^2\sin 2\theta$$

(13)三叶玫瑰线

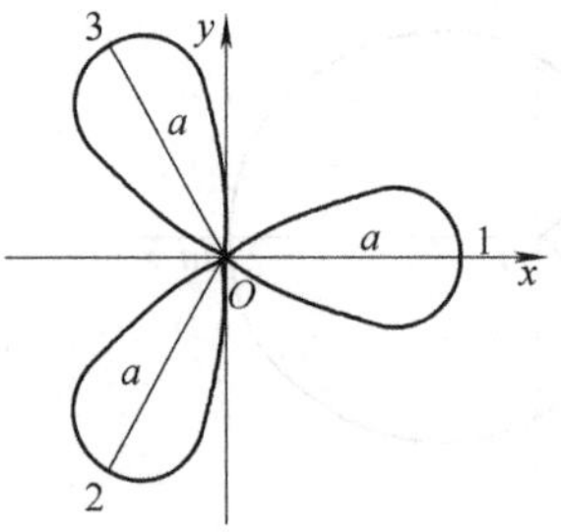


$\rho=a\cos 3\theta$

(14)三叶玫瑰线

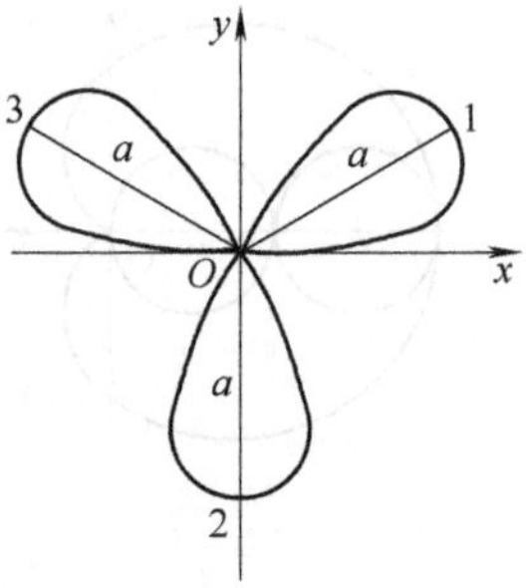


$\rho=a\sin 3\theta$

(15)四叶玫瑰线

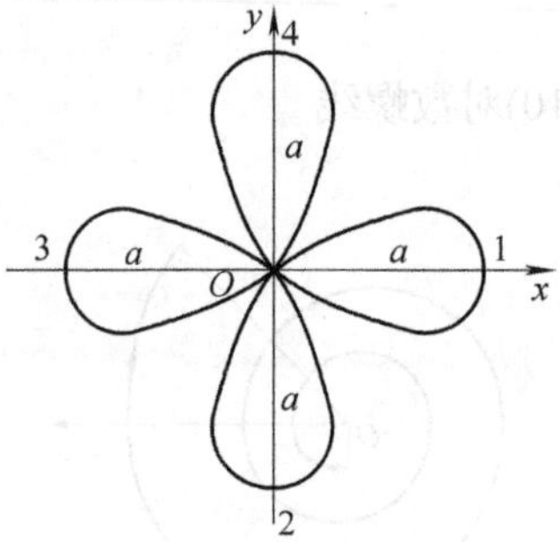


$\rho=a\cos 2\theta$

(16)四叶玫瑰线

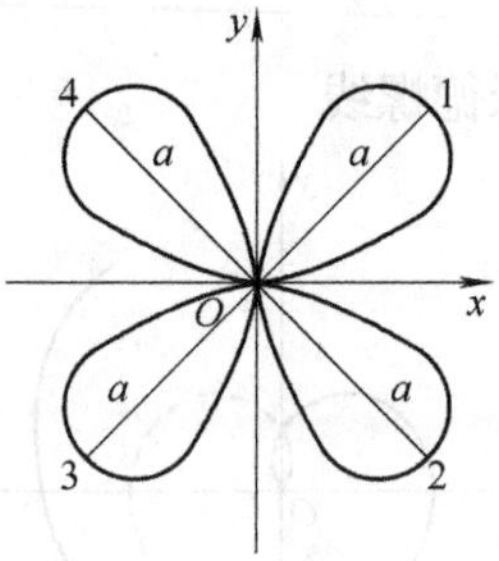


$\rho=a\sin 2\theta$

# 附录B　积 分 表

### (一)含有 $ax+b$ 的积分

1. $\int\frac{\mathrm{d}x}{ax+b}=\frac{1}{a}\ln|ax+b|+C$

2. $\int(ax+b)^{\mu}\mathrm{d}x=\frac{1}{a(\mu+1)}(ax+b)^{\mu+1}+C\quad(\mu\neq-1)$

3. $\int\frac{x}{ax+b}\mathrm{d}x=\frac{1}{a^2}(ax+b-b\ln|ax+b|)+C$

4. $\int\frac{x^2}{ax+b}\mathrm{d}x=\frac{1}{a^3}\left[\frac{1}{2}(ax+b)^2-2b(ax+b)+b^2\ln|ax+b|\right]+C$

5. $\int\frac{\mathrm{d}x}{x(ax+b)}=-\frac{1}{b}\ln\left|\frac{ax+b}{x}\right|+C$

6. $\int\frac{\mathrm{d}x}{x^2(ax+b)}=-\frac{1}{bx}+\frac{a}{b^2}\ln\left|\frac{ax+b}{x}\right|+C$

7. $\int\frac{x}{(ax+b)^2}\mathrm{d}x=\frac{1}{a^2}\left(\ln|ax+b|+\frac{b}{ax+b}\right)+C$

8. $\int\frac{x^2}{(ax+b)^2}\mathrm{d}x=\frac{1}{a^3}\left(ax+b-2b\ln|ax+b|-\frac{b^2}{ax+b}\right)+C$

9. $\int\frac{\mathrm{d}x}{x(ax+b)^2}=\frac{1}{b(ax+b)}-\frac{1}{b^2}\ln\left|\frac{ax+b}{x}\right|+C$

### (二)含有 $\sqrt{ax+b}$ 的积分

10. $\int\sqrt{ax+b}\,\mathrm{d}x=\frac{2}{3a}\sqrt{(ax+b)^3}+C$

11. $\int x\sqrt{ax+b}\,\mathrm{d}x=\frac{2}{15a^2}(3ax-2b)\sqrt{(ax+b)^3}+C$

12. $\int x^2\sqrt{ax+b}\,\mathrm{d}x=\frac{2}{105a^3}(15a^2x^2-12abx+8b^2)\sqrt{(ax+b)^3}+C$

13. $\int\frac{x}{\sqrt{ax+b}}\mathrm{d}x=\frac{2}{3a^2}(ax-2b)\sqrt{ax+b}+C$

14. $\int\frac{x^2}{\sqrt{ax+b}}\mathrm{d}x=\frac{2}{15a^3}(3a^2x^2-4abx+8b^2)\sqrt{ax+b}+C$

15. $\int\frac{\mathrm{d}x}{x\sqrt{ax+b}}=\begin{cases}\frac{1}{\sqrt{b}}\ln\left|\frac{\sqrt{ax+b}-\sqrt{b}}{\sqrt{ax+b}+\sqrt{b}}\right|+C, & (b>0)\\ \frac{2}{\sqrt{-b}}\arctan\sqrt{\frac{ax+b}{-b}}+C, & (b<0)\end{cases}$

16. $\int \frac{dx}{x^2\sqrt{ax+b}} = -\frac{\sqrt{ax+b}}{bx} - \frac{a}{2b}\int \frac{dx}{x\sqrt{ax+b}}$

17. $\int \frac{\sqrt{ax+b}}{x}dx = 2\sqrt{ax+b} + b\int \frac{dx}{x\sqrt{ax+b}}$

18. $\int \frac{\sqrt{ax+b}}{x^2}dx = -\frac{\sqrt{ax+b}}{x} + \frac{a}{2}\int \frac{dx}{x\sqrt{ax+b}}$

**(三)含有 $x^2 \pm a^2$ 的积分**

19. $\int \frac{dx}{x^2+a^2} = \frac{1}{a}\arctan\frac{x}{a} + C$

20. $\int \frac{dx}{(x^2+a^2)^n} = \frac{x}{2(n-1)a^2(x^2+a^2)^{n-1}} + \frac{2n-3}{2(n-1)a^2}\int \frac{dx}{(x^2+a^2)^{n-1}}$

21. $\int \frac{dx}{x^2-a^2} = \frac{1}{2a}\ln\left|\frac{x-a}{x+a}\right| + C$

**(四)含有 $ax^2+b(a>0)$ 的积分**

22. $\int \frac{dx}{ax^2+b} = \begin{cases} \frac{1}{\sqrt{ab}}\arctan\sqrt{\frac{a}{b}}x + C, & (b>0) \\ \frac{1}{2\sqrt{-ab}}\ln\left|\frac{\sqrt{a}x-\sqrt{-b}}{\sqrt{a}x+\sqrt{-b}}\right| + C, & (b<0) \end{cases}$

23. $\int \frac{x}{ax^2+b}dx = \frac{1}{2a}\ln|ax^2+b| + C$

24. $\int \frac{x^2}{ax^2+b}dx = \frac{x}{a} - \frac{b}{a}\int \frac{dx}{ax^2+b}$

25. $\int \frac{dx}{x(ax^2+b)} = \frac{1}{2b}\ln\frac{x^2}{|ax^2+b|} + C$

26. $\int \frac{dx}{x^2(ax^2+b)} = -\frac{1}{bx} - \frac{a}{b}\int \frac{dx}{ax^2+b}$

27. $\int \frac{dx}{x^3(ax^2+b)} = \frac{a}{2b^2}\ln\frac{|ax^2+b|}{x^2} - \frac{1}{2bx^2} + C$

28. $\int \frac{dx}{(ax^2+b)^2} = \frac{x}{2b(ax^2+b)} + \frac{1}{2b}\int \frac{dx}{ax^2+b}$

**(五)含有 $ax^2+bx+c(a>0)$ 的积分**

29. $\int \frac{dx}{ax^2+bx+c} = \begin{cases} \frac{2}{\sqrt{4ac-b^2}}\arctan\frac{2ax+b}{\sqrt{4ac-b^2}} + C, & (b^2<4ac) \\ \frac{1}{\sqrt{b^2-4ac}}\ln\left|\frac{2ax+b-\sqrt{b^2-4ac}}{2ax+b+\sqrt{b^2-4ac}}\right| + C, & (b^2>4ac) \end{cases}$

30. $\int \frac{x}{ax^2+bx+c}dx = \frac{1}{2a}\ln|ax^2+bx+c| - \frac{b}{2a}\int \frac{dx}{ax^2+bx+c}$

**(六)含有 $\sqrt{x^2+a^2}$ ($a>0$)的积分**

31. $\int \frac{\mathrm{d}x}{\sqrt{x^2+a^2}} = \operatorname{arsh}\frac{x}{a} + C_1 = \ln(x+\sqrt{x^2+a^2}) + C$

32. $\int \frac{\mathrm{d}x}{\sqrt{(x^2+a^2)^3}} = \frac{x}{a^2\sqrt{x^2+a^2}} + C$

33. $\int \frac{x}{\sqrt{x^2+a^2}}\mathrm{d}x = \sqrt{x^2+a^2} + C$

34. $\int \frac{x}{\sqrt{(x^2+a^2)^3}}\mathrm{d}x = -\frac{1}{\sqrt{x^2+a^2}} + C$

35. $\int \frac{x^2}{\sqrt{x^2+a^2}}\mathrm{d}x = \frac{x}{2}\sqrt{x^2+a^2} - \frac{a^2}{2}\ln(x+\sqrt{x^2+a^2}) + C$

36. $\int \frac{x^2}{(x^2+a^2)^3}\mathrm{d}x = -\frac{x}{\sqrt{x^2+a^2}} + \ln(x+\sqrt{x^2+a^2}) + C$

37. $\int \frac{\mathrm{d}x}{x\sqrt{x^2+a^2}} = \frac{1}{a}\ln\frac{\sqrt{x^2+a^2}-a}{|x|} + C$

38. $\int \frac{\mathrm{d}x}{x^2\sqrt{x^2+a^2}} = -\frac{\sqrt{x^2+a^2}}{a^2x} + C$

39. $\int \sqrt{x^2+a^2}\,\mathrm{d}x = \frac{x}{2}\sqrt{x^2+a^2} + \frac{a^2}{2}\ln(x+\sqrt{x^2+a^2}) + C$

40. $\int \sqrt{(x^2+a^2)^3}\,\mathrm{d}x = \frac{x}{8}(2x^2+5a^2)\sqrt{x^2+a^2} + \frac{3}{8}a^4\ln(x+\sqrt{x^2+a^2}) + C$

41. $\int x\sqrt{x^2+a^2}\,\mathrm{d}x = \frac{1}{3}\sqrt{(x^2+a^2)^3} + C$

42. $\int x^2\sqrt{x^2+a^2}\,\mathrm{d}x = \frac{x}{8}(2x^2+a^2)\sqrt{x^2+a^2} - \frac{a^4}{8}\ln(x+\sqrt{x^2+a^2}) + C$

43. $\int \frac{\sqrt{x^2+a^2}}{x}\mathrm{d}x = \sqrt{x^2+a^2} + a\ln\frac{\sqrt{x^2+a^2}-a}{|x|} + C$

44. $\int \frac{\sqrt{x^2+a^2}}{x^2}\mathrm{d}x = -\frac{\sqrt{x^2+a^2}}{x} + \ln(x+\sqrt{x^2+a^2}) + C$

**(七)含有 $\sqrt{x^2-a^2}$ ($a>0$)的积分**

45. $\int \frac{\mathrm{d}x}{\sqrt{x^2-a^2}} = \frac{x}{|x|}\operatorname{arch}\frac{|x|}{a} + C_1 = \ln|x+\sqrt{x^2-a^2}| + C$

46. $\int \frac{\mathrm{d}x}{\sqrt{(x^2-a^2)^3}} = -\frac{x}{a^2\sqrt{x^2-a^2}} + C$

47. $\int \frac{x}{\sqrt{x^2-a^2}}\mathrm{d}x = \sqrt{x^2-a^2} + C$

48. $\int \frac{x}{\sqrt{(x^2-a^2)^3}}dx = -\frac{1}{\sqrt{x^2-a^2}} + C$

49. $\int \frac{x^2}{\sqrt{x^2-a^2}}dx = \frac{x}{2}\sqrt{x^2-a^2} + \frac{a^2}{2}\ln|x+\sqrt{x^2-a^2}| + C$

50. $\int \frac{x^2}{\sqrt{(x^2-a^2)^3}}dx = -\frac{x}{\sqrt{x^2-a^2}} + \ln|x+\sqrt{x^2-a^2}| + C$

51. $\int \frac{dx}{x\sqrt{x^2-a^2}} = \frac{1}{a}\arccos\frac{a}{|x|} + C$

52. $\int \frac{dx}{x^2\sqrt{x^2-a^2}} = \frac{\sqrt{x^2-a^2}}{a^2 x} + C$

53. $\int \sqrt{x^2-a^2}dx = \frac{x}{2}\sqrt{x^2-a^2} - \frac{a^2}{2}\ln|x+\sqrt{x^2-a^2}| + C$

54. $\int \sqrt{(x^2-a^2)^3}dx = \frac{x}{8}(2x^2-5a^2)\sqrt{x^2-a^2} + \frac{3}{8}a^4\ln|x+\sqrt{x^2-a^2}| + C$

55. $\int x\sqrt{x^2-a^2}dx = \frac{1}{3}\sqrt{(x^2-a^2)^3} + C$

56. $\int x^2\sqrt{x^2-a^2}dx = \frac{x}{8}(2x^2-a^2)\sqrt{x^2-a^2} - \frac{a^4}{8}\ln|x+\sqrt{x^2-a^2}| + C$

57. $\int \frac{\sqrt{x^2-a^2}}{x}dx = \sqrt{x^2-a^2} - a\arccos\frac{a}{|x|} + C$

58. $\int \frac{\sqrt{x^2-a^2}}{x^2}dx = -\frac{\sqrt{x^2-a^2}}{x} + \ln|x+\sqrt{x^2-a^2}| + C$

**(八)含有$\sqrt{a^2-x^2}\ (a>0)$的积分**

59. $\int \frac{dx}{\sqrt{a^2-x^2}} = \arcsin\frac{x}{a} + C$

60. $\int \frac{dx}{\sqrt{(a^2-x^2)^3}} = \frac{x}{a^2\sqrt{a^2-x^2}} + C$

61. $\int \frac{x}{\sqrt{a^2-x^2}}dx = -\sqrt{a^2-x^2} + C$

62. $\int \frac{x}{\sqrt{(a^2-x^2)^3}}dx = \frac{1}{\sqrt{a^2-x^2}} + C$

63. $\int \frac{x^2}{\sqrt{a^2-x^2}}dx = -\frac{x}{2}\sqrt{a^2-x^2} + \frac{a^2}{2}\arcsin\frac{x}{a} + C$

64. $\int \frac{x^2}{\sqrt{(a^2-x^2)^3}}dx = \frac{x}{\sqrt{a^2-x^2}} - \arcsin\frac{x}{a} + C$

65. $\int \frac{dx}{x\sqrt{a^2-x^2}} = \frac{1}{a}\ln\frac{a-\sqrt{a^2-x^2}}{|x|} + C$

66. $\int \frac{dx}{x^2 \sqrt{a^2-x^2}} = -\frac{\sqrt{a^2-x^2}}{a^2 x} + C$

67. $\int \sqrt{a^2-x^2}dx = \frac{x}{2}\sqrt{a^2-x^2} + \frac{a^2}{2}\arcsin\frac{x}{a} + C$

68. $\int \sqrt{(a^2-x^2)^3}dx = \frac{x}{8}(5a^2-2x^2)\sqrt{a^2-x^2} + \frac{3}{8}a^4\arcsin\frac{x}{a} + C$

69. $\int x\sqrt{a^2-x^2}dx = -\frac{1}{3}\sqrt{(a^2-x^2)^3} + C$

70. $\int x^2\sqrt{a^2-x^2}dx = \frac{x}{8}(2x^2-a^2)\sqrt{a^2-x^2} + \frac{a^4}{8}\arcsin\frac{x}{a} + C$

71. $\int \frac{\sqrt{a^2-x^2}}{x}dx = \sqrt{a^2-x^2} + a\ln\frac{a-\sqrt{a^2-x^2}}{|x|} + C$

72. $\int \frac{\sqrt{a^2-x^2}}{x^2}dx = -\frac{\sqrt{a^2-x^2}}{x} - \arcsin\frac{x}{a} + C$

**(九)含有$\sqrt{\pm ax^2+bx+c}\,(a>0)$的积分**

73. $\int \frac{dx}{\sqrt{ax^2+bx+c}} = \frac{1}{\sqrt{a}}\ln|2ax+b+2\sqrt{a}\sqrt{ax^2+bx+c}| + C$

74. $\int \sqrt{ax^2+bx+c}dx = \frac{2ax+b}{4a}\sqrt{ax^2+bx+c} + \frac{4ac-b^2}{8\sqrt{a^3}}\ln|2ax+b+2\sqrt{a}\sqrt{ax^2+bx+c}| + C$

75. $\int \frac{x}{\sqrt{ax^2+bx+c}}dx = \frac{1}{a}\sqrt{ax^2+bx+c} - \frac{b}{2\sqrt{a^3}}\ln|2ax+b+2\sqrt{a}\sqrt{ax^2+bx+c}| + C$

76. $\int \frac{dx}{\sqrt{c+bx-ax^2}} = -\frac{1}{\sqrt{a}}\arcsin\frac{2ax-b}{\sqrt{b^2+4ac}} + C$

77. $\int \sqrt{c+bx-ax^2}dx = \frac{2ax-b}{4a}\sqrt{c+bx-ax^2} + \frac{b^2+4ac}{8\sqrt{a^3}}\arcsin\frac{2ax-b}{\sqrt{b^2+4ac}} + C$

78. $\int \frac{x}{\sqrt{c+bx-ax^2}}dx = -\frac{1}{a}\sqrt{c+bx-ax^2} + \frac{b}{2\sqrt{a^3}}\arcsin\frac{2ax-b}{\sqrt{b^2+4ac}} + C$

**(十)含有$\sqrt{\pm\frac{x-a}{x-b}}$或$\sqrt{(x-a)(b-x)}$的积分**

79. $\int \sqrt{\frac{x-a}{x-b}}dx = (x-b)\sqrt{\frac{x-a}{x-b}} + (b-a)\ln(\sqrt{|x-a|} + \sqrt{|x-b|}) + C$

80. $\int \sqrt{\frac{x-a}{b-x}}dx = (x-b)\sqrt{\frac{x-a}{b-x}} + (b-a)\arcsin\sqrt{\frac{x-a}{b-a}} + C$

81. $\int \frac{dx}{\sqrt{(x-a)(b-x)}} = 2\arcsin\sqrt{\frac{x-a}{b-a}} + C \quad (a<b)$

82. $\int \sqrt{(x-a)(b-x)}dx = \frac{2x-a-b}{4}\sqrt{(x-a)(b-x)} + \frac{(b-a)^2}{4}\arcsin\sqrt{\frac{x-a}{b-a}} + C \quad (a<b)$

**(十一)含有三角函数的积分**

83. $\int \sin x dx = -\cos x + C$

84. $\int \cos x dx = \sin x + C$

85. $\int \tan x dx = -\ln|\cos x| + C$

86. $\int \cot x dx = \ln|\sin x| + C$

87. $\int \sec x dx = \ln\left|\tan\left(\frac{\pi}{4} + \frac{x}{2}\right)\right| + C = \ln|\sec x + \tan x| + C$

88. $\int \csc x dx = \ln\left|\tan\frac{x}{2}\right| + C = \ln|\csc x - \cot x| + C$

89. $\int \sec^2 x dx = \tan x + C$

90. $\int \csc^2 x dx = -\cot x + C$

91. $\int \sec x \tan x dx = \sec x + C$

92. $\int \csc x \cot x dx = -\csc x + C$

93. $\int \sin^2 x dx = \frac{x}{2} - \frac{1}{4}\sin 2x + C$

94. $\int \cos^2 x dx = \frac{x}{2} + \frac{1}{4}\sin 2x + C$

95. $\int \sin^n x dx = -\frac{1}{n}\sin^{n-1}x\cos x + \frac{n-1}{n}\int \sin^{n-2}x dx$

96. $\int \cos^n x dx = \frac{1}{n}\cos^{n-1}x\sin x + \frac{n-1}{n}\int \cos^{n-2}x dx$

97. $\int \frac{dx}{\sin^n x} = -\frac{1}{n-1}\cdot\frac{\cos x}{\sin^{n-1}x} + \frac{n-2}{n-1}\int \frac{dx}{\sin^{n-2}x}$

98. $\int \frac{dx}{\cos^n x} = \frac{1}{n-1}\cdot\frac{\sin x}{\cos^{n-1}x} + \frac{n-2}{n-1}\int \frac{dx}{\cos^{n-2}x}$

99. $\int \cos^m x \sin^n x dx = \frac{1}{m+n}\cos^{m-1}x\sin^{n+1}x + \frac{m-1}{m+n}\int \cos^{m-2}x\sin^n x dx$

$$=-\frac{1}{m+n}\cos^{m+1}x\sin^{n-1}x+\frac{n-1}{m+n}\int\cos^{m}x\sin^{n-2}x\mathrm{d}x$$

100. $\int\sin ax\cos bx\mathrm{d}x=-\frac{1}{2(a+b)}\cos(a+b)x-\frac{1}{2(a-b)}\cos(a-b)x+C$

101. $\int\sin ax\sin bx\mathrm{d}x=-\frac{1}{2(a+b)}\sin(a+b)x+\frac{1}{2(a-b)}\sin(a-b)x+C$

102. $\int\cos ax\cos bx\mathrm{d}x=\frac{1}{2(a+b)}\sin(a+b)x+\frac{1}{2(a-b)}\sin(a-b)x+C$

103. $\int\frac{\mathrm{d}x}{a+b\sin x}=\frac{2}{\sqrt{a^2-b^2}}\arctan\frac{a\tan\frac{x}{2}+b}{\sqrt{a^2-b^2}}+C(a^2>b^2)$

104. $\int\frac{\mathrm{d}x}{a+b\sin x}=\frac{1}{\sqrt{b^2-a^2}}\ln\left|\frac{a\tan\frac{x}{2}+b-\sqrt{b^2-a^2}}{a\tan\frac{x}{2}+b+\sqrt{b^2-a^2}}\right|+C\quad(a^2<b^2)$

105. $\int\frac{\mathrm{d}x}{a+b\cos x}=\frac{2}{a+b}\sqrt{\frac{a+b}{a-b}}\arctan\left(\sqrt{\frac{a-b}{a+b}}\tan\frac{x}{2}\right)+C\quad(a^2>b^2)$

106. $\int\frac{\mathrm{d}x}{a+b\cos x}=\frac{1}{a+b}\sqrt{\frac{a+b}{b-a}}\ln\left|\frac{\tan\frac{x}{2}+\sqrt{\frac{a+b}{b-a}}}{\tan\frac{x}{2}-\sqrt{\frac{a+b}{b-a}}}\right|+C\quad(a^2<b^2)$

107. $\int\frac{\mathrm{d}x}{a^2\cos^2x+b^2\sin^2x}=\frac{1}{ab}\arctan\left(\frac{b}{a}\tan x\right)+C$

108. $\int\frac{\mathrm{d}x}{a^2\cos^2x-b^2\sin^2x}=\frac{1}{2ab}\ln\left|\frac{b\tan x+a}{b\tan x-a}\right|+C$

109. $\int x\sin ax\mathrm{d}x=\frac{1}{a^2}\sin ax-\frac{1}{a}x\cos ax+C$

110. $\int x^2\sin ax\mathrm{d}x=-\frac{1}{a}x^2\cos ax+\frac{2}{a^2}x\sin ax+\frac{2}{a^3}\cos ax+C$

111. $\int x\cos ax\mathrm{d}x=\frac{1}{a^2}\cos ax+\frac{1}{a}x\sin ax+C$

112. $\int x^2\cos ax\mathrm{d}x=\frac{1}{a}x^2\sin ax+\frac{2}{a^2}x\cos ax-\frac{2}{a^3}\sin ax+C$

**(十二)含有反三角函数的积分(其中 $a>0$)**

113. $\int\arcsin\frac{x}{a}\mathrm{d}x=x\arcsin\frac{x}{a}+\sqrt{a^2-x^2}+C$

114. $\int x\arcsin\frac{x}{a}\mathrm{d}x=\left(\frac{x^2}{2}-\frac{a^2}{4}\right)\arcsin\frac{x}{a}+\frac{x}{4}\sqrt{a^2-x^2}+C$

115. $\int x^2\arcsin\frac{x}{a}\mathrm{d}x=\frac{x^3}{3}\arcsin\frac{x}{a}+\frac{1}{9}(x^2+2a^2)\sqrt{a^2-x^2}+C$

116. $\int \arccos \frac{x}{a} \mathrm{d}x = x\arccos \frac{x}{a} - \sqrt{a^2 - x^2} + C$

117. $\int x\arccos \frac{x}{a} \mathrm{d}x = \left(\frac{x^2}{2} - \frac{a^2}{4}\right)\arccos \frac{x}{a} - \frac{x}{4}\sqrt{a^2 - x^2} + C$

118. $\int x^2\arccos \frac{x}{a} \mathrm{d}x = \frac{x^3}{3}\arccos \frac{x}{a} - \frac{1}{9}(x^2 + 2a^2)\sqrt{a^2 - x^2} + C$

119. $\int \arctan \frac{x}{a} \mathrm{d}x = x\arctan \frac{x}{a} - \frac{a}{2}\ln(a^2 + x^2) + C$

120. $\int x\arctan \frac{x}{a} \mathrm{d}x = \frac{1}{2}(a^2 + x^2)\arctan \frac{x}{a} - \frac{a}{2}x + C$

121. $\int x^2\arctan \frac{x}{a} \mathrm{d}x = \frac{x^3}{3}\arctan \frac{x}{a} - \frac{a}{6}x^2 + \frac{a^3}{6}\ln(a^2 + x^2) + C$

**(十三)含有指数函数的积分**

122. $\int a^x \mathrm{d}x = \frac{1}{\ln a}a^x + C$

123. $\int \mathrm{e}^{ax} \mathrm{d}x = \frac{1}{a}\mathrm{e}^{ax} + C$

124. $\int x\mathrm{e}^{ax} \mathrm{d}x = \frac{1}{a^2}(ax - 1)\mathrm{e}^{ax} + C$

125. $\int x^n\mathrm{e}^{ax} \mathrm{d}x = \frac{1}{a}x^n\mathrm{e}^{ax} - \frac{n}{a}\int x^{n-1}\mathrm{e}^{ax} \mathrm{d}x$

126. $\int xa^x \mathrm{d}x = \frac{x}{\ln a}a^x - \frac{1}{(\ln a)^2}a^x + C$

127. $\int x^n a^x \mathrm{d}x = \frac{1}{\ln a}x^n a^x - \frac{n}{\ln a}\int x^{n-1}a^x \mathrm{d}x$

128. $\int \mathrm{e}^{ax}\sin bx \mathrm{d}x = \frac{1}{a^2 + b^2}\mathrm{e}^{ax}(a\sin bx - b\cos bx) + C$

129. $\int \mathrm{e}^{ax}\cos bx \mathrm{d}x = \frac{1}{a^2 + b^2}\mathrm{e}^{ax}(b\sin bx + a\cos bx) + C$

130. $\int \mathrm{e}^{ax}\sin^n bx \mathrm{d}x = \frac{1}{a^2 + b^2n^2}\mathrm{e}^{ax}\sin^{n-1}bx(a\sin bx - nb\cos bx) +$

$\frac{n(n-1)b^2}{a^2 + b^2n^2}\int \mathrm{e}^{ax}\sin^{n-2}bx \mathrm{d}x$

131. $\int \mathrm{e}^{ax}\cos^n bx \mathrm{d}x = \frac{1}{a^2 + b^2n^2}\mathrm{e}^{ax}\cos^{n-1}bx(a\cos bx + nb\sin bx) +$

$\frac{n(n-1)b^2}{a^2 + b^2n^2}\int \mathrm{e}^{ax}\cos^{n-2}bx \mathrm{d}x$

**(十四)含有对数函数的积分**

132. $\int \ln x \mathrm{d}x = x\ln x - x + C$

133. $\int \frac{\mathrm{d}x}{x\ln x} = \ln|\ln x| + C$

134. $\int x^n \ln x \mathrm{d}x = \frac{1}{n+1}x^{n+1}\left(\ln x - \frac{1}{n+1}\right) + C$

135. $\int (\ln x)^n \mathrm{d}x = x(\ln x)^n - n\int (\ln x)^{n-1}\mathrm{d}x$

136. $\int x^m (\ln x)^n \mathrm{d}x = \frac{1}{m+1}x^{m+1}(\ln x)^n - \frac{n}{m+1}\int x^m (\ln x)^{n-1}\mathrm{d}x$

**(十五)定积分**

137. $\int_{-\pi}^{\pi} \cos nx \mathrm{d}x = \int_{-\pi}^{\pi} \sin nx \mathrm{d}x = 0$

138. $\int_{-\pi}^{\pi} \cos mx \sin nx \mathrm{d}x = 0$

139. $\int_{-\pi}^{\pi} \cos mx \cos nx dx = \begin{cases} 0, & m \neq n \\ \pi, & m = n \end{cases}$

140. $\int_{-\pi}^{\pi} \sin mx \sin nx \mathrm{d}x = \begin{cases} 0, & m \neq n \\ \pi, & m = n \end{cases}$

141. $\int_{0}^{\pi} \sin mx \sin nx \mathrm{d}x = \int_{0}^{\pi} \cos mx \cos nx \mathrm{d}x = \begin{cases} 0, & m \neq n \\ \pi/2, & m = n \end{cases}$

142. $I_n = \int_{0}^{\frac{\pi}{2}} \sin^n x \mathrm{d}x = \int_{0}^{\frac{\pi}{2}} \cos^n x \mathrm{d}x$

$$I_n = \frac{n-1}{n} I_{n-2}$$

$$= \begin{cases} \frac{n-1}{n} \cdot \frac{n-3}{n-2} \cdot \cdots \cdot \frac{4}{5} \cdot \frac{2}{3} & (n\text{ 为大于 1 的正奇数}), \quad I_1 = 1 \\ \frac{n-1}{n} \cdot \frac{n-3}{n-2} \cdot \cdots \cdot \frac{3}{4} \cdot \frac{1}{2} \cdot \frac{\pi}{2} & (n\text{ 为正偶数}), \quad I_0 = \frac{\pi}{2} \end{cases}$$

# 部分习题答案与提示

## 第 1 章

**习题 1.1**

1. (1)$(-1,+\infty)$； (2)$(-3,3)$；
   (3)$[0,1)\cup(1,+\infty)$； (4)$(-\infty,0)\cup(0,2)\cup(2,+\infty)$；
   (5)$(-1,0)$.

2. (1)不相同，因为定义域不同； (2)相同；
   (3)不相同，因为对应法则不同； (4)相同.

3. (1)偶函数； (2)奇函数； (3)非奇非偶函数；
   (4)偶函数； (5)奇函数； (6)奇函数.

4. (1)$y=\dfrac{1+x}{1-x}$； (2)$y=e^{x-1}-2$； (3)$y=\log_2\dfrac{x}{1-x}$.

5. $f\left(\dfrac{1}{x}\right)=\dfrac{1}{x^2}-2$.

6. $f(-2)=-5, f(-1)=0, f(0)=1, f(1)=2, f(3)=5$.

7. $f[g(x)]=\begin{cases}1, & x<0,\\ 0, & x=0,\\ -1, & x>0,\end{cases}$ $g[f(x)]=\begin{cases}e, & |x|<1,\\ 1, & |x|=1,\\ e^{-1}, & |x|>1.\end{cases}$

8. (1)$[0,1)$； (2)$(1,e]$； (3)$\left(\dfrac{1}{3},\dfrac{2}{3}\right]$.

9. (1)$y=\sqrt{x^2+5}, y_0=3$；
   (2)$y=4\cos^2 x, y_0=3$；
   (3)$y=e^{\sqrt{\ln t}}, y_1=1, y_2=\sqrt{e}$.

10. 销售总收益 $R$ 与销售量 $x$ 的函数关系是 $R=\begin{cases}130x, & 0\leqslant x\leqslant 700,\\ 9100+117x, & 700<x\leqslant 1000.\end{cases}$

11. $L=-80p^2+1760p-33400$.

**习题 1.2**

1. (1)收敛，0；(2)收敛，0；(3)收敛，1；(4)发散；(5)收敛，$-1$；(6)发散.

2～3. 略.

**习题 1.3**

1～3. 略.

4. (1) $f(0^-)=0$, $f(0^+)=0$, $\lim\limits_{x\to 0}f(x)=0$;

(2) $f(0^-)=-1$, $f(0^+)=1$, $\lim\limits_{x\to 0}f(x)$不存在.

**习题 1.4**

1. (1)无穷大;(2)无穷小;(3)无穷小;(4)既不是无穷小也不是无穷大.

2. (1)当 $x\to 1$ 或 $x\to\infty$时为无穷小,当 $x\to 0$ 时为无穷大;

(2)当 $x\to 0$ 时为无穷小,当 $x\to 1$ 或当 $x\to\infty$时为无穷大.

3. (1)0;　(2)0;　(3)0;　(4)$\infty$.

**习题 1.5**

1. (1)2;　(2)$\frac{\sqrt{2}}{3}$;　(3)4　(4)$-1$;　(5)1;

(6)$\frac{2}{5}$;　(7)$2x$;　(8)0;　(9)$\frac{1}{2}$;　(10)6;

(11)2;　(12)1;　(13)$-\frac{1}{4}$;　(14)$-1$.

2. (1)$-1$;　(2)2;　(3)1;　(4)$-\frac{1}{8}$.

3. (1)$a=-4$, $b=-4$;(2)$a=-4$, $b=-2$;(3)$a\neq -4$, $b$ 为任意实数.

4. $k=-3$, $a=4$.

**习题 1.6**

1. (1)$\omega$;　(2)$\frac{2}{3}$;　(3)$\pi$;　(4)$-\frac{1}{2}$;

(5)8;　(6)$\frac{1}{2}$;　(7)$\frac{1}{3}$;　(8)$2x$.

2. (1)$e^2$;　(2)$e^{-2}$;　(3)$e^4$;　(4)$e^{-3}$;　(5)$e^{-6}$;　(6)$e^4$.

3. 略.

**习题 1.7**

1. 当 $x\to 0$ 时,$x^2-x^3$ 是比 $x-x^2$ 高阶的无穷小.

2. (1)同阶但不等价;(2)同阶且等价;(3)同阶但不等价.

3. $a=\frac{1}{2}$, $n=3$.

4. (1)$\frac{2}{3}$;　(2)$\frac{1}{4}$;　(3)1;　(4)$-\frac{1}{2}$;　(5)2;

(6)$-1$;　(7)$\infty(m<n)$, $1(m=n)$, $0(m>n)$;

**习题 1.8**

1. (1)在 $x=1$ 处连续;(2)在 $x=0$ 处连续;(3)在 $x=0$ 及 $x=1$ 处均不连续.

2. (1) $f(x)$在$(-\infty,1)$,$(1,2)$,$(2,+\infty)$内连续，$x=1$是第一类的可去间断点，$x=2$是第二类的无穷间断点；

 (2) $f(x)$在$(-\infty,-1)$,$(-1,0)$,$(0,+\infty)$内连续，$x=-1$是第二类的无穷间断点，$x=0$是第一类的跳跃间断点；

 (3) $f(x)$在$(-\infty,0)$,$(0,+\infty)$内连续，$x=0$是第二类间断点；

 (4) $f(x)$在$(-\infty-1)$,$(-1,1)$,$(1,+\infty)$内连续，$x=-1$及$x=1$都是第一类的跳跃间断点.

3. $(-\infty,-3)$,$(-3,2)$,$(2+\infty)$,$\lim\limits_{x\to1}f(x)=\dfrac{1}{2}$,$\lim\limits_{x\to2}f(x)=\dfrac{3}{5}$,$\lim\limits_{x\to-3}f(x)=\infty$.

4. (1)$\dfrac{1}{8}$；　(2)0；　(3)2；　(4)$e^{-\frac{1}{2}}$；　(5)$e^{-\frac{1}{2}}$.

5. $a=-3$.

6. $k=e^2$.

**习题 1.9**

1～4. 略.

**总习题 1**

1. (1)D；　(2)C；　(3)A；　(4)D；　(5)B.

2. (1)$-3,\dfrac{1}{5}$；(2)$-1,1$；　(3)9,3.

3. (1)$\dfrac{p+q}{2}$；　(2)1；　(3)$e^{-5}$；　(4)$\dfrac{1}{2}$；　(5)1；　(6)$\dfrac{1}{e}$.

4. (1)$a=1,b=\dfrac{1}{2}$；(2)$a=1,b\neq\dfrac{1}{2}$；(3)$a\neq1$，$b$为任意实数.

5. $x=-1$,$x=1$均为第一类的跳跃间断点.

6. $\left(-3,-\dfrac{5}{2}\right)$,$\left(0,\dfrac{1}{2}\right)$,$\left(2,\dfrac{5}{2}\right)$(答案不唯一).

# 第 2 章



**习题 2.1**

1. $f'(x)=b$.

2. 略.

3. 6.

4. $f'_-(0)=-1$,$f'_+(0)=1$;$f(x)$在点$x=0$处不可导.

5. (1)$5x^4$；　(2)$2.6x^{1.6}$；　(3)$\dfrac{2}{3}x^{-\frac{1}{3}}$；　(4)$-\dfrac{1}{2}x^{-\frac{3}{2}}$；

(5) $-2x^{-3}$； (6) $\frac{3}{2}\sqrt{x}$； (7) $-\frac{1}{6}x^{-\frac{7}{6}}$.

6. 2,6.

7. (1)连续但不可导；(2)连续且可导；(3)连续但不可导.

8. 略.

9. 切线方程为 $x-y+1=0$,法线方程为 $x+y-1=0$.

10. 切线方程为 $4x-4\sqrt{2}y+4-\pi=0$,法线方程为 $4x+2\sqrt{2}y-2-\pi=0$.

11. $(2,\ln 2)$.

12. 略.

**习题 2.2**

1. (1) $6x+\frac{4}{x^3}$； (2) $4x+\frac{5}{2}x^{\frac{3}{2}}$；

(3) $10x^9-10^x\ln 10$； (4) $\frac{1}{2\sqrt{x}}-\frac{1}{x^2}+2\sin x$；

(5) $x^3(4\ln x+1)$； (6) $e^x(\cos x-\sin x)$；

(7) $2x\arctan x+\frac{x^2}{1+x^2}$； (8) $\tan x+x\sec^2 x-2\sec x\tan x$；

(9) $e^x(x\cos x-\sin x-x\sin x)$；

(10) $(x+b)(x+c)+(x+a)(x+c)+(x+a)(x+b)$；

(11) $\frac{2}{(x+1)^2}$； (12) $\frac{1+\sin t+\cos t}{(1+\cos t)^2}$；

(13) $-\frac{2x+1}{(x^2+x+1)^2}$； (14) $\frac{e^x(x\ln x-\ln x-1)}{(x\ln x)^2}$；

(15) $\frac{(\sin x+x\cos x)(1+\tan x)-x\sin x\sec^2 x}{(1+\tan x)^2}$.

2. 切线方程为 $2x-y-2=0$,法线方程为 $x+2y-1=0$.

3. $(1,0),(-1,-4)$.

4. (1) $2e^{2x}$； (2) $\frac{1}{x-1}$；

(3) $-9(1-3x)^2$； (4) $\frac{1}{x^2}\sin\frac{1}{x}$；

(5) $\frac{4x}{3\sqrt[3]{x^2-1}}$； (6) $\frac{2\arcsin x}{\sqrt{1-x^2}}$；

(7) $\frac{4e^{2x}}{(e^{2x}+1)^2}$； (8) $\sec x$；

(9) $-\frac{2x}{x^4-1}$； (10) $-\frac{1}{1+x^2}$；

(11) $2\cot 2x$；　(12) $\dfrac{\cos\sqrt{2x+1}}{\sqrt{2x+1}}$；

(13) $-x\tan x^2\sqrt{\cos x^2}$；　(14) $n\sin^{n-1}x\cdot\sin(n+1)x$；

(15) $\dfrac{\ln x-1}{\ln^2 x}2^{\frac{x}{\ln x}}\ln 2$；　(16) $a\omega\sin 2(\omega t+\varphi)$；

(17) $-\dfrac{2(x\sin 2x+\cos 2x)}{x^3}$；　(18) $\dfrac{1}{\sqrt{x^2+a^2}}$；

(19) $\dfrac{a^2-2x^2}{2\sqrt{a^2-x^2}}$；　(20) $\arcsin\dfrac{x}{2}$.

5. (1) $-1$；　(2) $\dfrac{13}{3}$；　(3) $-\dfrac{1}{18}$.

6. (1) $2xf'(x^2)$；　(2) $3f^2(x)f'(x)$；

(3) $\sin 2x[f'(\sin^2 x)-f'(\cos^2 x)]$；　(4) $y=-\dfrac{f(x)f'(x)}{\sqrt{1-f^2(x)}}$.

**习题 2.3**

1. (1) $6-\dfrac{1}{x^2}$；　(2) $4e^{1-2x}$；

(3) $4+\dfrac{3}{4}x^{-\frac{5}{2}}+8x^{-3}$；　(4) $2\sec^2 x\tan x$；

(5) $-\dfrac{a^2}{(a^2-x^2)^{\frac{3}{2}}}$；　(6) $-\dfrac{2(1+x^2)}{(1-x^2)^2}$；

(7) $2\arctan x+\dfrac{2x}{1+x^2}$；　(8) $2xe^{x^2}(2x^2+3)$；

(9) $\dfrac{e^x(x^2-2x+2)}{x^3}$；　(10) $-\dfrac{x}{(x^2+1)^{\frac{3}{2}}}$；

(11) $-2e^{-x}\cos x$.

2. 96.

3. (1) $\dfrac{f''(x)f(x)-[f'(x)]^2}{[f(x)]^2}$；　(2) $5x^3[4f'(x^5)+5x^5f''(x^5)]$.

4. 略.



5. (1) $n!$；　(2) $2^n e^{2x+1}$；

(3) $e^x(x+n)$；　(4) $2^{n-1}\sin\left[2x+\dfrac{(n-1)\pi}{2}\right]$；

(5) $(-1)^{n-1}\dfrac{2\cdot n!}{(x+1)^{n+1}}$；　(6) $\dfrac{(-1)^n(n-2)!}{x^{n-1}}(n\geqslant 2)$.

**习题 2.4**

1. (1) $\dfrac{3x}{y}$；　(2) $\dfrac{y-x^2}{y^2-x}$；

(3) $\dfrac{e^y}{1-xe^{xy}}$； (4) $\dfrac{e^{x+y}-y}{x-e^{x+y}}$.

2. $x+y-\dfrac{\sqrt{2}}{2}a=0, x-y=0$.

3. $x+ey-e=0, ex-y+1=0$.

4. (1) $-\dfrac{x^2+4y^2}{16y^3}$； (2) $\dfrac{4\sin y}{(\cos y-2)^3}$；

(3) $-\dfrac{\cos(x+y)}{[1+\sin(x+y)]^3}$.

5. (1) $(1+x^2)^{\tan x}\left[\sec^2 x\ln(1+x^2)+\dfrac{2x\tan x}{1+x^2}\right]$；

(2) $\left(\dfrac{x}{1+x}\right)^x\left(\ln\dfrac{x}{1+x}+\dfrac{1}{1+x}\right)$；

(3) $\sqrt{\dfrac{x(x^2+1)}{(x^2-1)^3}}\left[\dfrac{1}{2x}+\dfrac{x}{x^2+1}-\dfrac{3x}{x^2-1}\right]$；

(4) $\dfrac{(x+1)^2\sqrt{3x-2}}{x^3\sqrt{2x+1}}\left[\dfrac{2}{x+1}+\dfrac{3}{2(3x-2)}-\dfrac{3}{x}-\dfrac{1}{2x+1}\right]$.

6. (1) $t$； (2) $-4\sin t$；

(3) $\dfrac{\cos\theta-\theta\sin\theta}{1-\sin\theta-\theta\cos\theta}$.

7. $2x+3y-12=0, 3x-2y-5=0$.

8. $2x+2y-1=0, 2x-2y-1=0$.

9. (1) $-\dfrac{1}{t^3}$； (2) $-\dfrac{b}{a^2\sin^3 t}$； (3) $\dfrac{1+t^2}{4t^3}$.

**习题 2.5**

1. (a) $\Delta y>0, dy>0, \Delta y-dy>0$； (b) $\Delta y>0, dy>0, \Delta y-dy<0$；

(c) $\Delta y<0, dy<0, \Delta y-dy<0$； (d) $\Delta y<0, dy<0, \Delta y-dy>0$.

2. (1) $11dx$； (2) 0.2.

3. (1) $\left(1-\dfrac{1}{x^2}\right)dx$； (2) $\dfrac{1}{x-1}dx$；

(3) $(\cos 2x-2x\sin 2x)dx$； (4) $x(2-x)e^{-x}dx$；

(5) $-\dfrac{4x}{(1+x^2)^2}dx$； (6) $-(x^2-1)^{-\frac{3}{2}}dx$；

(7) $-\dfrac{x}{|x|\sqrt{1-x^2}}dx$； (8) $e^{-x}[\sin(1-x)-\cos(1-x)]dx$.

4. (1) $2x+C$； (2) $\ln|x|+C$；

(3) $2\sqrt{x}+C$； (4) $\dfrac{1}{2}\ln|2x+1|+C$；

(5) $\frac{2}{3}x^{\frac{3}{2}}+C$；　　(6) $-\frac{1}{x+1}+C$；

(7) $-\frac{1}{3}e^{-3x}+C$；　　(8) $\frac{1}{2}\tan 2x+C$.

5. 0.03355 g.

6. 约减少 $43.63\text{cm}^2$；约增加 $104.72\text{cm}^2$.

7. (1)2.0052；　　(2)0.8748.

**习题 2.6**

1. (1)1775，约 1.97；　　(2)1.5，约 1.67.

2. (1)1800，18；　　(2)6.5，6(经济意义略).

3. 175，−1.

4. $R'(Q)=10-0.4Q$；6，−2(经济意义略).

5. $\frac{9}{11}$.

6. 1，1.25.

7. (1) $\frac{1}{3}$；　(2)若价格上涨 1%，总收益增加 0.67%.

**总习题 2**

1. (1)A；　(2)C；　(3)D；　(4)A；　(5)B.

2. (1)100!；　(2) $2x^2+1$；　(3) $\pi$；　(4) $-\frac{2^{-x}\ln 2}{1+2^{-x}}dx$；

(5)−1，−1，1.

3. (1) $ax^{a-1}+a^x\ln a$；　(2) $\frac{1}{x^2}\sin\frac{1}{x}e^{\cos\frac{1}{x}}$；　(3) $\frac{e^x}{\sqrt{1+e^{2x}}}$；

(4) $\frac{1}{2\sqrt{x}(1+x)}$；　(5) $\sqrt{x\sin 2x\sqrt{e^{4x}+1}}\left(\frac{1}{2x}+\cot 2x+\frac{e^{4x}}{e^{4x}+1}\right)$.

4. (1) $-\csc^2(x+y)$；　(2) $\frac{1}{x(1+\ln y)}$.

5. $y'(0)=0$，$y''(0)=0$.

6. (1) $-\tan t$，$\frac{1}{3}\sec^4 t\csc t$；　(2) $t$，$\frac{1}{f''(t)}$.

7. $a=-1$，$b=2$.

8. 略.

9. 日总成本函数 $C(Q)=100+20Q$，日总利润函数 $L(Q)=-20Q^2+320Q-100$，日边际成本函数 $C'(Q)=20$，日边际利润函数 $L'(Q)=320-40Q$.

10. (1)−24，它表示当价格为 6 时，再上涨一个单位价格，需求将减少 24 个单位；

(2)−1.85，它表示当价格为 6 时，再上涨 1%，需求将减少 1.85%；

(3)价格下降2%时,总收益将增加1.69%.

# 第3章

**习题3.1**

1～4. 略.

**习题3.2**

1. (1)6;　(2)$\cos a$;　(3)2;　(4)$-\frac{1}{3}$;　(5)1;　(6)$-\frac{1}{8}$;

(7)2;　(8)$\frac{1}{3}$;　(9)$\frac{1}{4}$;　(10)$\frac{1}{2}$;　(11)1;　(12)$e^{-\frac{1}{2}}$.

2. 略.

**习题3.3**

1. $f(x)=-44-25(x-3)+9(x-3)^2+7(x-3)^3+(x-3)^4$.
2. $f(x)=1-9x+30x^2-45x^3+30x^4-9x^5+x^6$.
3. $xe^x=x+x^2+\frac{1}{2!}x^3+\cdots+\frac{1}{(n-1)!}x^n+\frac{(\theta x+n)e^{\theta x}}{(n+1)!}x^{n+1}(0<\theta<1)$.
4. $f(x)=x^2-\frac{1}{3}x^4+o(x^6)$.

**习题3.4**

1. (1)在$(-\infty,-1]$、$[1,+\infty)$内单调减少,在$[-1,1]$内单调增加;

(2)在$(-\infty,-1]$、$[1+\infty)$内单调减少,在$[-1,1]$内单调增加;

(3)在$(0,2]$内单调减少,在$[2,+\infty)$内单调增加;

(4)在$[0,1]$内单调增加,在$[1,2]$内单调减少;

(5)在$\left[0,\frac{\pi}{3}\right]$、$\left[\frac{5\pi}{3},2\pi\right]$内单调减少,在$\left[\frac{\pi}{3},\frac{5\pi}{3}\right]$内单调增加;

(6)在$(-\infty,0]$、$\left[\frac{2}{5},+\infty\right)$内单调增加,在$\left[0,\frac{2}{5}\right]$内单调减少.

2. 略.

3. (1)极大值$y(0)=7$,极小值$y(1)=6$;

(2)极大值$y(\pm1)=1$,极小值$y(0)=0$;

(3)极小值$y(0)=0$;

(4)极小值$y(1)=2$;

(5)极小值$y\left(\frac{1}{2}\right)=-\frac{27}{16}$.

4. $a=\frac{2}{3}$,$f\left(\frac{\pi}{3}\right)=\frac{\sqrt{3}}{2}$为极大值.

5. (1)最大值 28,最小值 $-4$；

(2)最大值 5,最小值 $-11$；

(3)最大值$\frac{17}{8}$,最小值$-10+\sqrt{6}$；

(4)最大值 $y(1)=\frac{1}{2}$；

(5)最小值 $y(-2)=12$.

6. 3,3.

7. 半径∶高＝1∶1.

8. (1)1000； (2)6000.

9. $\frac{6-2\sqrt{6}}{3}\pi$.

10. $\theta=\frac{\pi}{3}$,最大流量为$\frac{3\sqrt{3}}{4}a^2v$.

11. 1800 元.

**习题 3.5**

1. (1)在$\left(-\infty,\frac{1}{2}\right]$内是凸的,在$\left[\frac{1}{2},+\infty\right)$上是凹的,拐点$\left(\frac{1}{2},\frac{3}{2}\right)$.

(2)在$(-\infty,-1]$,$[1,+\infty)$内是凸的,在$[-1,1]$上是凹的,拐点$(-1,\ln 2)$,$(1,\ln 2)$.

(3)在$(-\infty,0]$上是凹的,在$[0,+\infty)$内是凸的,拐点$(0,0)$.

(4)在$(-\infty,-1)$,$(-1,2]$内是凸的,在$[2,+\infty)$上是凹的,拐点$\left(2,\frac{2}{9}\right)$.

2. $a=-\frac{3}{2}$,$b=\frac{9}{2}$.

**习题 3.6**

1. (1)水平渐近线 $y=0$;铅直渐近线 $x=-2$；

(2)水平渐近线 $y=0$；

(3)铅直渐近线 $x=\pm 1$；

(4)水平渐近线 $y=1$,$y=-1$;铅直渐近线 $x=0$.

2. 略.

**习题 3.7**

1. (1)$K=2$,$\rho=\frac{1}{2}$；

(2)在点$(x,y)$处 $K=|\cos x|$,$\rho=|\sec x|$,在点$(0,0)$处 $K=\rho=1$；

(3)$K=\frac{1}{4}$,$\rho=4$.

2. $\left(\frac{\sqrt{2}}{2},-\frac{\ln 2}{2}\right)$处曲率半径有最小值$\frac{3\sqrt{3}}{2}$.

**习题 3.8**

1. $0.18<\xi<0.19$.
2. $1.32<\xi<1.33$.
3. $1.378<\xi<1.379$.

**总习题 3**

1. 选择题

(1)B；　(2)A；　(3)A；　(4)D；　(5)C.

2. 填空题

(1)e −1；　(2)1；　(3)[0,1)；　(4)2，−3.

3. (1)$-\frac{1}{2}$；　(2)$\frac{1}{2}$；　(3)25.

4. $a=-6,b=9,c=2$.

5. (1,2)和(−1,−2)

6. 略.

7. 提示：构造函数 $F(x)=f(x)g(x)$.

8. 略.

9. 提示：作辅助函数 $F(x)=a_0x+\frac{a_1}{2}x^2+\frac{a_2}{3}x^3+\cdots+\frac{a_n}{n+1}x^{n+1}$.

10. 正方形的周长为$\frac{4a}{4+\pi}$,圆的周长为$\frac{\pi a}{4+\pi}$.

11. $\sqrt{\frac{a}{k}}$.

# 第 4 章

**习题 4.1**

1. (1)$-x^{-2}+C$；　(2)$\frac{3}{10}x^{\frac{10}{3}}+C$；

(3)$x+\frac{2}{3}x^3+\frac{1}{5}x^5+C$；　(4)$\frac{2}{5}x^{\frac{5}{2}}-2x^{\frac{3}{2}}+4x^{\frac{1}{2}}+C$；

(5)$\sqrt{\frac{2h}{g}}+C$；　(6)$\frac{1}{3}x^3+\frac{2}{5}x^{\frac{5}{2}}-\frac{2}{3}x^{\frac{3}{2}}-x+C$；

(7)$2e^x+3\ln|x|+C$；　(8)$e^x-\tan x+C$；

(9)$\frac{2^xe^x}{1+\ln 2}+C$；　(10)$2x-\frac{5\cdot 2^x}{3^x(\ln 2-\ln 3)}+C$；

(11) $-\cot x-x+C$； (12) $\tan x-\sec x+C$；

(13) $\dfrac{x+\sin x}{2}+C$； (14) $\dfrac{1}{2}\tan x+C$；

(15) $\sin x-\cos x+C$； (16) $-\cot x-\tan x+C$；

(17) $3\arctan x-2\arcsin x+C$； (18) $\arcsin x+C$；

(19) $x-\arctan x+C$； (20) $\ln|x|+\arctan x+C$；

(21) $-\dfrac{1}{x}+\arctan x+C$.

3. $2^x\ln 2$.

4. $y=\ln|x|-1$.

5. $s=3t+t^3$.

6. 略.

**习题 4.2**

1. 略.

2. (1) $\dfrac{1}{3}e^{3x}+C$； (2) $\dfrac{1}{2}\sin 2x+C$；

(3) $-\dfrac{1}{50}(1-5x)^{10}+C$； (4) $\dfrac{1}{3}(2x+1)^{\frac{3}{2}}+C$；

(5) $-\dfrac{1}{2}(1-3x)^{\frac{2}{3}}+C$； (6) $-\dfrac{1}{2}\cos x^2+C$；

(7) $\dfrac{1}{18}\ln(4+9x^2)+C$； (8) $\sqrt{x^2-6}+C$；

(9) $\dfrac{1}{9}(1+2x^3)^{\frac{3}{2}}+C$； (10) $-\sin\dfrac{1}{x}+C$；

(11) $-2e^{-\sqrt{x}}+C$； (12) $2\arctan\sqrt{x}+C$；

(13) $\dfrac{1}{2}\ln|2\ln x+1|+C$； (14) $\arcsin(\ln x)+C$；

(15) $\dfrac{1}{2}\ln(1+e^{2x})+C$； (16) $x-\ln(1+e^x)+C$；

(17) $-\dfrac{1}{\arcsin x}+C$； (18) $\dfrac{2^{\arctan x}}{\ln 2}+C$；

(19) $\ln|\tan x|+C$； (20) $2\sqrt{\sin x-\cos x}+C$；

(21) $\dfrac{1}{3}\cos^3 x-\cos x+C$； (22) $\dfrac{1}{3}\sin^3 x-\dfrac{1}{5}\sin^5 x+C$；

(23) $\dfrac{1}{7}\sec^7 x-\dfrac{2}{5}\sec^5 x+\dfrac{1}{3}\sec^3 x+C$；

(24) $-\dfrac{1}{8}\sin 4x+\dfrac{1}{4}\sin 2x+C$； (25) $\dfrac{1}{2}x-\dfrac{1}{16}\sin 8x+C$；

(26) $\frac{1}{2}\arctan(\sin^2 x)+C$.

3. (1) $\frac{a^2}{2}\arcsin\frac{x}{a}-\frac{x}{2}\sqrt{a^2-x^2}+C$; (2) $\frac{x}{\sqrt{1-x^2}}+C$;

(3) $\frac{1}{2}\ln\left|\frac{2-\sqrt{4-x^2}}{x}\right|+C$; (4) $-\frac{\sqrt{1+x^2}}{x}+C$;

(5) $\frac{\sqrt{x^2-4}}{4x}+C$; (6) $\sqrt{x^2-9}-3\arccos\frac{3}{x}+C$;

(7) $\frac{1}{3}(x+3)\sqrt{2x-3}+C$; (8) $2\sqrt{x}-4\sqrt[4]{x}+4\ln(1+\sqrt[4]{x})+C$;

(9) $\ln\left|\frac{\sqrt{x+2}-1}{\sqrt{x+2}+1}\right|+C$; (10) $\frac{1}{3}\arctan\frac{\sqrt{e^{2x}-9}}{3}+C$;

(11) $\ln|x-1+\sqrt{x^2-2x-3}|+C$; (12) $-\arcsin\frac{2-x}{3}+C$.

**习题 4.3**

1. (1) $\frac{1}{4}(2x-1)e^{2x}+C$; (2) $\frac{1}{3}x\cos(1-3x)+\frac{1}{9}\sin(1-3x)+C$;

(3) $x^2\sin x+2x\cos x-2\sin x+C$; (4) $x\ln x-x+C$;

(5) $\frac{1}{2}(x^2-1)\ln(x-1)-\frac{1}{4}x^2-\frac{1}{2}x+C$;

(6) $2\sqrt{x}(\ln x-2)+C$; (7) $\frac{1}{2}(1+x^2)[\ln(1+x^2)-1]+C$;

(8) $x\ln(x^2+4)-2x+4\arctan\frac{x}{2}+C$; (9) $\frac{1}{4}x^2-\frac{1}{4}x\sin 2x-\frac{1}{8}\cos 2x+C$;

(10) $x\arctan x-\frac{1}{2}\ln(1+x^2)+C$;

(11) $\frac{1}{3}x^3\arctan x-\frac{1}{6}x^2+\frac{1}{6}\ln(1+x^2)+C$;

(12) $-\frac{\ln^2 x+2\ln x+2}{x}+C$; (13) $-\frac{1}{5}e^{-x}(\sin 2x+2\cos 2x)+C$;

(14) $-\frac{1}{4}x\cos 2x+\frac{1}{8}\sin 2x+C$; (15) $-\frac{1}{2}x^2+x\tan x+\ln|\cos x|+C$;

(16) $\frac{1}{2}x[\sin(\ln x)-\cos(\ln x)]+C$; (17) $\frac{2}{3}(\sqrt{3x+9}-1)e^{\sqrt{3x+9}}+C$.

2. $\cos x-\frac{2}{x}\sin x+C$.

**习题 4.4**

1. (1) $\ln|x^2+3x-10|+C$; (2) $\frac{4}{5}\ln|x+4|+\frac{1}{5}\ln|x-1|+C$;

(3) $\frac{1}{x+1}+\frac{1}{2}\ln|x^2-1|+C$；　　(4) $\ln|x|-\frac{1}{2}\ln(x^2+1)+C$；

(5) $\frac{1}{2}\ln(x^2+2x+2)-\arctan(x+1)+C$；

(6) $\frac{1}{2}\ln(x^2+2x+3)-\frac{3}{\sqrt{2}}\arctan\frac{x+1}{\sqrt{2}}+C$；

(7) $-\frac{1}{2}\ln\frac{x^2+1}{x^2+x+1}+\frac{1}{\sqrt{3}}\arctan\frac{2x+1}{\sqrt{3}}+C$；

(8) $\frac{1}{2}x^2+2x+4\ln|x-2|+C$；　　(9) $\frac{1}{2}x^2-\frac{9}{2}\ln(9+x^2)+C$.

2. (1) $\ln\left|1+\tan\frac{x}{2}\right|+C$；　　(2) $\frac{1}{2}\ln\left|\tan\frac{x}{2}\right|-\frac{1}{4}\tan^2\frac{x}{2}+C$.

**总习题 4**

1. (1)B；　(2)B；　(3)C；　(4)A.

2. (1) $\cos x$；　(2) $x+e^x+C$；　(3) $\frac{1}{3}(\sqrt{1-x^2})^3+C$；

(4) $x-\tan x+C$, $\cos x+\frac{1}{\cos x}+C$.

3. (1) $\ln|x+\sin x|+C$；　　(2) $-\frac{1}{\ln x}-\ln|\ln x|+C$；

(3) $\tan x-\sec x+C$；　　(4) $\arcsin(\sin^2 x)+C$；

(5) $\frac{1}{2}\arctan\frac{\tan x}{2}+C$；

(6) $\frac{x}{4}(x^2-2)\sqrt{4-x^2}+2\arcsin\frac{x}{2}+C$；

(7) $\frac{1}{54}\arccos\frac{3}{x}+\frac{\sqrt{x^2-9}}{18x^2}+C$；　　(8) $-\frac{\sqrt{(1+x^2)^3}}{3x^3}+\frac{\sqrt{1+x^2}}{x}+C$；

(9) $2\sqrt{3-2x-x^2}+6\arcsin\frac{x+1}{2}+C$；　(10) $\ln\frac{|x|}{(\sqrt[6]{x}+1)^6}+C$；

(11) $x-\ln(e^x+1)-e^{-x}\ln(e^x+1)+C$；　(12) $\frac{e^x}{x+1}+C$；

(13) $-\frac{1}{x}+\frac{1}{2}\ln\left|\frac{1+x}{1-x}\right|+C$；　　(14) $\frac{1}{4}x^4+\ln\left|\frac{\sqrt[4]{x^4+1}}{x^4+2}\right|+C$；

(15) $x\arctan x-\frac{1}{2}\ln(1+x^2)-\frac{1}{2}(\arctan x)^2+C$；

(16) $x(\arcsin x)^2+2\sqrt{1-x^2}\arcsin x-2x+C$.

4. $2x\sec^2 2x-\tan 2x+C$, $x\tan 2x+\frac{1}{2}\ln|\cos 2x|+C$.

5. $\frac{1}{3}\tan^3 x+C$.

# 第 5 章

## 习题 5.1

1. (1) $\frac{3}{2}$；　(2) $e-1$.

2. (1) 1；　(2) 21；　(3) $\frac{1}{2}\pi a^2$；　(4) 0.

3. (1) 6；　(2) $-2$；　(3) $-3$；　(4) 5.

4. 略.

5. (1) $\int_0^1 x^2 dx$ 较大；　(2) $\int_1^2 x^3 dx$ 较大；

(3) $\int_1^2 \ln x dx$ 较大；　(4) $\int_0^1 e^x dx$ 较大.

6. (1) $2\leqslant I\leqslant 2e^4$；　(2) $-3\leqslant I\leqslant 9$；

(3) $\frac{2\pi}{13}\leqslant I\leqslant \frac{2\pi}{7}$；　(4) $\frac{1}{2}\leqslant I\leqslant \frac{\sqrt{2}}{2}$.

## 习题 5.2

1. (1) $\frac{21}{8}$；　(2) $2\sqrt{e}-1$；　(3) $2-\frac{\pi}{4}$；　(4) $\arctan 2-\frac{\pi}{4}$；

(5) $\frac{4(2+\sqrt{2})}{15}$；　(6) $2\sqrt{2}$；　(7) $\frac{10}{3}$.

2. (1) $\frac{x}{2+\cos x}$；　(2) $-e^{x-x^2}$；

(3) $\sin(\sin x)\cos x$；　(4) $(1-x)\sqrt{2x-x^2}$；

(5) $\frac{3x^2}{\sqrt{1+x^{12}}}-\frac{2x}{\sqrt{1+x^8}}$.

3. $-\frac{\cos x}{1+y}$.

4. $f(x)$.

5. (1) $\ln 2$；　(2) $-\frac{1}{6}$；　(3) $\sqrt{2}$；　(4) 1.

6. $\varphi(x)=\begin{cases}\frac{x^2}{2}+x+\frac{1}{2}, & -1\leqslant x\leqslant 0,\\ \frac{x^2}{2}+\frac{1}{2}, & 0<x\leqslant 1,\end{cases}$ $\varphi(x)$在$[-1,1]$上连续，在 $x=0$ 处不可导.

**习题 5.3**

1. (1)$\frac{1}{3}\ln 2$；　(2)$\frac{2}{\omega}\cos\varphi$；　(3)$\frac{2}{7}$；　(4)$\frac{1}{3}(\ln5-\ln2)$；

(5)$2(\sqrt{3}-1)$；　(6)$(\sqrt{3}-1)a$；　(7)$4\sqrt{2}$；　(8)$2(\sqrt{2}-\arctan\sqrt{2})$；

(9)$1-2\ln2$；　(10)$\frac{\pi}{16}a^4$；　(11)$\sqrt{3}-\frac{\pi}{3}$；　(12)$\sqrt{2}-\frac{2}{3}\sqrt{3}$.

2. (1)$\frac{1}{4}(e^2+1)$；　(2)$4\pi$；　(3)0；　(4)$4(2\ln2-1)$；

(5)$\frac{2\pi}{3}-\frac{\sqrt{3}}{2}$；　(6)$\frac{\pi}{4}+\frac{1}{2}\ln2$；　(7)$\frac{1}{5}(e^{\pi}-2)$；

(8)$\frac{1}{2}(e\sin 1-e\cos 1+1)$；　(9)$2\left(1-\frac{1}{e}\right)$；　(10)$2e^3$；

(11)$\frac{\pi^2}{8}+\frac{1}{2}$.

3. (1)0；　(2)ln3；　(3)$\frac{1}{3}\pi$；　(4)$\frac{2}{5}(4\sqrt{2}-1)$；

(5)$\frac{5}{32}\pi$；　(6)$\frac{16}{35}$.

4. 略.

5. 2.

6. 略.

**习题 5.4**

1. (1)$\frac{1}{a}$；　(2)1；　(3)$\frac{2}{\sqrt{3}}\pi$；　(4)$\frac{\omega}{p^2+\omega^2}$；　(5)$\frac{\pi}{4}+\frac{1}{2}\ln2$；

(6)$\frac{\pi}{2}$；　(7)$\frac{3}{2}$；　(8)$-1$；　(9)发散；　(10)$\pi$.

2. $\frac{5}{2}$.

3. 当 $k>1$ 时收敛于$\frac{1}{(k-1)(\ln2)^{k-1}}$；当 $k\leqslant1$ 时发散；当 $k=1-\frac{1}{\ln\ln2}$时取得最小值.

4. (1)$\Gamma\left(\frac{9}{2}\right)$；　(2)$\frac{1}{n}\Gamma\left(\frac{1}{n}\right)$；　(3)$\frac{1}{2}\Gamma\left(m+\frac{1}{2}\right)$.

**总习题 5**

1. (1)B；　(2)D；　(3)C；　(4)D；　(5)D.

2. (1)$\frac{1}{5}$；　(2)$\frac{4}{3}$；　(3)$\frac{10}{3}$；　(4)$f(b+x)-f(x)$.

3. (1)1；　(2)$\frac{\pi^2}{4}$；　(3)$\frac{1}{2}f(0)$.

4. (1)$f(x)=3-2x$； (2)$f(x)=\frac{1-x}{2}$； (3)$\tan\frac{1}{2}-\frac{1}{2}e^{-4}+\frac{1}{2}$；

(4)2； (5)$\ln^2 x$.

5. 略.

6. 略.

7. (1)略； (2)$\int_0^{n\pi}\sqrt{1+\sin 2x}\,dx=2\sqrt{2}n$.

# 第 6 章

**习题 6.2**

1. (1)$\frac{125}{6}$； (2)3； (3)$b-a$； (4)$\frac{2}{3}$； (5)$3\pi a^2$； (6)$\frac{4}{3}\pi^3 a^2$.

2. $\frac{9}{4}$.

3. $\frac{16}{3}p^2$.

4. (1)$\frac{5}{4}\pi-2$； (2)$\frac{5}{4}\pi$.

5. $k=\sqrt{2}$.

6. (1)$\frac{128}{7}\pi,\frac{64}{5}\pi$； (2)$\frac{3}{10}\pi$； (3)$4\pi^2$； (4)$2\pi a^2$.

7. $\frac{\pi}{2}$.

8. $4\sqrt{3}$.

9. $\frac{1000}{3}\sqrt{3}$.

10. (1)$\ln 3-\frac{1}{2}$； (2)$\frac{8(\sqrt{2}+1)}{15}$； (3)$8a$； (4)$8a$.

**习题 6.3**

1. 0.249J.

2. $800\pi\ln 2$J.

3. $\frac{27}{7}kc^{\frac{2}{3}}a^{\frac{7}{3}}$(其中 $k$ 为比例系数).

4. $1225\times10^4$J.

5. 6468kN.

6. 17.3kN.

7. $\frac{1}{6}a\rho gh^2$，$\frac{1}{3}a\rho gh^2$.

**习题 6.4**

1. 50 件，100 件.

2. (1)$R(Q)=200Q-Q^2$； (2)900 元.

3. (1)$C(Q)=0.2Q^2+2Q+20$； (2)$L(Q)=-0.2Q^2+16Q-20$；

(3)每天生产 40 单位产品时，总利润最大，最大总利润为 $L(40)=300$(元).

**总习题 6**

1. (1)C； (2)C； (3)B； (4)A.

2. (1)$e+e^{-1}-2$； (2)$\frac{a^2}{4}(e^{2\pi}-e^{-2\pi})$； (3)$\frac{\pi}{5}$； (4)1.65N.

3. $y=\frac{1}{4}x+\ln4-1$.

4. $\xi=\frac{xe^{\frac{x}{2}}-2e^{\frac{x}{2}}+2}{e^{\frac{x}{2}}-1}$.

5. $16\pi$.

6. $\frac{32}{105}\pi a^3$.

7. 3.

8. $\frac{8}{9}\left[\left(\frac{5}{2}\right)^{\frac{3}{2}}-1\right]$.

9. $2\pi gR^2H^2$.

10. $49+176.4\pi$(kJ).

11. (1)19 万元，20 万元； (2)$Q=3.2$ 百台；

(3)$C(Q)=1+4Q+\frac{1}{8}Q^2$，$L(Q)=-1+4Q-\frac{5}{8}Q^2$；

(4)$L(3.2)=5.4$ 万元，$C(3.2)=15.08$ 万元，$R(3.2)=20.48$ 万元.

# 参考文献


[1] 华东师范大学数学系．数学分析[M].3 版．北京:高等教育出版社,2001.

[2] 李成章,黄玉民．数学分析[M].2 版．北京:科学出版社,2007.

[3] 同济大学数学系．高等数学[M].6 版．北京:高等教育出版社,2007.

[4] 西北工业大学高等数学教材编写组．高等数学[M]. 北京:科学出版社,2005.

[5] 李忠,周建莹．高等数学[M]. 北京:北京大学出版社,2004.

[6] 刘金林．高等数学[M]. 北京:机械工业出版社,2009.

[7] 同济大学数学系．高等数学(本科少学时类型)[M].3 版．北京:高等教育出版社,2006.

[8] 赵树嫄．微积分[M]. 修订版．北京:中国人民大学出版社,1988.